高职高专机电类专业系列教材

电子电路装调项目教程

主　编　蔡旭明

副主编　马初勃　游乙龙

参　编　陈伟文　苏国声

机　械　工　业　出　版　社

本书主要内容包括电子元器件的识别与检测、直流稳压电源的装调、分压式偏置放大电路的装调、集成运算放大电路的装调、晶闸管可控整流电路的装调、门电路的装调、组合逻辑电路的装调、时序逻辑电路的装调、555定时器电路的装调等。

本书按照“教、学、做”一体化教学模式进行编写，将电子电路的理论知识和基本技能重新构筑为9个教学项目，由师生共同围绕这些项目，有序地开展各项工作任务。本书的特点是采用任务驱动，以理论知识够用为基础，着重培养学生技能。本书所涉及的实训电路均配套Multisim仿真电路，既方便教师演示，便于开展启发式教学，也有助于学生自学巩固，提高认识。

本书适合技工院校以及职业技术学校电气、电子、机电、汽修、计算机等专业的中、高技班学习使用，也适合作为相关产业技术人员培训和自学用书。

为方便教学，本书有电子课件、习题参考答案、模拟试卷及答案等，凡选用本书作为授课教材的学校，均可通过电话（010-88379564）或QQ（3045474130）索取。

图书在版编目（CIP）数据

电子电路装调项目教程/蔡旭明主编.—北京：机械工业出版社，2018.8（2025.2重印）
高职高专机电类专业系列教材
ISBN 978-7-111-60716-8

Ⅰ.①电… Ⅱ.①蔡… Ⅲ.①电子电路-安装-高等职业教育-教材②电子电路-调试方法-高等职业教育-教材 Ⅳ.①TN710

中国版本图书馆CIP数据核字（2018）第192429号

机械工业出版社（北京市百万庄大街22号 邮政编码100037）
策划编辑：曲世海 责任编辑：曲世海 韩 静
责任校对：王明欣 封面设计：陈 沛
责任印制：刘 媛
涿州市般润文化传播有限公司印刷
2025年2月第1版第5次印刷
184mm×260mm · 15印张 · 370千字
标准书号：ISBN 978-7-111-60716-8
定价：49.80元

电话服务　　网络服务
客服电话：010-88361066　　机 工 官 网：www.cmpbook.com
010-88379833　　机 工 官 博：weibo.com/cmp1952
010-68326294　　金 书 网：www.golden-book.com
封底无防伪标均为盗版　　机工教育服务网：www.cmpedu.com

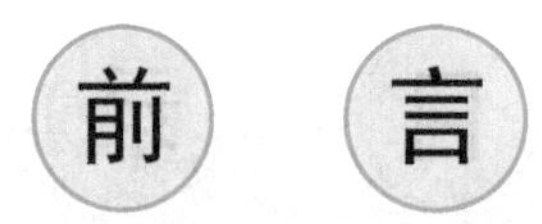

前言

本书根据技工院校最新的电气、电子类相关专业的人才培养目标，结合近年来企业对技能型人才的需求及一体化教学改革的经验编写而成。师生在“教、学、做”中互动，由此形成的工作情景既有利于零散知识点的串联和学生的自然吸收，又有利于学生技能的培养和职业认同感的培养。

本书是任务驱动法引领的电子电路一体化教学的载体和行动指针。其主要内容包括任务目标、任务引导、相关知识、任务准备、任务实施、任务评价、知识拓展等教学环节。“任务目标”简要地指出工作任务需要达成的知识和技能目标。“任务引导”一般介绍任务的背景知识或相关应用。“相关知识”是描述完成工作任务必须具备的各个知识点，如与任务相关的基本知识、电路的工作原理等。“任务准备”包括任务实施前需要制订的工作计划，仪器、仪表、工具及材料的领用。“任务实施”包括任务实施过程中的各个工作步骤，如设计并绘制符合任务要求的电路图及装配图、描述电路的工作过程、选择和检测元器件、电路布局及元器件焊接、自检和互检、通电调试、检测等。“任务评价”是教师和学生共同对任务实施过程及结果进行评价和总结，体现课程过程考核的作用。“知识拓展”从广度和深度两方面开拓学生的视野，可以是与本工作任务有关的外延知识点或任务中某方面知识的深入探究。

为配合教材中各项任务的顺利进行，建议教师模仿企业的班组模式将授课班级重新构建，一般可安排每 3 ~ 5 名学生为 1 个工作组，每组设一名组长，负责管理工作组的事务，包括接受任务、领料、分派任务，组织讨论及任务成果评比等。

本书引入了 Multisim 计算机仿真软件在各实训电路分析中的应用，便于读者理解电路和提高认识。

本书由蔡旭明主编，马初勃负责项目二、项目三的编写，陈伟文负责项目七的编写，苏国声负责项目四的编写，蔡旭明负责项目一、项目五、项目六、项目八、项目九的编写，游乙龙负责全书 Multisim 仿真电路部分的编写。全书由蔡旭明统稿。

由于编者水平有限，书中难免有疏漏或不当之处，恳请广大读者批评指正。

编　者

目 录

绪 论

一、什么是电子电路

电子电路是指由电子元器件组成，具有一定功能的电路。电子电路包括放大、振荡、整流、滤波、调制、检波、频率变换、波形变换等电路，它广泛地应用于各种电子设备中。电子电路可以将复杂的电子产品内部的连接控制关系以最简洁、直观的形式展现出来，使电子产品安装、调试、检修人员能够在很短的时间内了解整个电子产品的内部结构和工作原理，进而在电子电路图的指示下完成相应的工作。

按照所处理信号形式的不同，通常可将电子电路分为模拟电子电路和数字电子电路两大类。用于传递和处理模拟信号的电子电路称为模拟电子电路；用于传递和处理数字信号的电子电路称为数字电子电路。模拟电子电路简称模拟电路，通常注重的是信号的放大、信噪比、工作频率等，常见的有放大电路、整流电路、滤波电路等。数字电子电路简称数字电路，通常注重的是脉冲信号的产生、转换、传输等，常见的有门电路、计数器、寄存器等。

二、本课程的性质及学习方法

本课程是电气自动化技术、应用电子技术、工业机器人技术、机械制造与自动化、计算机系统与维护、汽车运用与维修技术等专业的专业基础课，它既是独立的学科，又起着承前启后的作用。本课程涉及面广，内容丰富，以项目为引导，以任务为驱动，理论知识传授和技能培养并重。学习本课程时要注意各个学习任务的任务目标、任务引导、相关知识、任务准备、任务实施、任务评价、知识拓展等一体化教学环节的内在联系。要注重对概念、原理的理解和基本分析方法、基本技能的掌握。要注意理论联系实际，做到元器件、电路、应用三方面相结合。

三、本课程的学习要求

学习本课程要达到以下基本要求：

1）获得电子电路的基本理论知识。要掌握二极管、晶体管等半导体器件的性能和相关应用，要理解放大电路、集成运算放大电路、直流稳压电源、晶闸管可控整流、门电路、组合逻辑电路、时序逻辑电路、555 定时器电路等典型电路的电路形式和工作原理。

2）获得电子电路安装、调试、检修的基本技能，具有较强的动手能力。要做到熟练使用电烙铁、万用表、示波器、信号发生器等常用的工具和仪器，能够装接有一定难度的电路，并能对电路进行调试、检测，能根据电路的特征电压值和特征信号排除故障。

3）利用所学电子电路知识和技能，培养解决实际问题的能力。通过对典型电路的学习，能做到举一反三，解决工作中碰到的电子电路的问题，并且具有一定的创新能力。

4）培养工作岗位开展 6S 活动等职业素养。

5）培养团队合作精神和自我学习能力。

四、6S管理的要求

6S管理是由日本企业原来的5S演变扩展而来的，分别是整理、整顿、清扫、清洁、安全、素养。企业的6S管理，是指通过营造整洁的工作环境，提高工作效率，提升设备使用效率，减少资源浪费，提高安全性能等，培育员工爱岗敬业、精益求精、团队协作等良好的职业素养、职业行为、职业习惯与职业能力，提升员工品质。

本课程以项目为引导，以工作任务为驱动，是基于职业活动的一体化课程，因此，建议在教学过程中引入企业的6S管理制度，力争创设真实的工作环境，实现理论教学与技能训练融合进行，为学生提供体验实际工作过程的学习条件。

6S管理具体内容如下：

整理（SEIRI）——将工作场所的任何物品区分为有必要和没有必要的，除了有必要的留下来，其他的都清除掉。目的：腾出空间，空间活用，防止误用，塑造清爽的工作场所。

整顿（SEITON）——把留下来的必要用的物品依规定位置摆放，并放置整齐加以标识。目的：使工作场所一目了然，减少寻找物品的时间，营造整整齐齐的工作环境，消除过多的积压物品。

清扫（SEISO）——将工作场所内看得见与看不见的地方清扫干净，保持工作场所干净、亮丽。目的：稳定品质，减少工业伤害。

清洁（SEIKETSU）——将整理、整顿、清扫进行到底，并且制度化，经常保持环境处在美观的状态。目的：创造明朗现场，维持上述3S成果。

安全（SECURITY）——重视成员安全教育，每时每刻都有安全第一观念，防患于未然。目的：建立起安全生产的环境，所有的工作应建立在安全的前提下。

素养（SHITSUKE）——每位成员养成良好的习惯，并遵守规则做事，培养积极主动的精神（也称习惯性）。目的：培养具有好习惯、遵守规则的员工，营造团队精神。

五、建议学时

教学内容	总课时	课时
绪论	1	1
电子电路实训安全规范	1	1
项目一　电子元器件的识别与检测	16	
任务一　电阻、电位器的识别与检测		2
任务二　电容的识别与检测		2
任务三　二极管的特性、识别与检测		6
任务四　晶体管的特性、识别与检测		6
项目二　直流稳压电源的装调	18	
任务一　焊接的基本操作工艺与训练		4
任务二　串联型直流稳压电源的装调		14
项目三　分压式偏置放大电路的装调	16	
任务一　常用电子仪器的使用		4
任务二　小功率音频放大器的装调		12

（续）

教学内容	总课时	课时
项目四　集成运算放大电路的装调	12	
任务一　集成电路的识别与检测		2
任务二　比例运算放大器的装调		10
项目五　晶闸管可控整流电路的装调	14	
任务一　晶闸管、单结晶体管的特性与检测		4
任务二　晶闸管调光电路的装调		10
项目六　门电路的装调	14	
任务　逻辑电平检测电路的装调		14
项目七　组合逻辑电路的装调	14	
任务　抢答器电路的装调		14
项目八　时序逻辑电路的装调	16	
任务　计数译码显示电路的装调		16
项目九　555 定时器电路的装调	12	
任务　闪烁器电路的装调		12
合计	134	

六、电子电路装调常用的仪表、工具

在学习本课程时，建议读者准备电子电路装调常用的仪器、仪表、工具，如下表所示。

序　号	名　称
1	双踪示波器
2	信号发生器
3	直流稳压电源
4	交流毫伏表
5	指针式万用表
6	电烙铁
7	烙铁架
8	镊子
9	尖嘴钳
10	斜口钳
11	十字螺钉旋具
12	一字螺钉旋具

电子电路实训安全规范

一、实训前

1）实训前应认真阅读工作页的【相关知识】、【知识拓展】、【任务实施】等相关内容，掌握电子电路或仪器、工具的工作原理，明确实训目的、实训步骤和安全注意事项。

2）各工作组应认真检查本组仪器、工具及电子元器件状况，若发现缺损或异常情况，应立即报告指导教师。

3）实训设备的裸露带电部分必须做好绝缘保护，谨防触电。

二、实训中

1）按【任务实施】中的步骤逐项进行操作，不得私设实训内容、扩大实训范围（如乱拆元器件、随意短接等）。

2）调节仪器旋钮时，力量要适度，严禁违规操作。

3）测量电路元器件电阻值时，必须断开被测电路的电源。

4）使用万用表、示波器、交流毫伏表、信号发生器、直流稳压电源等仪器测量电路时，应先接上接地线端，再接上电路的被测线端；测量完毕拆线时，则先拆下线路被测线端，再拆下接地线端。

5）使用万用表、交流毫伏表测量未知电压时，应先选大量程档进行测试，再逐级调整到合适的档位。

6）使用万用表测量电压和电流时，变换档位时表笔应从原测量电路中断开。

7）万用表使用完毕，应将转换开关旋至关闭档或交流电压最高档。

8）交流毫伏表通电前或测量完毕时，应将量程旋至最高档。

9）给被测电路接直流稳压电源时，应先把直流稳压电源的电压旋钮调至最低处，接好被测电路后再把电源开关打开，将电压调至被测电路所需的电压值。

10）示波器显示波形时，亮度应控制在合适范围，中途不用时应调低亮度。

11）示波器显示的波形幅度超出显示范围时，应调低“V/DIV”档位。

12）焊接过程中所用的电烙铁应置于烙铁架上，不能随意摆放，长时间不用时应断开电源。

13）安装、拆卸电子元器件时应轻拿轻放，避免折断引脚。

三、实训后

1）实训结束后，应保持工作台面清洁，无金属碎屑（如导线、元器件引脚、焊锡等）。

2）必须对所用的仪器、设备进行检查，如有问题应及时报告指导教师。

3）实训结束后按顺序切断实训设备、仪器的电源，再关掉总电源。

项目一　电子元器件的识别与检测

【工作情景】

电子加工中心仓库最近新来一批电子元器件，仓管员按照工作要求，准备对元器件进行识别、分类，并利用指针式万用表进行抽验检测，确定其质量。

【教学要求】

1. 能根据常用电子元器件的外形和型号识别其类型。
2. 理解电阻、电位器的作用，能用万用表检测其阻值和质量。
3. 理解电容的作用，能用万用表检测其质量。
4. 理解二极管的特性，能用万用表检测其管脚极性和质量。
5. 理解晶体管的特性，能用万用表检测其管型、管脚极性和质量。

【设备要求】

1. 多媒体教学设备一套。
2. 每位学生自备电子电路装调工具一套。

任务一　电阻、电位器的识别与检测

【任务目标】

1. 理解电阻、电位器的作用及主要技术指标。
2. 掌握电阻的色码标示法。
3. 能用万用表对电阻、电位器的阻值及性能进行正确的判断。

【任务引导】

电阻用 R 表示，是一种最常见的、用于反映电流热效应的元件。电位器用 R_P 表示，是阻值可调整的一类电阻。电阻的阻值越大，其对电流的阻碍作用越大。电阻在电路中主要起分压、限流或分流作用。

【相关知识】

一、电阻的分类

1）按结构形式分类，有一般电阻、片形电阻、可变电阻（电位器）等。

2）按材料分类，有合金型、薄膜型、合成型等。

另外，还有敏感电阻（半导体电阻），其应用主要在检测技术和自动控制等领域。它包括热敏、压敏、光敏、温敏、气敏、力敏等不同类型的电阻。

二、常见电阻和电位器的图形符号

一些常见的电阻和电位器的图形符号如图 1-1 所示。

图 1-1　常见电阻和电位器的图形符号

三、电位器的结构

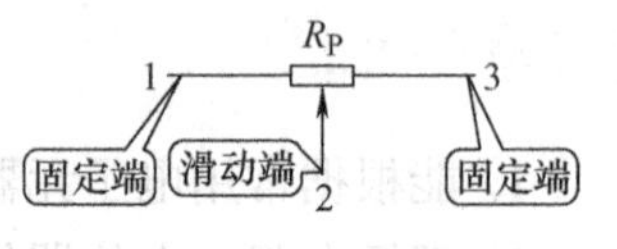

图 1-2　电位器的结构

电位器实际上是一种可变电阻，通常由两个固定输出端（固定端）和一个滑动抽头（滑动端）组成，如图 1-2 所示。

当电位器的滑动端在电阻体上滑动时，其滑动端对固定端的电阻值就会发生变化，变化范围为 $0 \sim R_P$（R_P为电位器的标称阻值）。

四、电阻的作用

电阻的作用如表 1-1 所示。

表 1-1　电阻的作用

电阻功能	应用图示	说明
限流	限流电阻 VZ R_L 稳压电路	为使通过用电器的电流不超过额定值或实际工作需要的规定值，以保证用电器的正常工作，通常可在电路中串联一个电阻
分流	μA 分流电阻 微安表改装为电流表	当在电路的干路上需同时接入几个额定电流不同的用电器时，可以在额定电流较小的用电器两端并联一个电阻
分压	μA 分压电阻 微安表改装为电压表	一般用电器上都标有额定电压值，若电源比用电器的额定电压高，则不可把用电器直接接在电源上。在这种情况下，可给用电器串联一个合适阻值的电阻，让它分担一部分电压，用电器便能在额定电压下工作
将电能转化为内能	电加热器加热部件	电流通过电阻时，会把电能全部（或部分）转化为内能。用来把电能转化为内能的用电器叫电热器，如电加热器、电烙铁、电炉、电饭煲、取暖器等

五、电阻的主要技术指标

标称值——电阻上所标示的阻值称为标称值。

允许偏差——电阻的实际阻值和标称值之差除以标称值所得到的百分数为电阻的允许偏差。

额定功率——电阻在交直流电路中长期连续工作所允许消耗的最大功率，称为电阻的额定功率。

六、常用电阻的允许偏差等级

常用电阻的允许偏差等级如表 1-2 所示。

表 1-2　常用电阻的允许偏差等级

允许偏差	±0.5%	±1%	±5%	±10%	±20%
等　级	005	01	Ⅰ	Ⅱ	Ⅲ
文字符号	D	F	J	K	M

七、电阻的阻值和允许偏差常用的标志方法

电阻的阻值和允许偏差常用的标志方法如表 1-3 所示。

表 1-3　电阻的阻值和允许偏差常用的标志方法

标 志 方 法	特　　点
直标法	用阿拉伯数字和单位符号在电阻表面直接标出标称电阻值，其允许偏差直接用百分数表示
文字符号法	用阿拉伯数字和文字符号两者有规律的组合来表示标称阻值和允许偏差
色标法	小功率电阻多使用色标法，特别是 0.5W 以下的碳膜和金属膜电阻

八、电阻的色标法

普通型的电阻色标法如图 1-3a 所示，精密型的电阻色标法如图 1-3b 所示。

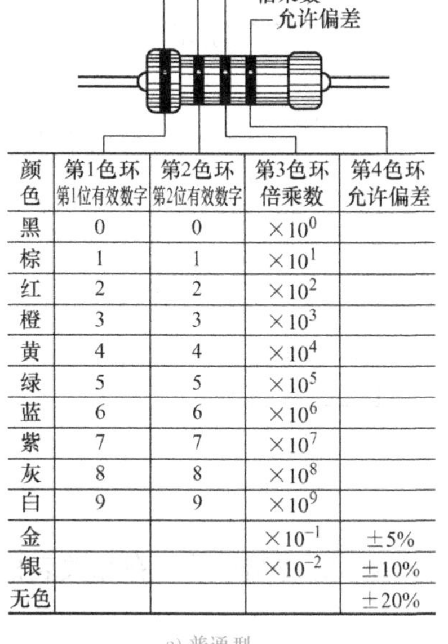

颜色	第1色环 第1位有效数字	第2色环 第2位有效数字	第3色环 倍乘数	第4色环 允许偏差
黑	0	0	$\times10^0$	
棕	1	1	$\times10^1$	
红	2	2	$\times10^2$	
橙	3	3	$\times10^3$	
黄	4	4	$\times10^4$	
绿	5	5	$\times10^5$	
蓝	6	6	$\times10^6$	
紫	7	7	$\times10^7$	
灰	8	8	$\times10^8$	
白	9	9	$\times10^9$	
金			$\times10^{-1}$	±5%
银			$\times10^{-2}$	±10%
无色				±20%

a) 普通型

标称值第1位有效数字
标称值第2位有效数字
标称值第3位有效数字
倍乘数
允许偏差

颜色	第1色环 第1位有效数字	第2色环 第2位有效数字	第3色环 第3位有效数字	第4色环 倍乘数	第5色环 允许偏差
黑	0	0	0	$\times10^0$	
棕	1	1	1	$\times10^1$	±1%
红	2	2	2	$\times10^2$	±2%
橙	3	3	3	$\times10^3$	
黄	4	4	4	$\times10^4$	
绿	5	5	5	$\times10^5$	±0.5%
蓝	6	6	6	$\times10^6$	±0.25%
紫	7	7	7	$\times10^7$	±0.1%
灰	8	8	8	$\times10^8$	
白	9	9	9	$\times10^9$	
金				$\times10^{-1}$	
银				$\times10^{-2}$	

b) 精密型

图 1-3　电阻的色标法

【任务准备】

1. 制订计划

各小组在组长带领下，集体讨论，制订工作计划，合理安排工作进程。根据所学理论知识和操作技能，结合任务目标和任务引导，填写工作计划。电阻、电位器的识别与检测工作计划如表1-4所示。

表1-4 电阻、电位器的识别与检测工作计划

工作时间	共______课时	审核：________
任务实施步骤	1.	
	2.	
	3.	
	4.	
	5.	

2. 准备器材

（1）仪表准备　指针式万用表。

（2）元器件领取　电阻、电位器若干。电阻、电位器领取清单如表1-5所示。

表1-5 电阻、电位器领取清单

领料组：		领料人：			领料时间：		
序号	名称及规格	每人数量	小组数量	是否归还	归还人签名	管理员签名	备注

【任务实施】

各小组在组长带领下按照工作计划，完成以下工作，并将结果填写在相关表格中。

1. 测量电阻

用万用表电阻档测量电阻若干，将测量结果记录在表1-6中。

表 1-6　电阻的检测

序号	色环	标称电阻	量程	读数	质量判别
1					
2					
3					
4					
5					

2. 测量电位器

用万用表电阻档测量电位器若干，将测量结果记录在表 1-7 中。

表 1-7　电位器的检测

序　　号	标称值	万用表量程	1、3 脚间 固定电阻值	1、2 脚或 2、3 脚是否在 0Ω 到标称值间连续、均匀地变化	质量
电位器R_P 2 1　3					

3. 工作岗位 6S 活动

工作任务完成后，各工作组关闭工作台上所有仪表的电源，拆下测量线和连接导线，归还借用的工具、仪表。组长组织组员开展工作岗位的“整理、整顿、清扫、清洁、安全、素养”6S 活动。

4. 思考与讨论

（1）有些电阻体积很大，但标称阻值却很小，这样正常吗？

（2）测量电阻时，指针式万用表为什么要调零？

（3）测量元器件时，为什么两只手不能同时抓住万用表红、黑表笔的金属部分？

【任务评价】

师生将任务评价结果填在表 1-8 中。

表 1-8　电阻、电位器的识别与检测评价表

<table>
<tr><td colspan="2">班级：________ 小组：________
姓名：________ 学号：________</td><td colspan="5">指导教师：________
日　期：________</td></tr>
<tr><td rowspan="2">评价项目</td><td rowspan="2">评价内容</td><td colspan="3">评价方式</td><td rowspan="2">权重</td><td rowspan="2">得分小计</td></tr>
<tr><td>学生自评
15%</td><td>小组互评
25%</td><td>教师评价
60%</td></tr>
<tr><td>职业素养</td><td>1. 遵守规章制度、劳动纪律
2. 人身安全与设备安全
3. 完成工作任务的态度
4. 完成工作任务的质量
5. 团队合作精神
6. 工作岗位“6S”处理</td><td></td><td></td><td></td><td>0.3</td><td></td></tr>
<tr><td>专业能力</td><td>1. 懂得安全用电操作
2. 能根据色环读出电阻阻值
3. 能用万用表检测电阻的阻值，并对其质量进行判断
4. 能用万用表判断电位器的质量</td><td></td><td></td><td></td><td>0.5</td><td></td></tr>
<tr><td>创新能力</td><td>1. 万用表的使用
2. 测量方法和技巧</td><td></td><td></td><td></td><td>0.2</td><td></td></tr>
<tr><td rowspan="2">综合评价</td><td>总分</td><td colspan="5"></td></tr>
<tr><td colspan="6">教师点评</td></tr>
</table>

【知识拓展】

电阻和电位器的检测方法

一、指针式万用表的使用注意事项

1）进行测量前，先检查红、黑表笔连接的位置是否正确。红色表笔接到红色接线柱或标有“＋”号的插孔内，黑色表笔接到黑色接线柱或标有“－”号的插孔内，不能接反，否则在测量直流电量时会因正负极的反接而使指针反转，损坏表头部件。

2）在表笔连接被测电路之前，一定要查看所选档位与测量对象是否相符，否则，误用档位和量程，不仅得不到测量结果，还会损坏万用表。在此提醒初学者，万用表损坏往往就是上述原因造成的。

3）测量时，须用右手握住两支表笔，手指不要触及表笔的金属部分和被测元器件。

4）测量中若需转换量程，必须在表笔离开电路后才能进行，否则选择开关转动产生的电弧易烧坏选择开关的触点，造成接触不良故障。

5）在实际测量中，经常要测量多种电量，每一次测量前要注意根据每次测量任务把选择开关转换到相应的档位和量程，这是初学者最容易忽略的环节。

二、检测电阻的方法

1. 使用前的准备

1）装好电池，注意辨别电池正负极。

2）插好表笔。红表笔插入标有“＋”号的插孔，黑表笔插入标有“－”号的插孔。

3）机械调零。使用前必须调节表盘上的机械调零螺钉，使表针对准零位。

4）量程的选择。将万用表功能选择开关置于电阻档的合适量程，使被测电阻的指示值尽可能位于刻度线的0刻度到全程2/3的这一段位置上，这样可以提高测量的精度。

5）欧姆调零。如图1-4所示，将万用表的两支表笔短接，调节欧姆调零旋钮，使指针指在表盘上的“0Ω”位置上。

注意：重新换档后，在测量之前必须再次进行欧姆调零。

2. 连接电阻测量

将万用表两表笔并接在所测电阻两端进行测量。注意：

1）不能带电测量。

2）被测电阻不能有并联支路。

3. 读数

阻值＝刻度值×倍率。

4. 档位复位

将档位开关打在OFF位置或打在交流电压的最高档。

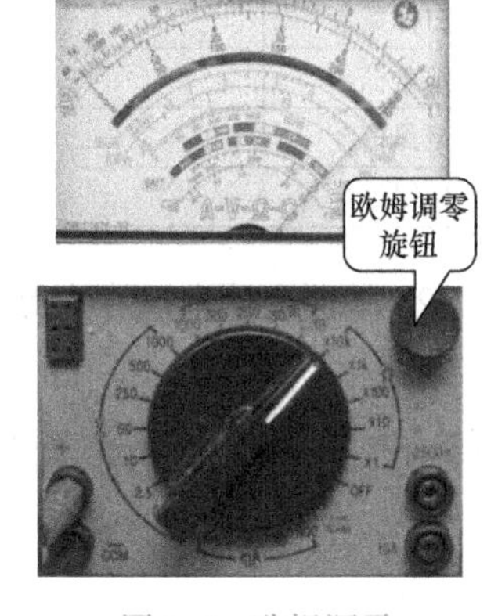

图1-4　欧姆调零

三、检测电位器的方法

1）检测电位器标称阻值的大小，如图1-5所示。

2）检测电位器的动片与电阻体的接触是否良好。

如图1-6所示，用万用表表笔接电位器的动片和任一定片，反复缓慢地旋转电位器的旋

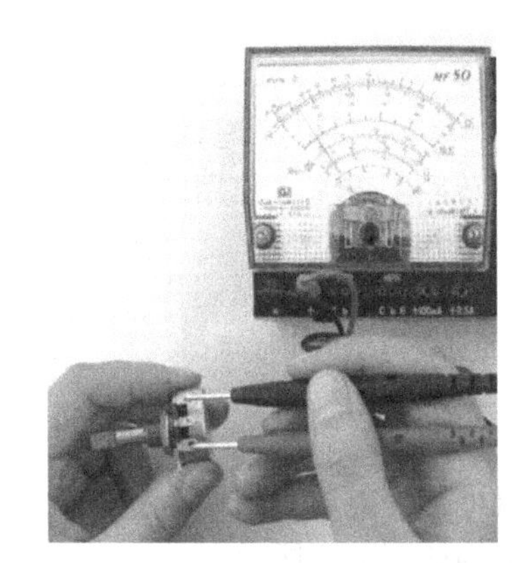

图1-5　检测标称阻值

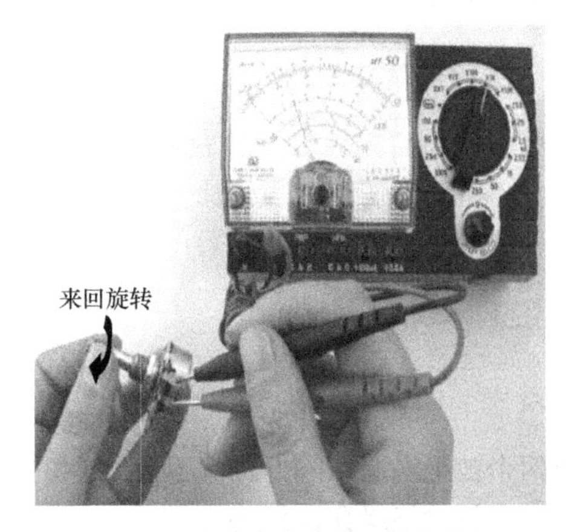

图1-6　检测动片与电阻体的接触

柄，观察万用表的指针是否为连续、均匀的变化，其阻值应在0 Ω到标称阻值之间连续变化。若阻值没有跌落和跳跃现象，表明滑动触点与电阻体接触良好。

3）检测电位器各引脚与外壳及旋转轴之间的电阻值，正常为∞，否则说明有漏电现象。

【习题】

1. 完成表1-9的填写。

表1-9 电阻色环的识别

由色环写出具体数值（含偏差）				由具体数值写出色环			
色环	阻值	色环	阻值	阻值	色环	阻值	色环
棕黑黑金		棕黑红金		0.5Ω		2.7kΩ	
红黄黑金		紫棕棕金		1Ω		3kΩ	
橙橙黑金		橙黑绿金		36Ω		5.6kΩ	
黄紫橙金		蓝灰橙金		220Ω		6.8kΩ	
灰红红金		红紫黄金		470Ω		8.2kΩ	
白棕黄金		紫绿棕金		750Ω		24kΩ	
黄紫棕金		棕黑橙金		1kΩ		39kΩ	
橙黑棕金		绿棕金金		1.2kΩ		47kΩ	
紫绿红金		红红红金		1.8kΩ		100kΩ	

2. 举例说明电阻在电路中的作用。

任务二 电容的识别与检测

【任务目标】

1. 了解电容的种类、特性和作用。
2. 掌握电容主要参数的标注方法。
3. 能用万用表判断电容的性能。

【任务引导】

电容用C表示，顾名思义就是容纳电荷，是电路中大量使用的电子元件之一。电容在电路中起着隔直通交、耦合、旁路、滤波、调谐、能量转换和控制等作用。

本任务要求用万用表检测电容的正、反向绝缘电阻，判断其质量。

【相关知识】

一、电容的结构及外形

任何两个被绝缘介质隔开而又互相靠近的导体，就可称为电容。这两个导体就是电容的两个极板，中间的绝缘介质称为电容的介质，电容的结构如图1-7所示。

常见电容的外形如图1-8所示。

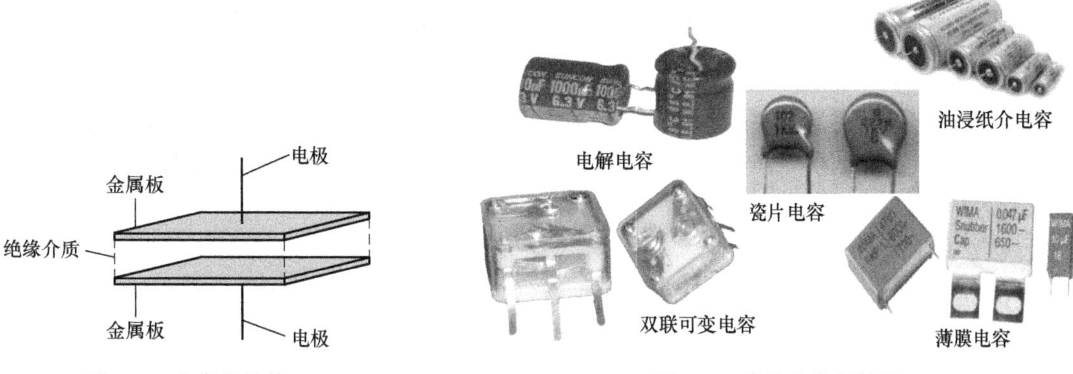

图 1-7　电容的结构　　　　图 1-8　常见电容的外形

二、电容的单位及符号

电容所存储的电荷量与两极板间电压的比值是一个常数，称为电容的电容量，简称电容，用字母 C 表示。它表示电容存储电荷的本领。

电容的单位是法拉，简称法，用符号 F 表示。

$1\mu F = 1 \times 10^{-6} F$　　$1 pF = 1 \times 10^{-12} F$

常见电容的图形符号如表 1-10 所示。

表 1-10　常见电容的图形符号

名　　称	电　　容	电 解 电 容	预 调 电 容	可 调 电 容	双联可变电容
图形符号					

三、电容的作用

电容的作用如表 1-11 所示。

表 1-11　电容的作用

电 容 功 能	应 用 图 示	说　　明
耦合	R_P 100kΩ，R_C 2.4kΩ，+12V，R_{B1} 22kΩ，C_2 10μF，C_1 10μF，VT 9014，R_L 2.4kΩ，u_o，u_i，R_{B2} 22kΩ，R_E 1kΩ，C_E 47μF 放大电路	利用电容“隔直流，通交流”的特点，将交流信号由上一级向下一级传送，电容 C_1、C_2 起耦合作用
旁路		利用电容“隔直流，通交流”的特点，在晶体管的发射极将输入的交流信号对地短路，C_E起旁路作用，相当于在电阻 R_E 旁边开了一条通路

（续）

电容功能	应用图示	说　明
滤波	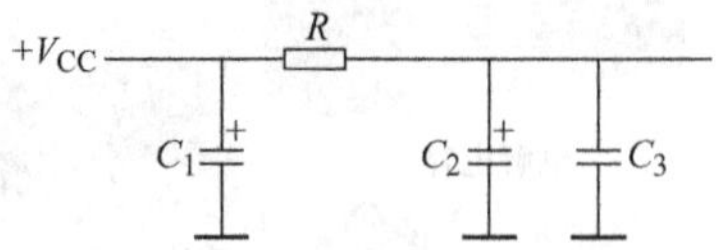 $+V_{CC}$, R, C_1, C_2, C_3 电源滤波电路	利用电容“隔直流，通交流”的特点，将电源中的交流成分滤除，把脉动直流电转变为平滑直流电
选频	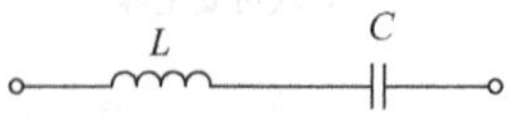 L, C 串联选频 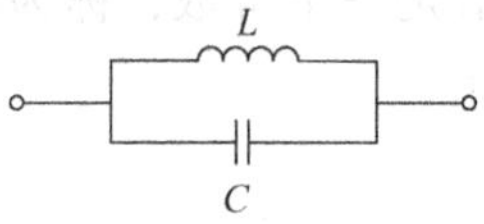 L, C 并联选频	将电容和电感串联或并联，可以组成选频电路，从多种频率成分的输入信号中选出所需的某种频率信号
去耦	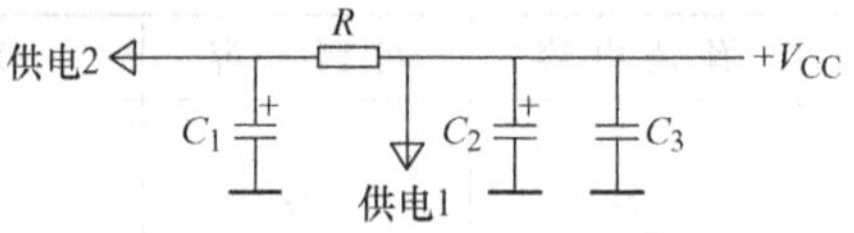 供电2, R, $+V_{CC}$, C_1, C_2, C_3, 供电1 电源去耦电路	去耦电路又称退耦电路，其作用是去掉电源电路的有害耦合。图中 C_1、C_2、C_3 组成去耦电路，其中 C_3 主要是滤除高频信号

四、电容的参数

1. 额定工作电压

电容的额定工作电压一般称为耐压，是电容能长时间稳定工作，并能保证电介质性能良好的直流电压数值。

2. 标称容量和允许偏差

电容的标称容量是指标注在电容上的电容量。

电容的允许偏差，按其精度可分为 ±1%（00 级）、±2%（0 级）、±5%（Ⅰ级）、±10%（Ⅱ级）和 ±20%（Ⅲ级）五级（不包括电解电容）。

五、电容主要参数的标注方法

1. 直标法

直标法是指在电容的表面直接用数字或字母标注出标称容量、额定电压等参数的标注方法。

2. 字母与数字的混合标注法

用2～4位数字和一个字母混合后表示电容容量的大小。其中数字表示有效数值，字母表示数值的量级。常用的字母有m、μ、n、p等。字母m表示毫法（10^{-3}F），μ表示微法（10^{-6}F）、n表示纳法（10^{-9}F）、p表示皮法（10^{-12}F）。容量有小数的电容一般用字母表示小数点，如4p7表示4.7pF。

3. 三位数字的表示法

三位数字的表示法也称电容量的数码表示法，此法最为常见。三位数字的前两位数字为标称容量的有效数字，第三位数字表示有效数字后面零的个数，它们的单位都是pF。如102表示标称容量为1000pF、221表示标称容量为220pF。

在这种表示法中有一个特殊情况，就是当第三位数字用“9”表示时，是用有效数字乘上10^{-1}来表示容量大小。如229表示标称容量为22×10^{-1}pF＝2.2pF。

4. 四位数字的表示法

四位数字的表示法也称不标单位的直接表示法。这种标注方法是用1～4位数字表示电容的电容量，其容量单位为pF。若用零点零几或零点几表示容量时，其单位为μF。如3300表示标称容量为3300pF；680表示标称容量为680pF；7表示标称容量为7pF；0.047表示标称容量为0.047μF。

另外，电容还有色标法，但因用得少，此处不做介绍。

【任务准备】

1. 制订计划

各小组在组长带领下，集体讨论，制订工作计划，合理安排工作进程。根据所学理论知识和操作技能，结合任务目标和任务引导，填写工作计划。电容的识别与检测工作计划如表1-12所示。

表1-12　电容的识别与检测工作计划

工作时间	共______课时	审核：__________
任务实施步骤	1.	
	2.	
	3.	
	4.	

2. 准备器材

（1）仪表准备　指针式万用表。

（2）元器件领取　电容若干。电容领取清单如表 1-13 所示。

表 1-13　电容领取清单

领料组：		领料人：			领料时间：		
序号	名称及规格	每人数量	小组数量	是否归还	归还人签名	管理员签名	备注

【任务实施】

各小组在组长带领下按照工作计划，完成以下工作，并将结果填写在相关表格中。

1. 测量电容

用指针式万用表电阻档测量电容，将结果填入表 1-14 中。

表 1-14　电容的检测

序　号	标 称 值	量　程	正向绝缘电阻值	反向绝缘电阻值	质 量 判 别
1					
2					
3					
4					

2. 工作岗位 6S 活动

工作任务完成后，各工作组关闭工作台上所有仪表的电源，拆下测量线和连接导线，归还借用的工具、仪表。组长组织组员开展工作岗位的“整理、整顿、清扫、清洁、安全、素养”6S 活动。

3. 思考与讨论

（1）用万用表测量电容容量时，如何对电容进行放电？

（2）用指针式万用表电阻档测量电容时，如何选择合适的档位？

【任务评价】

师生将任务评价结果填在表 1-15 中。

表 1-15 电容的识别与检测评价表

班级：________ 小组：________ 姓名：________ 学号：________		指导教师：________ 日 期：________				
评价项目	评价内容	评价方式			权重	得分小计
		学生自评 15%	小组互评 25%	教师评价 60%		
职业素养	1. 遵守规章制度、劳动纪律 2. 人身安全与设备安全 3. 完成工作任务的态度 4. 完成工作任务的质量 5. 团队合作精神 6. 工作岗位“6S”处理				0.3	
专业能力	1. 懂得安全用电操作 2. 能根据电容的外观标注识别其容量 3. 能用万用表判断电容的质量				0.5	
创新能力	1. 万用表的使用 2. 测量方法和技巧				0.2	
综合评价	总分					
	教师点评					

【知识拓展】

电容的检测

对电容性能好坏的判断，主要是利用指针式万用表电阻档测量电容漏电电阻实现的。

一、电解电容的检测

1）选择合适的量程：低于 10μF 选用 $R \times 10k\Omega$ 档，10 ~ 100μF 选用 $R \times 1k\Omega$ 档，大于 100μF 选用 $R \times 100\Omega$ 档。

2）把待测电容的两引脚短路，以便放掉电容残余电荷。

3）将红表笔接电解电容的负极，黑表笔接电解电容的正极，此时，指针向电阻为零的方向摆动，摆到一定幅度后，又反向向无穷大方向摆动，直到某一位置停下，此时指针所指的阻值便是电解电容的正向漏电阻。正向漏电阻越大，说明电容的性能越好，其漏电流越小。

4）将万用表的红、黑表笔对调（红表笔接正极，黑表笔接负极），再进行测量，此时指针所指的阻值为电容的反向漏电阻，此值应比正向漏电阻小一些。如果测得的以上两漏电阻的阻值很小（几百千欧以下），则表明电解电容的性能不良，不能使用。

二、无极性小电容的检测

容量为6800pF～1μF的无极性小电容用$R\times10\text{k}\Omega$档测量其漏电阻。在表笔接通的瞬间应看到指针有很小的摆动，若未看清则将红、黑表笔互换一下再检测。

【习题】

1. 举例说明电容在电路中的作用。
2. 完成表1-16的填写。

表1-16　电容容量的识别

标　识	容　量	标　识	容　量
102		683	
223		105	
474		224	
159		3n3	
473		22n	
332		470n	

任务三　二极管的特性、识别与检测

【任务目标】

1. 理解半导体的基础知识及PN结的单向导电性。
2. 理解二极管的分类及结构。
3. 理解二极管的特性曲线和主要参数。
4. 能用万用表判断二极管的质量及管脚极性。

【任务引导】

晶体二极管简称二极管，是最基本的半导体器件，它具有单向导电特性，可以用来产生、控制、接收、变换信号和进行能量的转换等。二极管作为一种常用的电子器件，因其具有体积小、寿命长、功耗低等优点，广泛应用于整流、检波、稳压、光电转换等电路中。

本任务要求利用二极管外观的标示，识别其管脚极性，并用万用表进行检测，判别其质量及管脚极性。

【相关知识】

一、半导体的基本知识

1. 什么是半导体

物质按其导电能力可分为导体、绝缘体和半导体。

导体：如铜、银等，表现为良好的导电性。

绝缘体：如塑料、陶瓷等，表现为绝缘性。

半导体：如硅、锗等，其导电能力介于导体和绝缘体之间。

2. 半导体的导电特性

半导体具有不同于导体和绝缘体的导电特性，包括热敏特性、光敏特性、掺杂特性。

3. 杂质半导体

纯净的半导体称为本征半导体，它的导电能力很弱，不能直接加以利用。如果在本征半导体中掺入微量的硼、磷等元素后，就成为杂质半导体，其导电能力将显著增强。根据掺入杂质元素的不同，杂质半导体可分为 N 型和 P 型半导体。

4. PN 结及其单向导电性

（1）PN 结　把 P 型半导体和 N 型半导体用特殊工艺使其结合在一起，就会在交界处形成一个特殊薄层，称为 PN 结，如图 1-9 所示。

PN 结是制造半导体二极管、晶体管、场效应晶体管等各种半导体器件的基础。

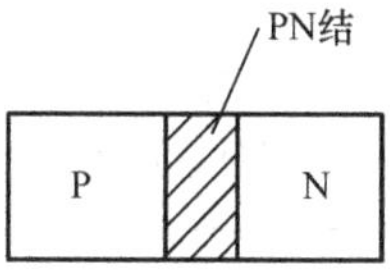

PN结

P　N

图 1-9　PN 结

（2）PN 结的单向导电性　PN 结的单向导电性可以通过下面的演示实验来验证。

1）PN 结加正向电压——正向导通。如图 1-10a 所示，若电源正极接 P 区，负极接 N 区，此时 PN 结的外加电压称为正向电压，或称为正向偏置，简称正偏。开关闭合后，指示灯亮，说明此时 PN 结的电阻很小，像导体一样很容易导电，这种现象称为正向导通。

2）PN 结加反向电压——反向截止。如图 1-10b 所示，若电源负极接 P 区，正极接 N 区，此时 PN 结的外加电压称为反向电压，或称反向偏置，简称反偏。开关闭合后，指示灯不亮，说明此时 PN 结的电阻很大，像绝缘体一样不能导电，这种现象称为反向截止。

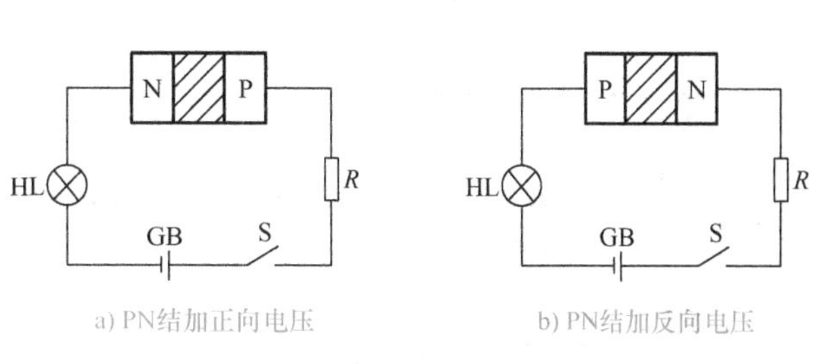

a) PN结加正向电压　　b) PN结加反向电压

图 1-10　PN 结的单向导电性

结论：PN 结的单向导电性——PN 结加正向电压导通，加反向电压截止（正偏导通，反偏截止）。

二、二极管的结构、符号及分类

1. 二极管的结构和符号

晶体二极管也称半导体二极管，简称二极管。如图1-11所示，二极管实质上就是一个PN结，在PN结的P区引出一个电极，称为正极，又叫阳极；在N区引出一个电极，称为负极，又叫阴极。再将这个PN结封装起来就形成了一个二极管，用字母V（或VD）表示。箭头的指向为PN结加正向电压时电流的方向。

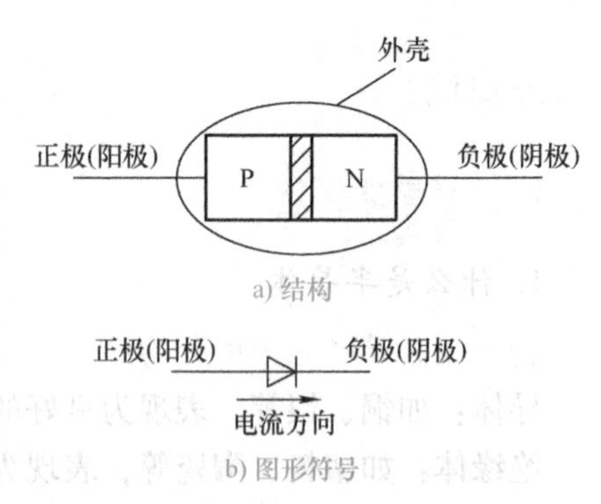

图1-11　二极管的结构和图形符号

2. 二极管的分类

二极管的分类如表1-17所示。

表1-17　二极管的分类

分类方法	种　类	说　明
按材料不同分	硅二极管	硅材料二极管，常用二极管
	锗二极管	锗材料二极管
按用途不同分	普通二极管	常用二极管
	整流二极管	主要用于整流
	稳压二极管	常用于直流稳压电源
	开关二极管	专门用于开关的二极管，常用于数字电路
	发光二极管	能发出可见光，常用于指示信号
	光敏二极管	对光有敏感作用的二极管
	变容二极管	常用于高频电路
按外壳封装的材料不同分	玻璃封装二极管	检波二极管常用这种封装材料
	塑料封装二极管	大量使用的二极管采用这种封装材料
	金属封装二极管	大功率整流二极管采用这种封装材料

如果按二极管制造工艺不同分类，有点接触型、面接触型、平面型等。

3. 二极管的型号命名方法

按照我国国家标准GB/T 249—2017（《半导体分立器件型号命名方法》）的规定，二极管的型号命名由五部分组成，国产二极管型号的组成部分及其含义如表1-18所示。

表1-18　国产二极管的型号组成部分及其含义

第一部分		第二部分		第三部分		第四部分	第五部分
用阿拉伯数字表示器件的电极数目		用汉语拼音字母表示器件的材料和极性		用汉语拼音字母表示器件的类别		用阿拉伯数字表示登记顺序号	用汉语拼音字母表示规格号
符号	意义	符号	意义	符号	意义		
2	二极管	A B C D E	N型，锗材料 P型，锗材料 N型，硅材料 P型，硅材料 化合物或合金材料	P H V W C Z	小信号管 混频管 检波管 电压调整管和电压基准管 变容管 整流管		

常见的国产晶体管型号有 2AP7、2DZ54C 等，其含义可参照表 1-18 解读。

国外半导体二极管型号命名方法与我们国家不同，例如，凡以“1N”开头的二极管都是由美国制造或以美国专利在其他国家制造的产品，以“1S”开头的则为日本注册产品，其中数字“1”的含义为器件有 1 个 PN 结。后面的数字为登记序号，不反映器件性能的任何特征，序号反映形成产品的时间先后，通常数字越大，产品越新。常用的二极管型号有 1N4001、1N4007、1N4148、1N5408、1S1885 等，应用时可以查阅相关资料了解其参数。

三、二极管的伏安特性曲线

二极管内部有一个 PN 结，因此同样具有单向导电性，但这是否意味着二极管外加正向电压就一定导通呢？换句话说，使二极管导通的外加正向电压到底要多大？为了直观地说明这个问题及更好地了解二极管的性质，通常使用二极管的伏安特性曲线，即加在二极管两端的电压与通过二极管的电流之间的关系曲线，如图 1-12 所示。

二极管的伏安特性包括正向特性和反向特性，在图 1-12 所示的坐标图中，位于第一象限的曲线表示二极管的正向特性，位于第三象限的曲线表示二极管的反向特性。

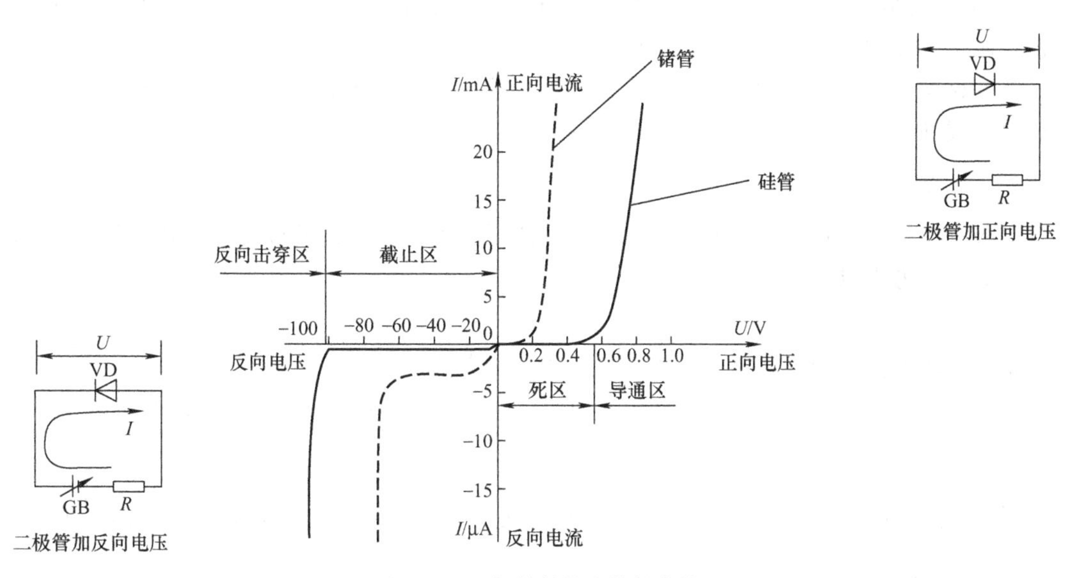

图 1-12 二极管的伏安特性曲线

1. 正向特性

所谓正向特性是指给二极管加正向电压（二极管正极接高电位，负极接低电位）时的特性。

当正向电压小于某一数值（该电压称为“死区电压”，硅管约为 0.5V，锗管约为 0.2V）时，通过二极管的电流很小，几乎为零，二极管不能导通。

当正向电压大于死区电压时，电流随电压的升高而明显增加，此时二极管进入导通状态。二极管导通后，两端的电压几乎不随电流的变化而变化，此时二极管两端的电压称为导通管压降，用 U_T表示，硅管约为 0.7V，锗管约为 0.3V。

由此可见，二极管正向电压未达到死区电压时，并不能导通，只有在正向电压达到或超过死区电压时，二极管才能导通。

2. 反向特性

所谓反向特性是指给二极管加反向电压（二极管正极接低电位，负极接高电位）时的特性。

当反向电压小于某数值（该电压称为反向击穿电压 U_{BR}）时，反向电流很小，并且几乎不随反向电压而变化，该反向电流称为反向饱和电流，简称反向电流，用 I_R 表示。通常硅管的反向电流在几十微安以下，锗管的反向电流可达几百微安。在应用时，反向电流越小，二极管的热稳定性越好，质量越高。

当反向电压增加到反向击穿电压 U_{BR} 时，反向电流会急剧增大，这种现象称为反向击穿。反向击穿破坏了二极管的单向导电性，如果没有限流措施，二极管很可能因电流过大而损坏。

由此可见，二极管反向电压小于反向击穿电压时二极管截止，当反向电压达到或超过反向击穿电压时，二极管因反向击穿电流突然增大，可能造成损坏。

无论硅管还是锗管，即使工作在最大允许电流下，二极管两端的电压降一般也都在0.7V 以下，这是由二极管的特殊结构所决定的。所以，在使用二极管时，电路中应该串联限流电阻，以免因电流过大而损坏二极管。

不同材料、不同结构的二极管伏安特性虽有区别，但形状基本相似，都不是直线，故二极管是非线性器件。

四、二极管的主要参数

二极管的主要参数是选择和使用二极管的依据，为了保证二极管安全可靠地工作，选用二极管时主要考虑以下三个参数。

1. 最大整流电流 I_{FM}

最大整流电流指允许通过二极管平均电流的最大值。

正常工作时通过二极管的电流应该小于 I_{FM}，否则，二极管可能会因过热而损坏。

2. 最高反向工作电压 U_{RM}

最高反向工作电压指允许加在二极管两端反向电压的最大值（一般情况下 $U_{RM}=\frac{1}{2}U_{BR}$）。

正常工作时二极管两端所加电压最大值应小于 U_{RM}，否则，二极管将会反向击穿损坏。

3. 反向电流 I_R

反向电流指在规定的反向电压（$<U_{BR}$）和环境温度下的反向电流。

此值越小，二极管的单向导电性能越好，工作越稳定。I_R 对温度很敏感，使用时应注意环境温度不宜过高。

五、其他二极管

除了上述介绍的普通二极管之外，还有多种具有特殊用途的二极管。

1. 发光二极管

发光二极管是将电能转换成光能的半导体器件，其图形符号如图 1-13a 所示。在发光二极管的两端加上正向电压，二极管导通，产生热和光，使一层黏附着的磷化物受激励而发出可见光。根据发光二极管所用材料的不同，可以发出红、绿、黄、蓝、橙等不同颜色的光。

发光二极管具有亮度高、电压低、体积小、可靠性高、使用寿命长、响应速度快、颜色鲜艳等特点，常用来作为电路通、断及工作指示，广泛应用于仪表、仪器、计算机、电气设备作电源信号指示，音响设备调谐和电平指示，广告显示屏的文字、图形、符号显示等。

图 1-13　特殊二极管的图形符号

2. 光敏二极管

光敏二极管能将光信号转化为电信号，其图形符号如图 1-13b 所示。在光敏二极管两端加上反向电压，当有光线照射其玻璃窗口时，光敏二极管导通；当无光线照射时，光敏二极管不导通。面积较大的光敏二极管可以制成光电池。

光敏二极管常用于可见光接收、红外光接收及光电转换的自动控制、报警、计数等设备。

3. 变容二极管

变容二极管的 PN 结电容随反向电压的变化而变化，其图形符号如图 1-13c 所示。当加在变容二极管两端的反向电压升高时，结电容减小；当反向电压降低时，结电容增大。

变容二极管常用在高频电路中。例如，用在高频收音机的自动频率控制电路中，通过改变其反向偏置电压来自动调节本机振荡频率；用在电视机电调谐高频头的调谐电路中，通过改变反向偏置电压来选择电视频道。

【任务准备】

1. 制订计划

各小组在组长带领下，集体讨论，制订工作计划，合理安排工作进程。根据所学理论知识和操作技能，结合任务目标和任务引导，填写工作计划。二极管的识别与检测工作计划如表 1-19 所示。

表 1-19　二极管的识别与检测工作计划

工作时间	共______课时	审核：______________
任务实施步骤	1.	
	2.	
	3.	
	4.	
	5.	

2. 准备器材

（1）仪表准备　指针式万用表。

（2）元器件领取　二极管若干。二极管领取清单如表 1-20 所示。

表 1-20　二极管领取清单

领料组：		领料人：			领料时间：		
序号	名称及规格	每人数量	小组数量	是否归还	归还人签名	管理员签名	备注

【任务实施】

各小组在组长带领下按照工作计划，完成以下工作，并将结果填写在相关表格中。

1. 检测二极管

用指针式万用表检测二极管，将测量结果记录在表 1-21 中。

表 1-21　二极管的识别与检测

型　号	量　程	测量结果
1N4007 1 ═[▯▨]═ 2		正极：　负极： 正向电阻： 反向电阻：
7.5V 1 ═[▯▨]═ 2		正极：　负极： 正向电阻： 反向电阻：
$\phi5$ 1　2		正极：　负极：

2. 工作岗位 6S 活动

工作任务完成后，各工作组关闭工作台上所有仪表的电源，拆下测量线和连接导线，归还借用的工具、仪表。组长组织组员开展工作岗位的“整理、整顿、清扫、清洁、安全、素养”6S 活动。

3. 思考与讨论

（1）为什么测量耐压低、电流小的二极管只能用万用表的 $R\times100\Omega$ 或 $R\times1k\Omega$ 档？

（2）采用不同档位测量二极管的阻值时，读数是否一样？为什么？

【任务评价】

师生将任务评价结果填在表1-22中。

表1-22　二极管的识别与检测评价表

班级：______ 小组：______ 姓名：______ 学号：______		指导教师：______ 日　期：______				
评价项目	评价内容	评价方式			权重	得分小计
		学生自评 15%	小组互评 25%	教师评价 60%		
职业素养	1. 遵守规章制度、劳动纪律 2. 人身安全与设备安全 3. 完成工作任务的态度 4. 完成工作任务的质量 5. 团队合作精神 6. 工作岗位“6S”处理				0.3	
专业能力	1. 懂得安全用电操作 2. 能根据二极管的外观标志识别其管脚极性 3. 能用万用表判断二极管的质量和管脚极性				0.5	
创新能力	1. 万用表的使用 2. 测量方法和技巧				0.2	
综合评价	总分					
	教师点评					

【知识拓展】

二极管的识别与检测

一、外形判别法

1）标有二极管符号时，管脚与符号对应，螺栓表示正极，如图1-14a所示。

2）整流二极管负极一端印上一道银色（或白色）色环作为负极标记，如图1-14b所示。

3）稳压二极管负极一端印上黑色色环作为负极标记，如图1-14c所示。

4）发光二极管的管脚短的为负极，其内部金属片大的一端为负极，如图1-14d所示。

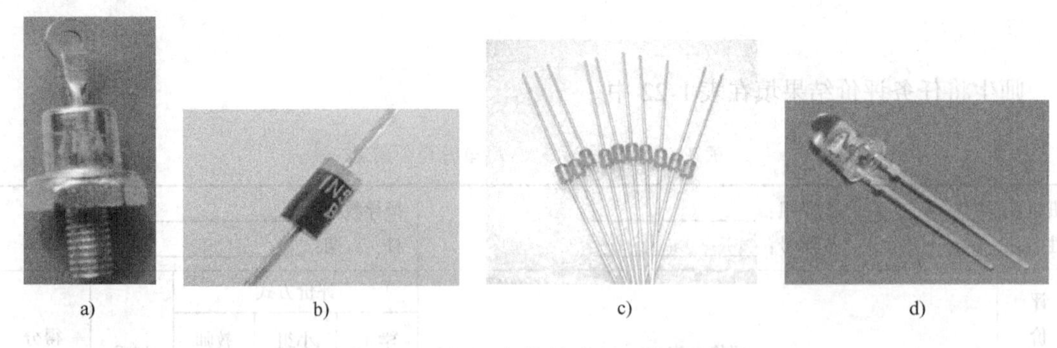

图 1-14　利用二极管外形判别管脚极性

二、万用表判别法

根据二极管的单向导电性进行判别。

1. 判断二极管的好坏

如图 1-15 所示，对于小功率二极管，可将万用表置于 $R\times100\Omega$ 档或 $R\times1\text{k}\Omega$ 档，测量其正、反向电阻值。其方法是：将表笔任意接二极管的正、负极，先读出一电阻值，然后交换表笔再测一次，又测得一电阻值，其中阻值小的一次为正向电阻，如图 1-15a 所示；阻值大的一次为反向电阻，如图 1-15b 所示。二极管的正向电阻应为几十欧～几千欧，反向电阻应为几百千欧以上。

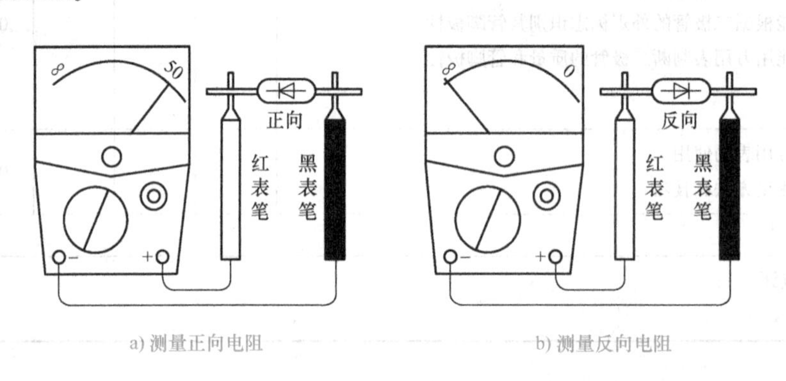

图 1-15　万用表检测二极管

总之，不论何种材料的二极管，其正、反向电阻的阻值相差越大，表明二极管的性能越好。若正、反向电阻的阻值相差不大，表明二极管的单向导电性较差，不宜选用；若测得的正向电阻太大，表明二极管性能变差；若测得的正向电阻为∞，表明二极管已经开路；若测得的反向电阻很小，甚至为零，表明二极管已短路。

检测小功率二极管时，不宜使用 $R\times1\Omega$ 或 $R\times10\text{k}\Omega$ 档。因 $R\times1\Omega$ 档测量电流较大，$R\times10\text{k}\Omega$ 档测量电压较高，两者都容易造成管子的损坏。

2. 判断二极管的正、负极

测量二极管正向电阻时，黑表笔所接触的一端为二极管的正极，红表笔所接触的一端为负极。

二极管工作状态的判别

如图 1-16 所示，在进行电路分析时，有时可将二极管视为理想器件，即认为：二极管正向电阻为零，正向导通时为短路特性，正向压降忽略不计，相当于一个闭合的开关，如图 1-16a 所示；二极管反向截止时为开路特性，反向电流忽略不计，相当于一个打开的开关，如图 1-16b 所示。

a) 二极管正偏相当于闭合开关　　b) 二极管反偏相当于打开开关

图 1-16　二极管的理想化

例 1-1　二极管电路如图 1-17 所示，判断各电路中二极管 VD 的工作状态，求二极管为理想管时 U_{AB}分别为多少？

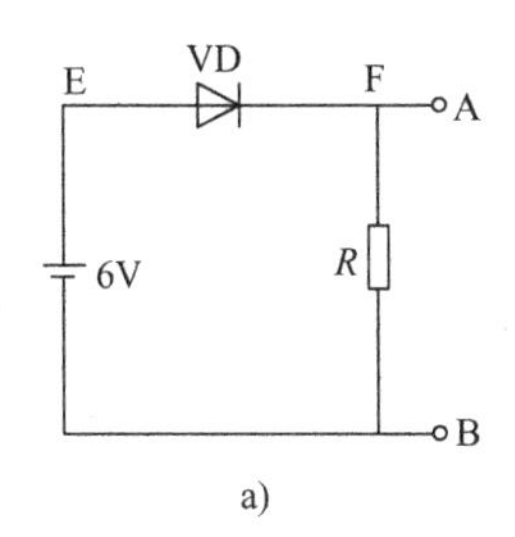

a)

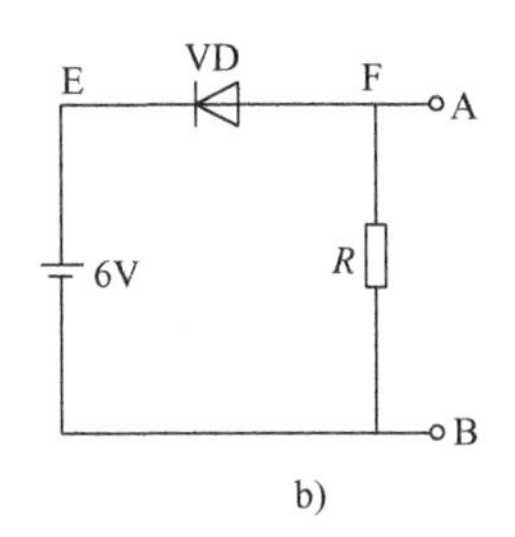

b)

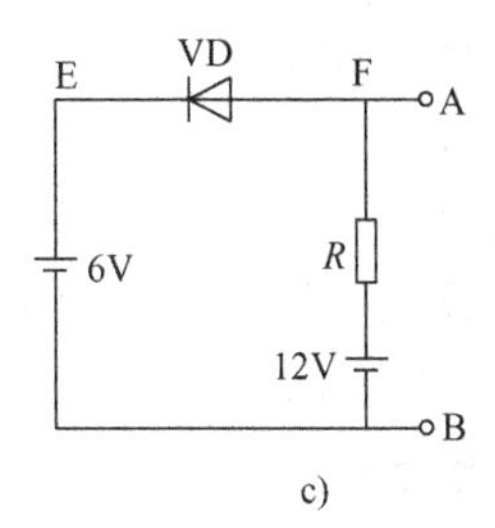

c)

图 1-17　例 1-1 电路图

分析：首先分析二极管 VD 在电路中的工作状态，然后再进行有关的计算。判断二极管是否导通时，先分析电压极性是否是正向电压，再判断电压大小是否足够。如果两个条件中有一个不满足，则二极管均不能导通。

解：图 1-17a 中，设 B 点为参考点，假设断开二极管 VD，因 $U_E=6V$，$U_F=0V$，二极管正极的电位高于负极的电位，所以，二极管正偏导通，$U_{AB}=6V$。

图 1-17b 中，设 B 点为参考点，假设断开二极管 VD，因 $U_E=6V$，$U_F=0V$，二极管负极的电位高于正极的电位，二极管反偏截止，通过二极管的电流为零，所以 $U_{AB}=U_R=0V$。

图 1-17c 中，设 B 点为参考点，假设断开二极管 VD，因 $U_E=6V$，$U_F=12V$，二极管正极的电位高于负极的电位，所以二极管正偏导通，$U_{AB}=6V$。

【习题】

一、填空题

1. 根据导电能力来衡量，自然界的物质可以分为导体、________和绝缘体三类。
2. 导电性能介于导体和绝缘体之间的物质是________。
3. 半导体具有热敏特性、光敏特性、________特性。
4. 二极管的 P 区引出端叫________或阳极，N 区的引出端叫负极或阴极。
5. PN 结正偏时，P 区接电源的________，N 区接电源的负极。
6. 按二极管所用的材料不同，可分为________和________两类。
7. 硅二极管导通时的正向管压降约为________，锗二极管导通时的管压降约为________。

8. 二极管具有________________，即加正向电压时，二极管________；加反向电压时，二极管________。

9. 使用二极管时，应考虑的主要参数是________、________和反向电流。

10. 发光二极管将________转换为________。

11. 光敏二极管将________转换为________。

二、判断题（在括号内用“√”和“×”表明下列说法是否正确）

1. PN结正向偏置时电阻小，反向偏置时电阻大。（　　）
2. 二极管是线性器件。（　　）
3. 二极管具有单向导电性。（　　）
4. 二极管的反向饱和电流越大，二极管的质量越好。（　　）
5. 二极管由一个PN结、两个管脚封装组成。（　　）
6. 二极管加正向电压时一定导通。（　　）
7. 二极管加反向电压时一定截止。（　　）
8. 二极管一旦反向击穿就一定损坏。（　　）
9. 当反向电压小于反向击穿电压时，二极管的反向电流很小；当反向电压大于反向击穿电压后，其反向电流急剧增加。（　　）

三、选择题

1. 当加在硅二极管两端的正向电压从0开始逐渐增加时，硅二极管（　　）。

A. 立即导通　B. 到0.3V才开始导通　C. 超过死区电压时才开始导通

2. 把电动势为1.5V的干电池的正极直接接到一个硅二极管的正极，负极直接接到硅二极管的负极，则该管（　　）。

A. 基本正常　B. 将被击穿　C. 将被烧坏

3. 当硅二极管加上0.4V正向电压时，该二极管相当于（　　）。

A. 很小的电阻　B. 很大的电阻　C. 断路

4. 某二极管反向击穿电压为150V，则其最高反向工作电压（　　）。

A. 约等于150V　B. 略大于150V　C. 等于75V

5. 当环境温度升高时，二极管的反向电流将（　　）。

A. 增大　B. 减小　C. 不变

6. 用万用表 $R\times100\Omega$ 档来测试小功率二极管，如果二极管（　　），说明管子是好的。

A. 正、反向电阻都为零　B. 正、反向电阻都为无穷大

C. 正向电阻为几百欧，反向电阻为几百千欧

7. 在测量二极管正向电阻时，若用两手把管脚捏紧，电阻值将会（　　）。

A. 变大　B. 变小　C. 不变化

8. 变容二极管工作时，应加（　　）。

A. 反向电压　B. 正向电压　C. 反向电压或正向电压

9. 发光二极管工作时，应加（　　）。

A. 正向电压　B. 反向电压　C. 正向电压或反向电压

10. 变容二极管常用在（　　）电路中。

A. 高频　B. 低频　C. 直流

11. 交通信号灯采用的是（　　）。

A. 发光二极管　　B. 光敏二极管　　C. 变容二极管

12. 图 1-18 所示电路中，二极管 VD 的状态为（　　）。

A. 导通　　B. 截止

C. 击穿　　D. 过热损坏

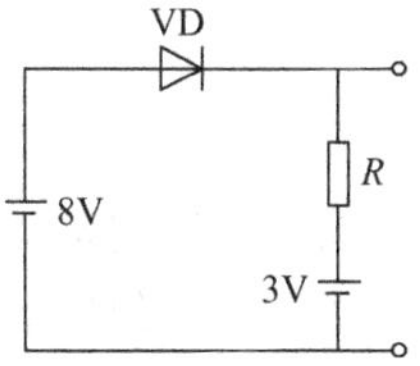

图 1-18

13. 测量小功率晶体二极管性能好坏时，应把万用表的电阻档拨到（　　）档。

A. $R\times100\Omega$ 或 $R\times1\text{k}\Omega$　　B. $R\times1\Omega$

C. $R\times10\text{k}\Omega$　　D. $R\times100\text{k}\Omega$

14. 用万用表检测某二极管时，发现其正、反向电阻均约等于 1kΩ，说明该二极管（　　）。

A. 已经击穿　　B. 完好状态

C. 内部老化不通　　D. 无法判断

四、综合题

1. 写出图 1-19 所示各电路的输出电压值，设二极管导通电压 $U_D=0.7\text{V}$。

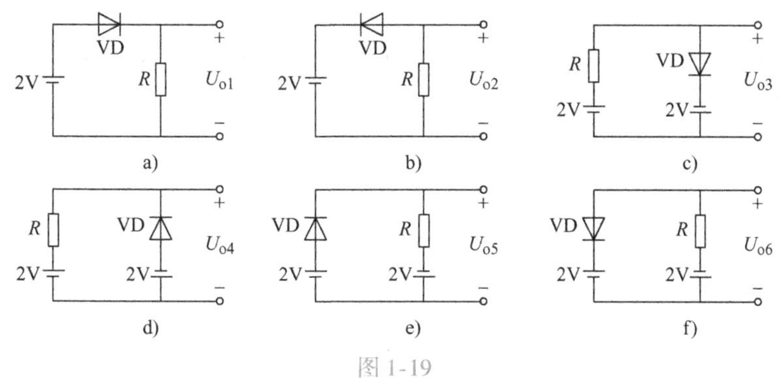

图 1-19

2. 电路如图 1-20 所示，已知 $u_i=10\sin\omega t\text{V}$，试画出 u_i 与 u_o 的波形。设二极管导通电压可忽略不计。

3. 电路如图 1-21 所示，已知 $u_i=5\sin\omega t\text{V}$，二极管导通电压 $U_D=0.7\text{V}$。试画出 u_i 与 u_o 的波形图，并标出幅值。

4. 在图 1-22 所示电路中，发光二极管导通电压 $U_D=1.5\text{V}$，正向电流在 5～15mA 时才能正常工作。

试问：(1) 开关 S 在什么位置时发光二极管才能发光？

(2) 电阻 R 的取值范围是多少？

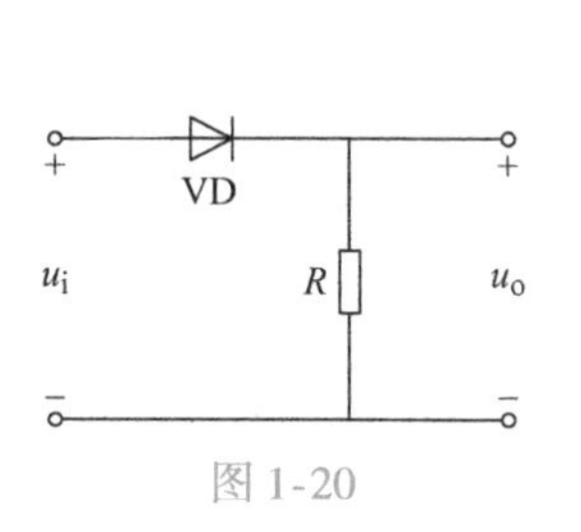

图 1-20

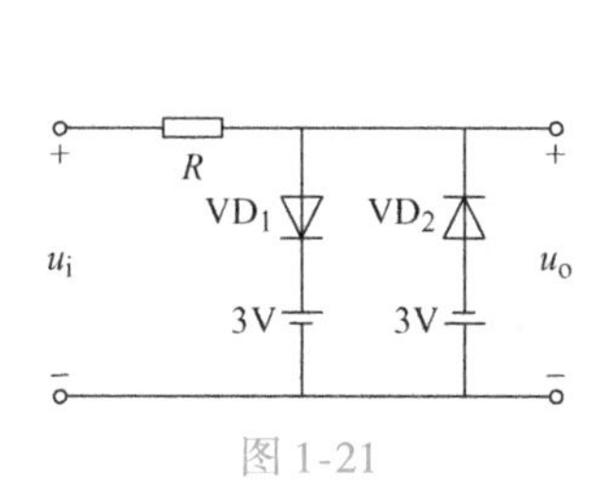

图 1-21

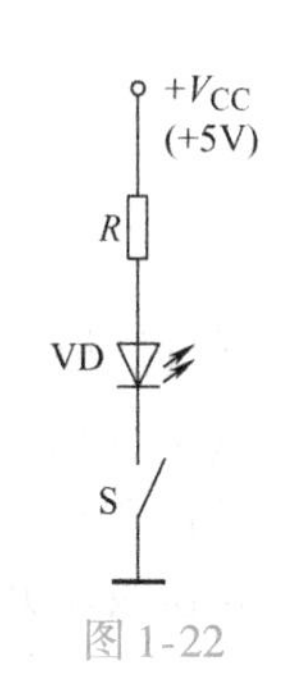

图 1-22

任务四 晶体管的特性、识别与检测

【任务目标】

1. 了解晶体管的分类及结构。
2. 掌握晶体管的电流放大作用。
3. 掌握晶体管的输入、输出特性曲线。
4. 理解晶体管的主要参数。
5. 能用万用表判别晶体管管脚极性及质量。

【任务引导】

晶体管是电子电路中的核心器件，是各类集成运放电路的基础，广泛应用于各类放大电路和开关电路中。在模拟电路中，晶体管主要工作在放大状态，实现电路对信号的放大；在数字电路中，晶体管主要工作在开关状态，实现电路对信号的导通和截止。

本任务要求根据PN结的单向导电性和晶体管的电流放大作用，用万用表判别晶体管的管脚极性、管型及质量。

【相关知识】

一、晶体管的结构、符号和类型

1. 晶体管的结构和符号

根据晶体管三个区半导体材料性质的不同，晶体管可分为NPN型和PNP型两种类型，其结构和图形符号如图1-23所示，符号中的发射极箭头表示发射结加正向电压时的电流方向。晶体管的文字符号为V（或VT）。

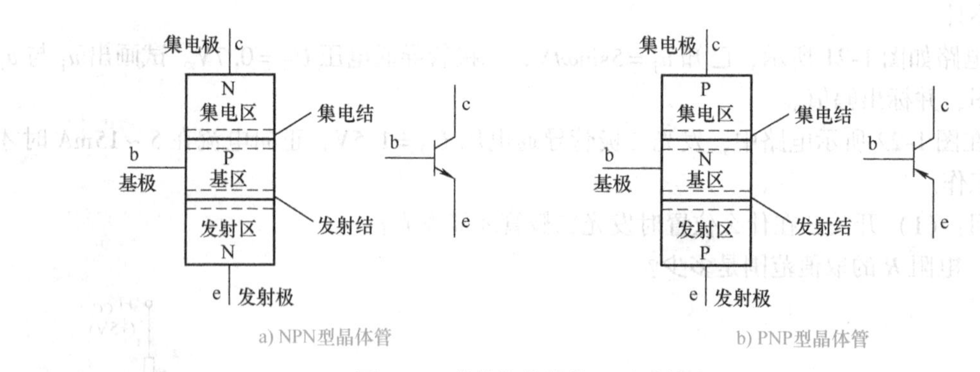

图1-23 晶体管的结构和图形符号

晶体管的结构特点：

1）发射区掺杂浓度高，利于发射载流子。

2）基区很薄，掺杂少，利于载流子通过。

3）集电区体积大，利于收集载流子。

2. 晶体管的分类

1）根据制造材料不同，分为硅晶体管和锗晶体管。

2）根据内部结构不同，分为 NPN 型和 PNP 型，目前市场上销售的硅管多数是 NPN 型，锗管多数是 PNP 型。

3）根据晶体管工作频率不同，分为高频管（工作频率≥3MHz）和低频管（工作频率＜3MHz）。

4）根据功率不同，分为小功率晶体管（耗散功率＜1W）和大功率晶体管（耗散功率≥1W）。

5）根据用途不同，分为普通管和开关管。

3. 晶体管的外形

晶体管的外形如图 1-24 所示。

塑料封装小功率晶体管

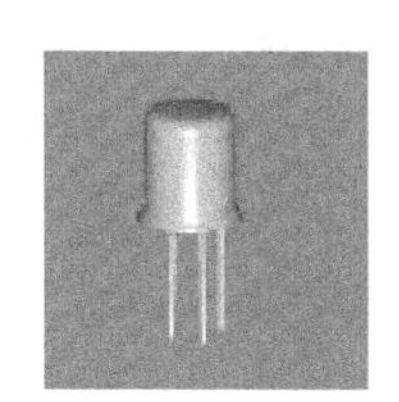

金属封装小功率晶体管

塑料封装大功率晶体管

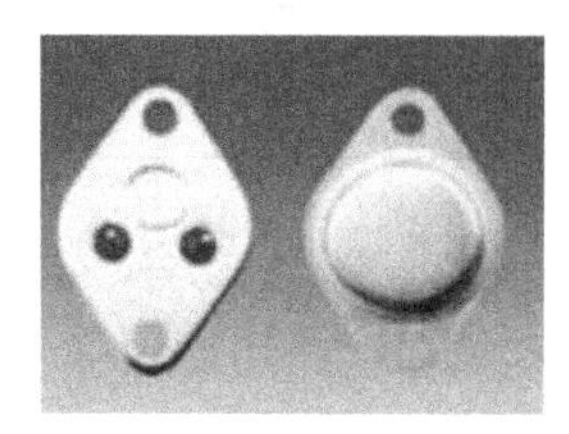

金属封装大功率晶体管

图 1-24　晶体管的外形

4. 晶体管的型号命名方法

按照我国国家标准 GB/T 249—2017（《半导体分立器件型号命名方法》）的规定，国产晶体管的型号命名同二极管一样由五部分组成，其型号的组成部分及其含义如表 1-23 所示。

表 1-23　晶体管的型号组成部分及其含义

第一部分		第二部分		第三部分		第四部分	第五部分
用阿拉伯数字表示器件的电极数目		用汉语拼音字母表示器件的材料和极性		用汉语拼音字母表示器件的类别		用阿拉伯数字表示登记顺序号	用汉语拼音字母表示规格号
符号	意义	符号	意义	符号	意义		
3	晶体管	A	PNP 型，锗材料	X	低频小功率晶体管		
		B	NPN 型，锗材料	G	高频小功率晶体管		
		C	PNP 型，硅材料	D	低频大功率晶体管		
		D	NPN 型，硅材料	A	高频大功率晶体管		

常见的国产晶体管型号有 3DG130C、3AX52B 等，其含义可参照表 1-23 解读。

美国产的半导体晶体管以“2N”开头，日本产的晶体管以“2S”开头，目前市场上以“2S”开头的日本产品比较多。

日本产半导体晶体管的命名方法为：第三部分用 A 表示 PNP 型高频管，用 B 表示 PNP 型低频管，用 C 表示 NPN 型高频管，用 D 表示 NPN 型低频管；第四部分由数字组成，表示日本电子工业协会注册登记的顺序号，数字越大，表示产品越新；第五部分用字母表示对原型号的改进产品。常见的型号有 2SA1015、2SC1815、2SB649、2SD555 等。

市场上经常见到以四位数命名的韩国三星公司出产的晶体管，如9012、9013、9014、8050、8550等，应用时可查阅相关资料了解其参数。

二、晶体管的电流放大作用

1. 三种连接方式

晶体管有三个电极，用它组成放大器时，一个电极作为信号输入端，另一个电极作为信号输出端，则第三个电极势必成为输入和输出信号的公共端。根据公共端选用发射极、基极或集电极的不同，晶体管有共发射极、共基极和共集电极三种不同的连接方式，如图1-25所示。

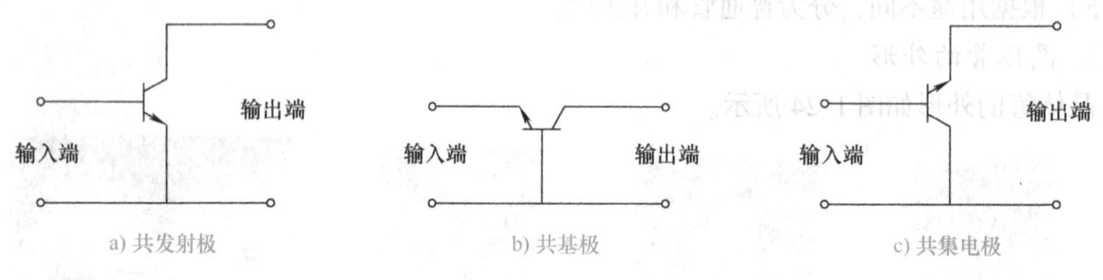

图1-25　晶体管的连接方式

2. 晶体管的工作电压

晶体管具有电流放大作用是由它的内部结构决定的，但是还要满足一定的外部条件，即发射结加正向电压，集电结加反向电压（发射结正偏，集电结反偏）。由于NPN型晶体管和PNP型晶体管的极性不同，所以外加电压的极性也不同，如图1-26所示。

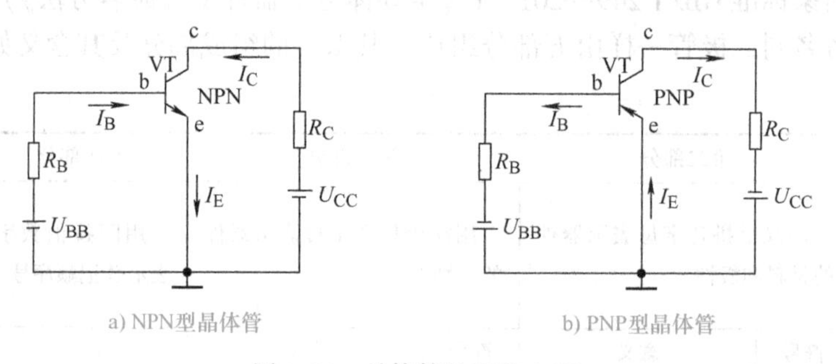

图1-26　晶体管的工作电压

对于NPN型晶体管，c、b、e三个电极的电位必须符合：$U_C > U_B > U_E$；对于PNP型晶体管，电源的极性与NPN型晶体管的相反，c、b、e三个电极的电位必须符合：$U_C < U_B < U_E$。

3. 电流放大作用

以NPN型晶体管为例，实验电路接成如图1-27所示。电路接通后，晶体管各电极都有电流通过，即流入基极的电流I_B、流入集电极的电流I_C和流出发射极的电流I_E。

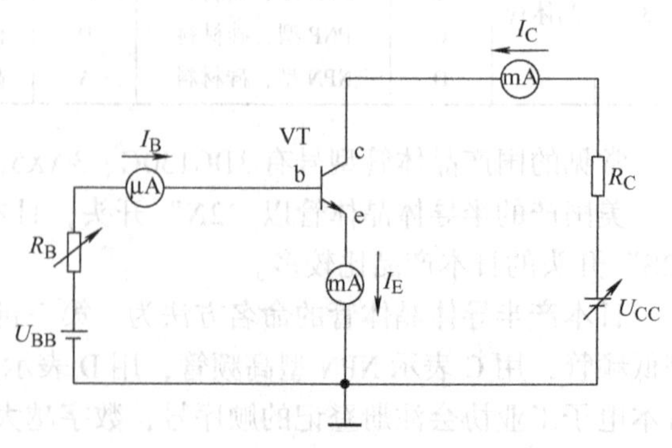

图1-27　晶体管电流分配实验电路

通过调节电位器 R_B 的阻值，可调节基极的偏压，从而调节基极电流 I_B 的大小。每取一个 I_B 值，从毫安表都可读取集电极电流 I_C 和发射极电流 I_E 的相应值。实验数据如表 1-24 所示。

表 1-24　晶体管的电流放大作用　（单位：mA）

项目 \ 次数	1	2	3	4	5	6
I_B	0	0.01	0.02	0.03	0.04	0.05
I_C	0.01	0.56	1.14	1.74	2.33	2.91
I_E	0.01	0.57	1.16	1.77	2.37	2.96

通过对实验数据分析，晶体管三个电极的电流具有表 1-25 所示的关系。

表 1-25　晶体管三个电极的电流关系

电流关系	说　明
集电极与基极电流的关系	$I_C=\beta I_B$
三个电极电流之间的关系	$I_E=I_B+I_C=(1+\beta)I_B$

综合以上情况，可以得出以下结论：

1）晶体管电流放大作用的条件是：发射结加正向电压，集电结加反向电压（发射结正偏，集电结反偏）。

2）晶体管电流放大的实质是：用较小的基极电流控制较大的集电极电流，是“以小控大”。

利用基尔霍夫电流定律可以解释晶体管三个电极的电流关系。我们可以将晶体管看成电路中的一个节点，那么流进晶体管的电流等于流出管子的电流。对于 NPN 型晶体管，流入管子的电流是 I_B、I_C，流出管子的电流是 I_E，流入和流出的电流必然相等，即有 $I_E=I_B+I_C$。对于 PNP 型晶体管也是如此，只不过流入管子的电流是 I_E，流出管子的电流是 I_B、I_C。

三、晶体管的输入、输出特性曲线

晶体管各个电极上的电压和电流之间的关系，可以通过伏安特性曲线直观地描述。晶体管的特性曲线包括输入特性曲线和输出特性曲线。晶体管的特性曲线可以通过实验电路来测试，实验电路如图 1-28 所示。

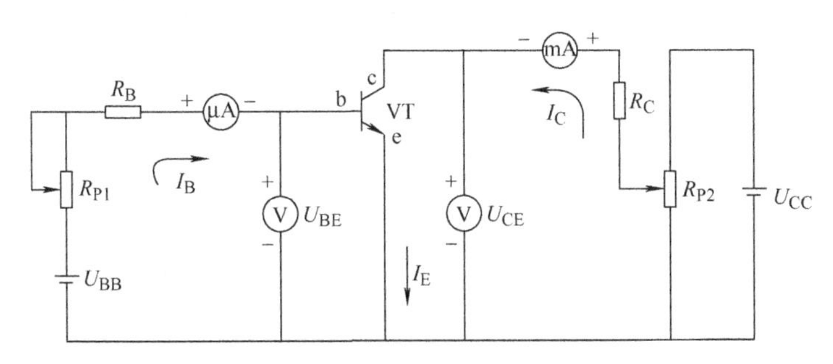

图 1-28　晶体管特性曲线测试电路

1. 输入特性

输入特性是指集电极与发射极之间的电压 U_{CE} 为一定的条件下，加在晶体管基极与发射极之间电压 U_{BE} 和基极电流 I_B 的关系，如图 1-29 所示为晶体管的输入特性曲线。

晶体管的输入特性曲线与二极管的正向特性曲线相似，只有当发射结的正向电压 U_{BE} 大于死区电压（硅管约为 0.5V，锗管约为 0.2V）时才产生基极电流 I_B，这时晶体管处于正常放大状态，发射结两端电压为 U_{BE}（硅管约为 0.7V，锗管约为 0.3V）。

2. 输出特性

输出特性是指在基极电流 I_B 一定的条件下，晶体管集电极与发射极之间的电压 U_{CE} 与集电极电流 I_C 的关系，图 1-30 所示为晶体管的输出特性曲线。

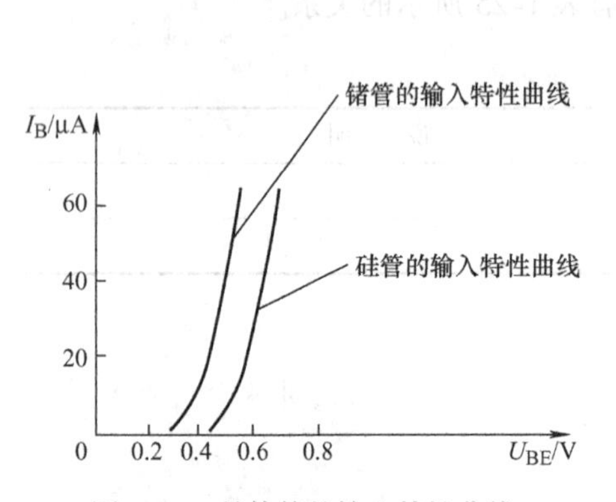

图 1-29　晶体管的输入特性曲线

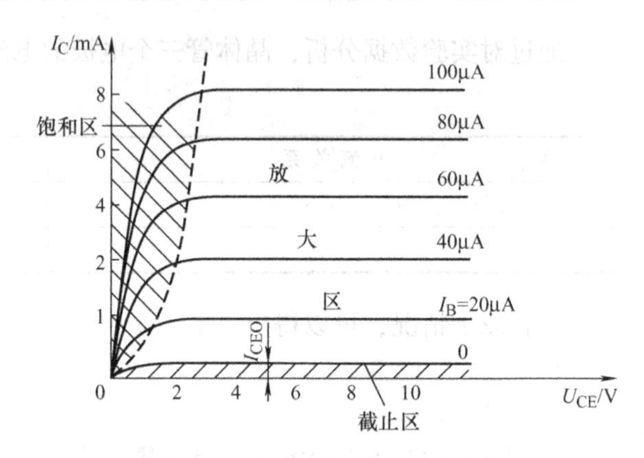

图 1-30　晶体管的输出特性曲线

每条曲线可分为上升、弯曲、平坦三部分。对应不同的 I_B 值有不同的曲线，从而形成曲线簇。各条曲线上升部分很陡，几乎重合，平坦部分则按 I_B 值从下往上排列，I_B 的取值间隔均匀，相应的特性曲线在平坦部分也均匀分布，且与横轴平行。

晶体管的输出特性曲线分为三个区域，不同区域对应着晶体管的三种不同的工作状态，如表 1-26 所示。

表 1-26　晶体管输出特性曲线的三个区域

名　称	截 止 区	放 大 区	饱 和 区
范围	$I_B=0$ 曲线以下区域，几乎与横轴重合	曲线平坦部分，几乎与横轴平行	曲线上升和弯曲部分
条件	发射结反偏（或零偏），集电结反偏	发射结正偏，集电结反偏	发射结正偏，集电结正偏（或零偏）
特征	$I_B=0$，$I_C=I_{CEO}\approx0$ 集电极、发射极之间相当于开路	当 I_B 一定时，I_C 的大小与 U_{CE} 基本无关，具有恒流特性 I_B 不同，曲线也不同，I_C 受 I_B 控制，具有电流放大特性，$I_C=h_{FE}I_B$，$\Delta I_C=\beta\Delta I_B$。 集电极、发射极之间相当于一只可变电阻	各电极电流都很大，I_C 不受 I_B 控制，晶体管失去放大作用，$U_{CE}=U_{CES}\approx0$，集电极、发射极之间相当于短路
工作状态	截止状态	放大状态	饱和状态

晶体管饱和时的 U_{CE} 值称为饱和管压降，记作 U_{CES}，小功率硅管的 U_{CES} 约为0.3V，锗管的 U_{CES} 约为0.1V。

提示：

对于NPN型晶体管，工作于放大区时，$U_C > U_B > U_E$；工作于截止区时，$U_B \leqslant U_E$；工作于饱和区时，$U_C \leqslant U_B$。

PNP型晶体管与之相反。

晶体管有三种工作状态，不同电子电路晶体管的工作状态不同。在模拟电子电路中，晶体管大多工作在放大状态，作为放大管使用；在数字电子电路中，晶体管工作在饱和或截止状态，作为开关管使用。

例1-2　已知晶体管接在相应的电路中，测得晶体管各电极的电位，如图1-31所示，试判断这些晶体管的工作状态。

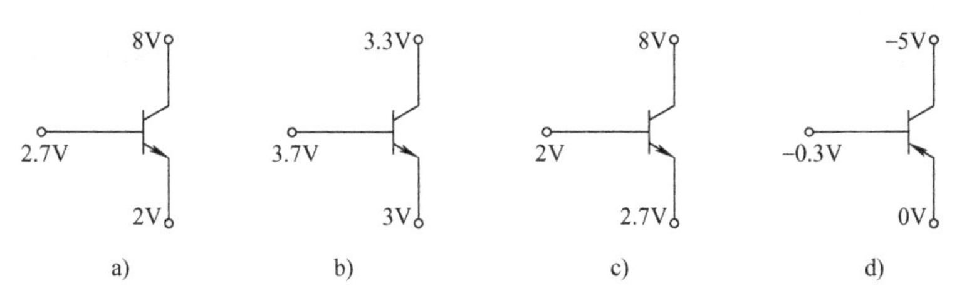

图1-31　例1-2图

解：在图1-31a中，晶体管为NPN型管，$U_B = 2.7V$，$U_C = 8V$，$U_E = 2V$，因 $U_B > U_E$，发射结正偏，$U_C > U_B$，集电结反偏，所以图1-31a中的晶体管工作在放大状态。

在图1-31b中，晶体管为NPN型管，$U_B = 3.7V$，$U_C = 3.3V$，$U_E = 3V$，因 $U_B > U_E$，发射结正偏，$U_C < U_B$，集电结正偏，所以图1-31b中的晶体管工作在饱和状态。

在图1-31c中，晶体管为NPN型管，$U_B = 2V$，$U_C = 8V$，$U_E = 2.7V$，因 $U_B < U_E$，发射结反偏，所以图1-31c中的晶体管工作在截止状态。

在图1-31d中，晶体管为PNP型管，$U_B = -0.3V$，$U_C = -5V$，$U_E = 0V$。因 $U_B < U_E$，发射结正偏，$U_C < U_B$，集电结反偏，所以图1-31d中的晶体管工作在放大状态。

四、晶体管的主要参数

1. 电流放大系数

电流放大系数有共发射极直流电流放大系数 h_{FE}（$\bar{\beta}$）和共发射极交流电流放大系数 β，对于性能良好的晶体管，$h_{FE} \approx \beta$，二者不再严格区分。在实际应用中，可认为 $h_{FE} = \beta$。β 值一般在20～200之间。β 值太小则放大能力差，太大则工作不稳定，一般选用30～100为宜。

2. 集电极-发射极间反向饱和电流 I_{CEO}

I_{CEO} 是指晶体管基极开路（$I_B = 0$），在集电结外加反向偏置电压时所形成的饱和电流，又称穿透电流。当温度不高时，I_{CEO} 的数值比晶体管工作电流小很多，但它会随温度的升高而快速增加，因此它的数值越小，晶体管的热稳定性越好。通常硅管的 I_{CEO} 比锗管的 I_{CEO} 要小得多，所以硅管的热稳定性比锗管好。

3. 集电极最大允许电流 I_{CM}

I_{CM}是指晶体管的β值下降不超过允许范围（对于晶体管，随着I_C上升至一定值以后，β将显著下降）时的集电极最大电流。当$I_C > I_{CM}$时，晶体管的性能明显变差，甚至有可能烧毁。

4. 反向击穿电压 $U_{(BR)CEO}$

$U_{(BR)CEO}$是指基极开路（$I_B = 0$），造成集电结反向击穿时所加在集电极和发射极之间的最大允许电压。晶体管使用时，要求$U_{CE} < U_{(BR)CEO}$。$U_{(BR)CEO}$会随温度的升高而降低。

5. 集电极最大耗散功率 P_{CM}

P_{CM}是指集电极所允许的功率损耗的最大值。晶体管工作时要求实际功率$P_C < P_{CM}$，否则晶体管会因过热而烧毁。

综上所述，晶体管的工作区由I_{CM}、$U_{(BR)CEO}$和P_{CM}三个极限参数所划定。使用时，要求$I_C < I_{CM}$、$U_{CE} < U_{(BR)CEO}$、$P_C < P_{CM}$。

【任务准备】

1. 制订计划

各小组在组长带领下，集体讨论，制订工作计划，合理安排工作进程。根据所学理论知识和操作技能，结合任务目标和任务引导，填写工作计划。晶体管的识别与检测工作计划如表1-27所示。

表1-27 晶体管的识别与检测工作计划

工作时间	共______课时	审核：______
任务实施步骤	1.	
	2.	
	3.	
	4.	
	5.	

2. 准备器材

(1) 仪表准备　指针式万用表。

(2) 元器件领取　晶体管若干。晶体管领取清单如表1-28所示。

表 1-28　晶体管领取清单

领料组：			领料人：		领料时间：		
序号	名称及规格	每人数量	小组数量	是否归还	归还人签名	管理员签名	备注

【任务实施】

各小组在组长带领下按照工作计划，完成以下工作，并将结果填写在相关表格中。

1. 检测晶体管

用万用表检测晶体管，将结果记录在表 1-29 中。

表 1-29　晶体管的识别与检测

型　　号	量　　程	测量结果		
		质量好坏	管型	管脚极性
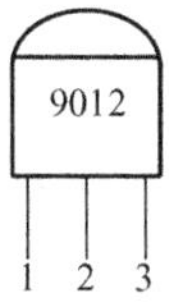 9012 1 2 3				b：　c：　e：
 9014 1 2 3				b：　c：　e：
3DD15 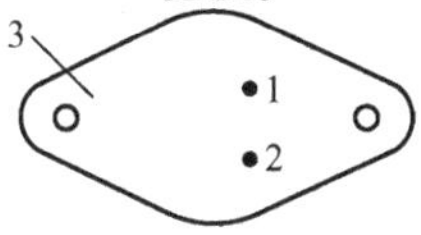 3 1 2				b：　c：　e：

2. 工作岗位 6S 活动

工作任务完成后，各工作组关闭工作台上所有仪表的电源，拆下测量线和连接导线，归还借用的工具、仪表。组长组织组员开展工作岗位的“整理、整顿、清扫、清洁、安全、素养”6S 活动。

3. 思考与讨论

（1）用万用表不同档位测量晶体管各管脚的阻值时，其读数是否相同？

（2）用万用表测量晶体管各管脚的阻值时，手指有哪些注意事项？

【任务评价】

师生将任务评价结果填在表 1-30 中。

表 1-30　晶体管的识别与检测评价表

班级：＿＿＿＿　小组：＿＿＿＿　指导教师：＿＿＿＿
姓名：＿＿＿＿　学号：＿＿＿＿　日　期：＿＿＿＿

评价项目	评价内容	评价方式			权重	得分小计
		学生自评 15%	小组互评 25%	教师评价 60%		
职业素养	1. 遵守规章制度、劳动纪律 2. 人身安全与设备安全 3. 完成工作任务的态度 4. 完成工作任务的质量 5. 团队合作精神 6. 工作岗位“6S”处理				0.3	
专业能力	1. 懂得安全用电操作 2. 能用万用表判断晶体管的管型、质量和管脚极性				0.5	
创新能力	1. 万用表的使用 2. 测量方法和技巧				0.2	
综合评价	总分					
	教师点评					

【知识拓展】

判别晶体管管脚的极性、管型及质量

一、用万用表测量晶体管基极和管型的方法

第一步：找晶体管的基极（b）。

如图 1-32 所示，先将万用表置于 $R\times1\mathrm{k}\Omega$ 电阻档，调零后，将黑表笔接假定的基极 b，红表笔分别与另两个极相接触，观测指针摆动情况。

调换表笔，将红表笔接原来假定的基极 b，黑表笔分别与另两个极相接触，观测指针摆动情况。

图 1-32　用万用表判断晶体管的基极（1）

如图 1-33 所示，我们假设另一个管脚为基极（b），重复刚才的检测过程。

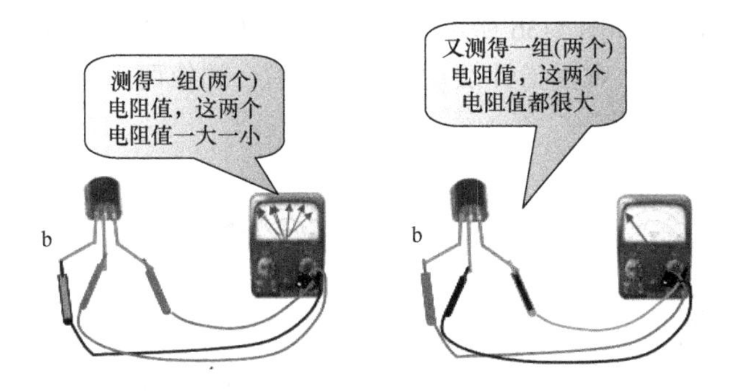

图 1-33　用万用表判断晶体管的基极（2）

结论：如果测得的电阻值都小，调换表笔后测得的电阻值都大，说明我们假设的基极正确。

第二步：判断管子类型。

如图 1-34 所示，将万用表黑表笔接基极 b，红表笔分别与另两个极相接触，观测指针摆动情况。检测结果表明该管为 NPN 型。

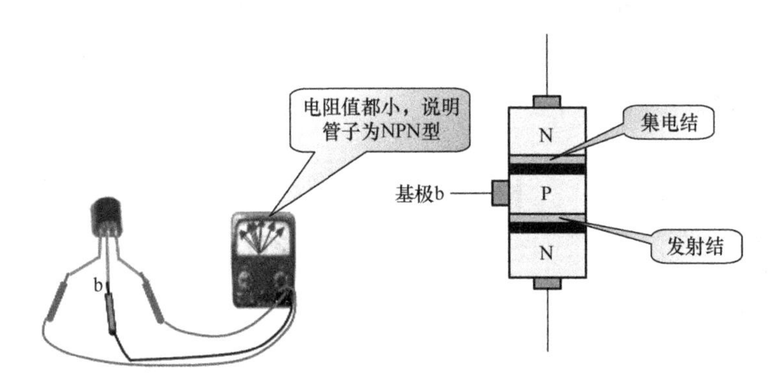

图 1-34　用万用表判断晶体管的管型（1）

思考：那什么情况下，我们测量的是 PNP 型晶体管？如图 1-35 所示，将万用表黑表笔接基极 b，红表笔分别与另两个极相接触，检测结果表明该管为 PNP 型。

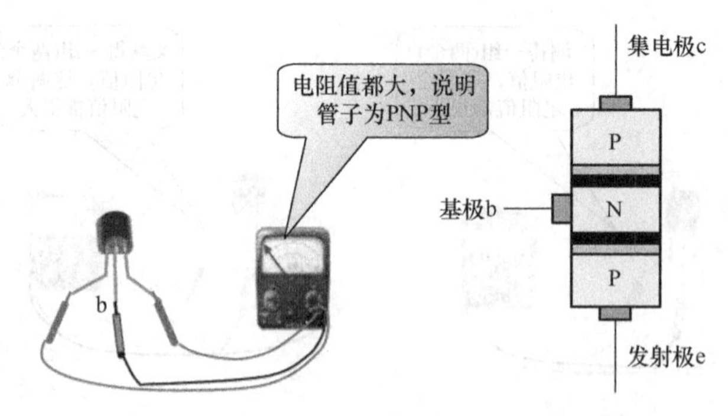

图 1-35　用万用表判断晶体管的管型（2）

二、用万用表测试晶体管集电极和发射极的方法

对于 NPN 型晶体管：如图 1-36 所示，让黑表笔接假定的集电极 c，红表笔接假定的发射极 e，手指将 b、c 短接。观测指针摆动情况；之后，调换两表笔重新测量，观测指针摆动情况。

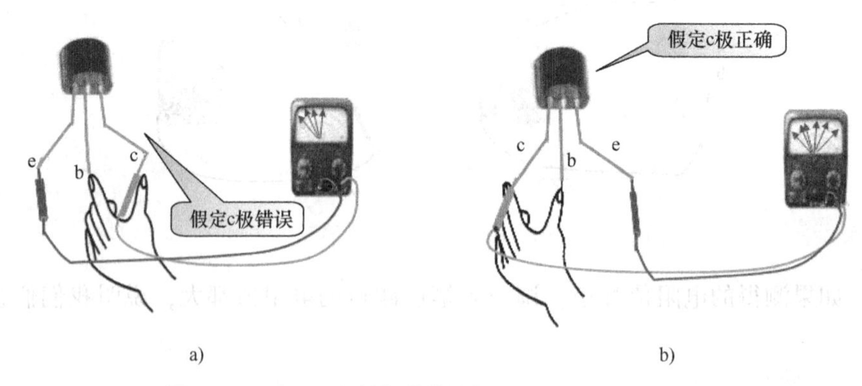

图 1-36　用万用表判断晶体管的集电极和发射极（1）

结论：偏转较大者假定是正确的，黑表笔接的是 c 极，红表笔接的是 e 极。

对于 PNP 型晶体管：我们是将红表笔接 c 极，其他检测过程同上，如图 1-37 所示。

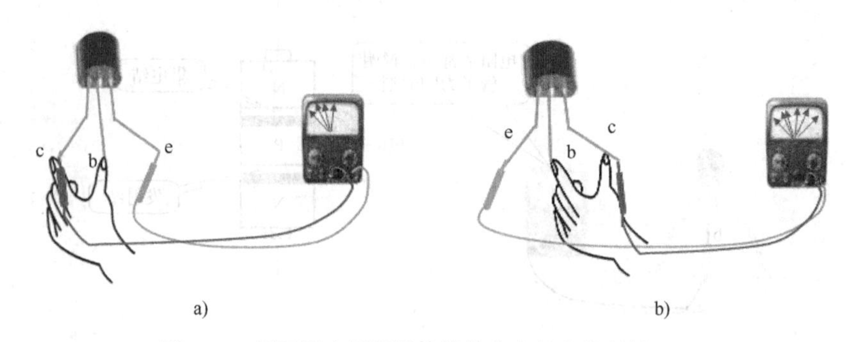

图 1-37　用万用表判断晶体管的集电极和发射极（2）

三、晶体管的质量检测

晶体管的常见故障有晶体管被击穿、晶体管开路和晶体管性能变差等情况。

1. 检测是否被击穿

如果测量晶体管任意两极之间的正反向电阻都很小，则说明晶体管已被击穿。

2. 检测是否开路

如果测量晶体管基极和集电极、基极和发射极之间的正反向电阻都是无穷大，则说明晶体管内部已经开路。

3. 检测性能好坏

如果测量晶体管基极和集电极、基极和发射极之间的反向电阻明显下降，则说明晶体管性能已经变差。

【习题】

一、填空题

1. 晶体管的三个工作区域分别是________、________和________。

2. 晶体管是________控制器件。

3. 硅晶体管发射结的死区电压约为________V，锗晶体管发射结的死区电压约为________V。晶体管处于正常放大状态时，硅管的导通电压约为________V，锗管约为________V。

4. 按 PN 结组合方式的不同，晶体管分为________型和________型。

5. 晶体管具有电流放大作用的外部电压条件是发射结________，集电结________。

6. 当温度升高时，晶体管集电极电流变大，发射结压降________。

7. 半导体晶体管基极电流 I_B 的微小变化，将会引起集电极电流 I_C 的较大变化，这说明晶体管具有____________________。

8. 衡量晶体管放大能力的参数是__________，晶体管的主要极限参数有__________、________、________。

9. 当晶体管工作在________区时，$I_C = \beta I_B$；当晶体管工作在________区时，$I_C \approx 0$；当晶体管工作在________区时，$U_{CE} \approx 0$。

10. 工作在放大状态的晶体管可作为________器件；工作在截止和饱和状态的晶体管可作为________器件。

二、判断题（在括号内用“√”和“×”表明下列说法是否正确）

1. 晶体管有两个 PN 结，因此它具有单向导电性。（　　）

2. 晶体管由两个 PN 结组成，所以可以用两只二极管组合构成晶体管。（　　）

3. 晶体管的发射区和集电区是由同一类半导体材料（N 型或 P 型）构成的，所以集电极和发射极可以互换使用。（　　）

4. 晶体管的电流放大作用具体体现在 $I_C = \beta I_B$。（　　）

5. 发射结正向偏置的晶体管一定工作在放大状态。（　　）

6. 发射结反向偏置的晶体管一定工作在截止状态。（　　）

7. 晶体管具有能量放大作用。（　　）

8. 硅晶体管的 I_{CBO} 值要比锗晶体管的小。（　　）

9. 如果集电极电流 I_C 大于集电极最大允许电流 I_{CM} 时，晶体管会损坏。（　　）

三、选择题

1. 晶体管是由三层半导体材料组成的，有三个区域，中间的一层为（　　）。

A. 基区　　B. 栅区　　C. 集电区　　D. 发射区

2. 晶体管的功率大于等于（　　）为大功率晶体管。

A. 1W　　B. 0.5W　　C. 2W　　D. 1.5W

3. 晶体管的工作频率大于等于（　　）为高频管。

A. 1MHz　　B. 2MHz　　C. 3MHz　　D. 4MHz

4. 用直流电压表测得放大电路中某晶体管各极电位分别是2V、6V、2.7V，则三个电极分别是（　　）。

A. b、c、e　　B. c、b、e　　C. e、c、b

5. 处于截止状态的晶体管，其工作条件为（　　）。

A. 发射结正偏，集电结反偏　　B. 发射结反偏，集电结反偏

C. 发射结正偏，集电结正偏　　D. 发射结反偏，集电结正偏

6. 工作在放大状态的某晶体管，当 I_B 从 12μA 增大到 22μA 时，I_C 从 1mA 变为 2mA，它的 β 约为（　　）。

A. 83　　B. 91　　C. 100　　D. 120

7. 用指针式万用表的电阻档测得晶体管任意两个管脚间的电阻都很小，说明该管（　　）

A. 发射结击穿，集电结正常　　B. 两个 PN 结均开路

C. 两个 PN 结均击穿　　D. 发射结正常，集电结击穿

8. 对晶体管放大作用的实质，下面说法正确的是（　　）。

A. 晶体管可以把小能量放大成大能量

B. 晶体管可以把小电流放大成大电流

C. 晶体管可以把小电压放大成大电压

D. 晶体管可用较小的电流控制较大的电流

9. 测得晶体管三个电极的静态电流分别为0.06mA、3.66mA 和3.6mA，则该管的 β 为（　　）。

A. 60　　B. 61　　C. 0.98　　D. 无法确定

10. 晶体管的（　　）作用是晶体管最基本和最重要的特性。

A. 电流放大　　B. 电压放大　　C. 功率放大　　D. 电压放大和电流放大

11. NPN 型晶体管处于放大状态时，各极电压关系是（　　）。

A. $U_C > U_E > U_B$　B. $U_C > U_B > U_E$　C. $U_C < U_B < U_E$　D. $U_C < U_E < U_B$

12. 在晶体管的输出特性曲线中，当 I_B 减小时，它对应的输出特性曲线（　　）。

A. 向左平移　　B. 向右平移　　C. 向上平移　　D. 向下平移

四、综合题

1. 现测得放大电路中两只管子两个电极的电流如图1-38所示。分别求另一电极的电流，标出其方向，并在圆圈中画出管子，分别求出它们的电流放大系数 β。

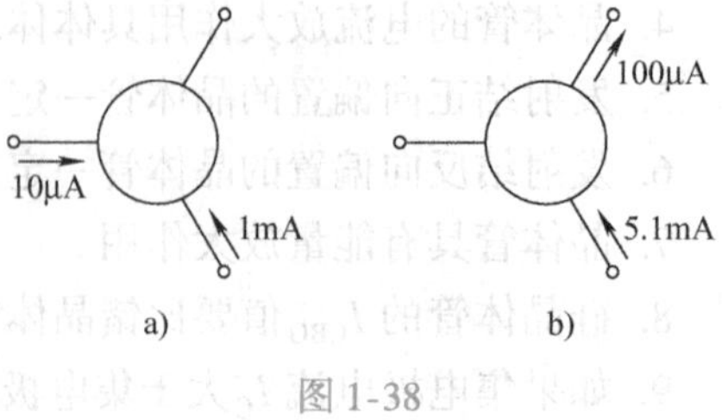

10μA　1mA　a)

100μA　5.1mA　b)

图 1-38

2. 测得放大电路中六只晶体管的直流电位如

图 1-39 所示。在圆圈中画出管子的符号，并说明它们是硅管还是锗管。

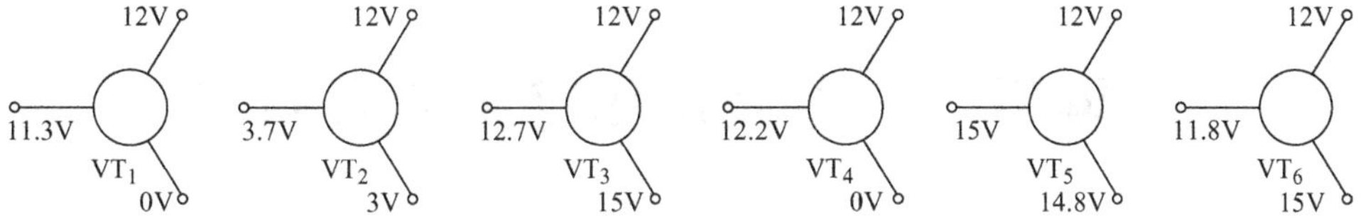

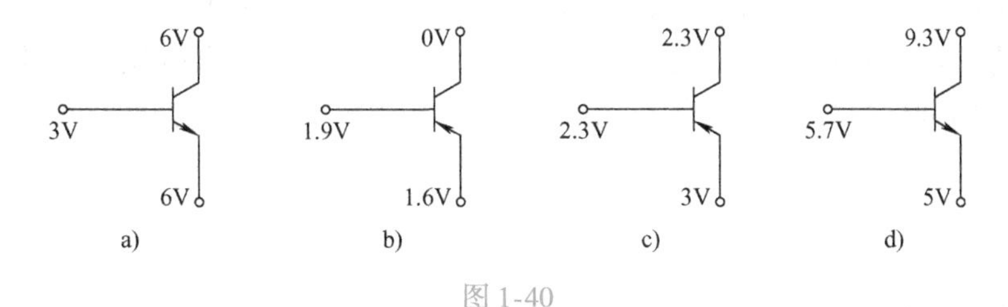

图 1-39

3. 图 1-40 所列晶体管中哪些一定处在放大区？

图 1-40

4. 测得电路中几个晶体管的各极对地电压如图 1-41 所示，试判断各晶体管的工作状态。

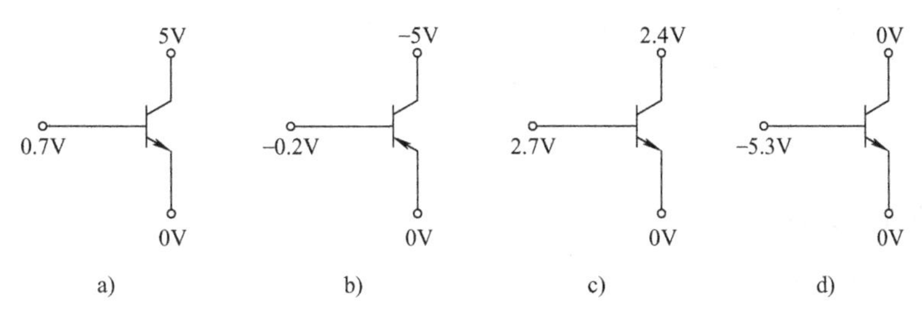

图 1-41

5. 在晶体管放大电路中，测得三个晶体管的各个电极的电位如图 1-42 所示，试判断各晶体管的类型（PNP 型管还是 NPN 型管，硅管还是锗管），并区分 e、b、c 三个电极。

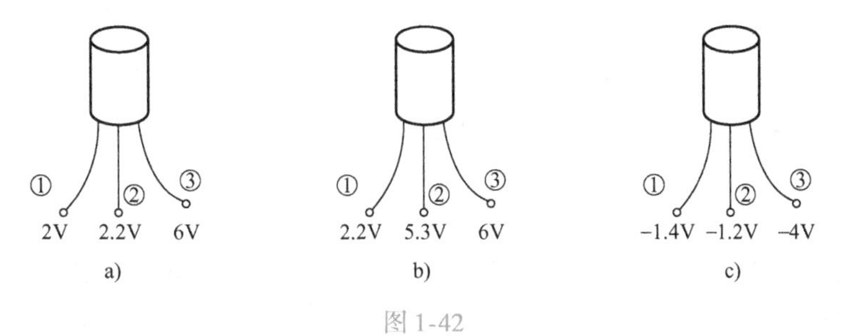

图 1-42

项目二 直流稳压电源的装调

【工作情景】

电子加工中心为实验室制作一款直流稳压电源，主要是为电工电子实验提供稳定的直流电源。为了满足在调试时不同电压的需求，该电源具备输出电压在一定范围连续可调节的功能，因调试电路时需要的电流不大，稳压精度要求不高，所以采用晶体管串联型稳压电路。

【教学要求】

1. 能安装、焊接主要由电阻、电容、二极管、晶体管等组成的电路。
2. 能形成良好的焊点，能识别电路的不良焊接状况。
3. 理解直流稳压电源电路各个组成部分的功能，掌握其工作原理。
4. 能对直流稳压电源电路进行安装、调试、测量与维修。
5. 培养独立分析、自我学习及团队合作的能力。

【设备要求】

1. 多媒体教学设备一套。
2. 每位学生自备电子电路装调工具一套。

任务一 焊接的基本操作工艺与训练

【任务目标】

1. 了解焊接工具和材料的使用，正确选用焊具和焊料。
2. 掌握手工焊接的方法，能形成良好焊点。

【任务引导】

焊接是金属连接的一种方法。装配电子元器件时，主要使用的焊接方法是钎焊，就是在固体和待焊材料之间，熔入比待焊材料金属熔点低的焊料，使焊料进入待焊材料之中，并发生化学变化，从而使待焊材料与焊料实现永久性连接。

电子电路中焊接的方式有多种，各种方式的适用场合也不尽相同。在小批量的生产和维修中多采用手工电烙铁焊接，成批或大量生产时则采用浸焊和波峰焊等自动化焊接。

本任务要求按“五步工序法”进行手工焊接练习，在铆钉板上焊接数字及模拟元器件。

【相关知识】

一、焊接的基本知识

1. 电烙铁

电烙铁是进行手工焊接最常用的工具，它是根据电流通过加热器件产生热量的原理而制成的。电烙铁的标称功率有 20W、35W、50W、75W、100W 等。

普通电烙铁按对烙铁头的加热方式可分为内热式与外热式两种，近年来又出现了一些新产品，它们的种类和特点如表 2-1 所示。

表 2-1　电烙铁的种类和特点

种　　类	特　　点
外热式电烙铁	外热式电烙铁的加热部分套在烙铁头的外面，加热部分为烙铁心，它是将电热丝平行地绕在一根空心瓷管上构成的，中间用云母片绝缘并引出两根导线和电源连接。烙铁头为紫铜，常用功率有 30W、40W、60W、100W 等，功率越大烙铁头温度越高。烙铁心的功率规格不同，其内阻也不同
内热式电烙铁	内热式电烙铁的铁心安装在烙铁头里面，因而发热快，热利用率高。20W 内热式电烙铁就相当于 40W 左右的外热式电烙铁。内热式电烙铁的烙铁心是用比较细的镍铬电阻丝绕在瓷管上制成的，其电阻约为 2.5kΩ（20W），烙铁的温度一般可达 350℃。由于内热式电烙铁有升温快、重量轻、耗电少、体积小、热效率高的特点，因而得到了广泛的应用。但温度高时很容易使烙铁头“烧死”，使烙铁头不“吃”锡，影响焊接工作
恒温电烙铁	恒温电烙铁的烙铁头内装有带磁铁式的温度控制器，控制通电时间而实现温控，即给电烙铁通电时，烙铁的温度上升，当达到预定的温度时，磁心触点断开，这时便停止向电烙铁供电；当温度低于预定温度时，磁心触点闭合，继续向电烙铁供电。如此循环往复，便达到了控制温度的目的
恒温电焊台	恒温电焊台一般用于精密电子元器件的焊接，具有快速升温、瞬时温度补偿、温控精确稳定等优点。有的电焊台配有多款烙铁头可供选用，具有防静电设计，并且备有温度调节锁定装置，防止操作中随意调整温度，有效保障生产工艺。与大功率的外热式电烙铁相比，这种形式的烙铁手柄比较轻巧，长时间使用不会疲劳
吸锡电烙铁	吸锡电烙铁是将电烙铁和活塞式吸锡器组合在一起的拆焊工具。在拆焊元器件时，先用电烙铁加热焊点焊锡，再用吸锡器将焊锡吸走，可以很方便地拆卸、更换元器件，特别是拆焊多焊点的元器件（如集成块底座）时更加省时省力，但在使用时要及时排出吸锡器内的锡液，价格也较高

(1) 刮脚　刮脚主要是指使用小刀（或钢锯条）将元器件引脚上的漆膜、氧化膜清除干净。因为元器件的引脚长时间放置在空气中，表面会有一层氧化膜，若不去除，会造成焊点不牢而出现虚焊、假焊等情况。如果元器件引脚本身发亮，就可以直接进入下一道工序。

(2) 搪锡　元器件的引脚刮好之后，还不能直接用于焊接，必须再进行搪锡。搪锡的方法是左手拿元器件，右手持电烙铁，用带有适量焊锡的烙铁将元器件要搪锡的引脚压在松香里，左手缓慢抽出，导线的搪锡过程也是如此。这样，元器件的引脚上就牢牢地敷上一层焊锡，同时在焊锡外围还敷有一层薄薄的松香，便于后面的焊接。

(3) 整形　整形就是利用尖嘴钳或镊子等工具将元器件的引脚整直，然后再根据安装的要求将元器件的引脚弯曲成一定的形状。元器件的安装形状有卧式和立式两种，如图 2-1 所示。在整形的过程中，要让元器件的有关标识朝外，以便观察和检修，切忌弯曲元器件的根部。

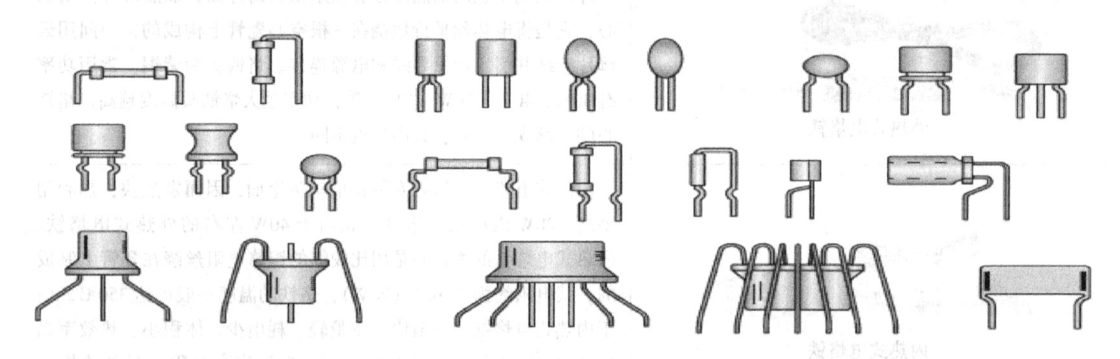

图 2-1　整形后元器件的引脚形式

2. 电烙铁和焊料的握持方法

1）如图 2-2 所示，焊接时，电烙铁的握持方法因人而异，可以灵活掌握。图 2-2a 所示是反握法，适用于用大功率电烙铁焊接大批焊件；图 2-2b 是正握法，适用于弯形烙铁头或较大的电烙铁；图 2-2c 是笔握法，适用于小功率电烙铁。

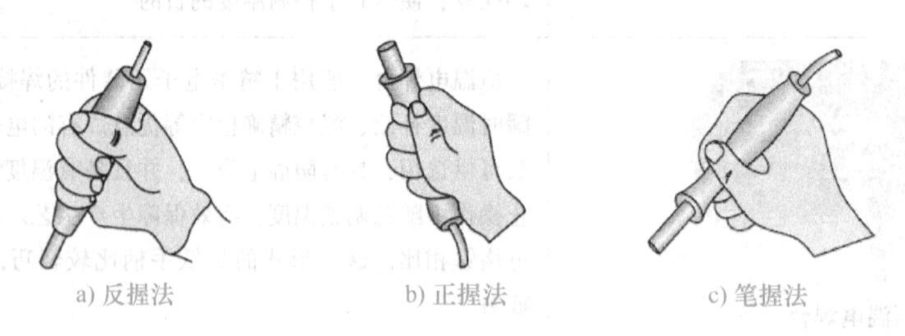

a) 反握法　　b) 正握法　　c) 笔握法

图 2-2　电烙铁的握持方法

2）焊料的一般拿法如图 2-3 所示，图 2-3a 为连续焊接时的拿法，图 2-3b 为断续焊接时的拿法。

3. 焊接操作步骤

手工焊接可按照焊接五步工序法进行。

(1) 准备　准备好焊锡丝和电烙铁，将加热好的电烙铁（烙铁头上应有一部分已熔化的焊料）和带有助焊剂的焊料对准已经预加工好的待焊材料，如图 2-4a 所示。

（2）电烙铁预热　用电烙铁加热待焊接处，要掌握好烙铁头的角度，使焊点与烙铁头的接触面积大一些且应有一定压力，如图 2-4b 所示。

（3）送焊料　待焊材料加热到一定温度后，送上焊料并熔化焊料，如图 2-4c 所示。

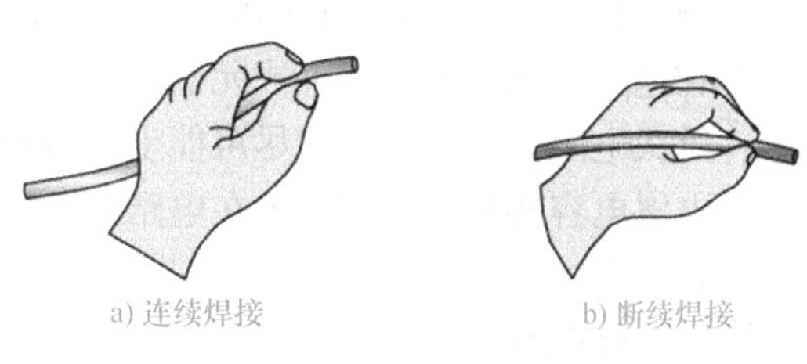

a) 连续焊接　　b) 断续焊接

图 2-3　焊料的拿法

（4）移开焊料　当焊料熔化到一定量后，移开焊料，如图 2-4d 所示。

（5）撤去电烙铁　当焊接点上的焊料接近饱满、焊剂尚未完全挥发、焊点最光亮、流动性最强的时候，应迅速撤去电烙铁。正确的方法是使电烙铁迅速回带一下，同时轻轻旋转一下，朝焊点 45° 方向迅速撤去（也可以沿着引脚的方向撤离烙铁），如图 2-4e 所示。

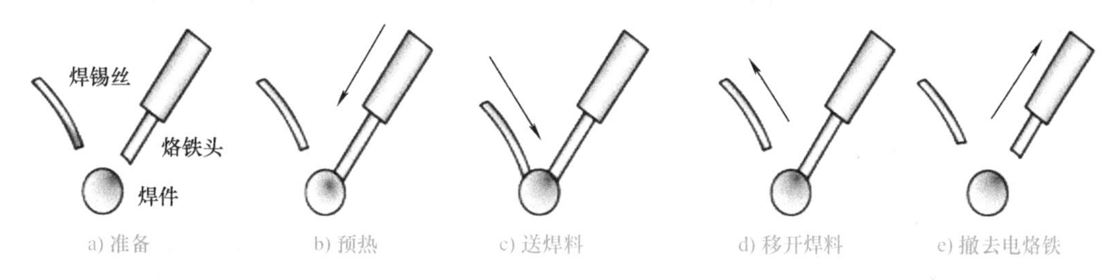

a) 准备　　b) 预热　　c) 送焊料　　d) 移开焊料　　e) 撤去电烙铁

图 2-4　焊接五步工序法

二、印制电路板的焊接

1）在电路板上，各元器件由于各自外形、条件不同，安置的方法也不尽相同，一般被焊元器件的安置方式如图 2-5 所示。

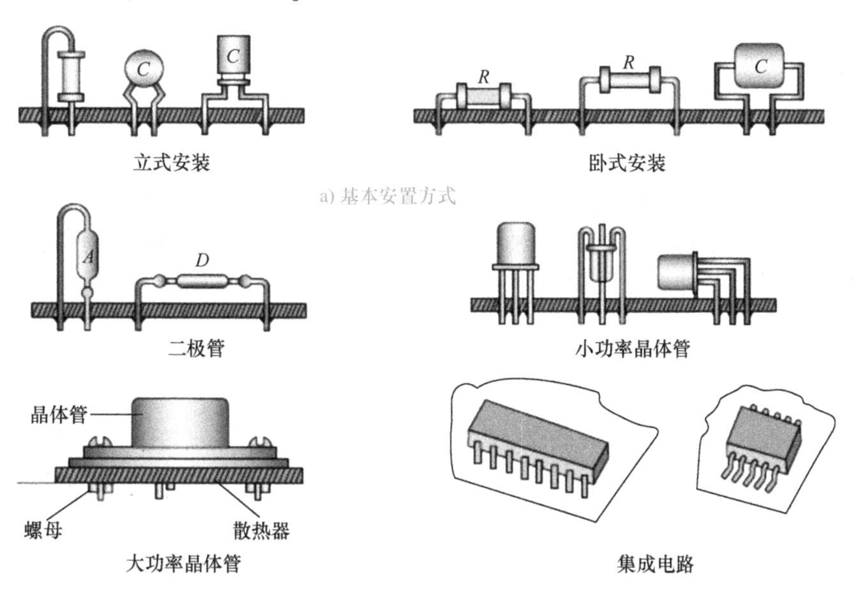

a) 基本安置方式

b) 常用元器件安置方式举例

图 2-5　元器件的安置方式

2）焊接小功率元器件（如电阻）时，在空间许可的前提下，尽可能采用卧式焊接，且完全卧在电路板上；大功率卧式元器件要求离电路板有一定的距离（0.5cm 以上），以便于散热；卧式电阻元件要求下端尽可能坐在电路板上；晶体管要求与电路板保持 0.5 ~ 1cm 的距离；电解电容要求尽可能地坐在电路板上；瓷片电容和涤纶电容要求与电路板保持 0.3 ~ 0.5cm 的距离。

3）焊接时要控制好焊接时间，一般要在 2 ~ 3s 之内焊好一个点。焊点要保持圆锥体形状，且要求光滑，无毛刺现象，更不能出现虚焊、假焊等情况。焊接完成之后，进行元器件引脚的剪除，切忌先剪引脚再焊接。

三、拆焊

根据被拆除对象的不同，常用的拆焊方法有分点拆焊法（见图 2-6）、集中拆焊法和间断加热拆焊法三种。电路板上的电阻、电容、普通电感、连接导线等只有两个焊点，可用分点拆焊法先拆除一端焊接点的引线，再拆除另一端焊接点的引线并将元件（或导线）取出。

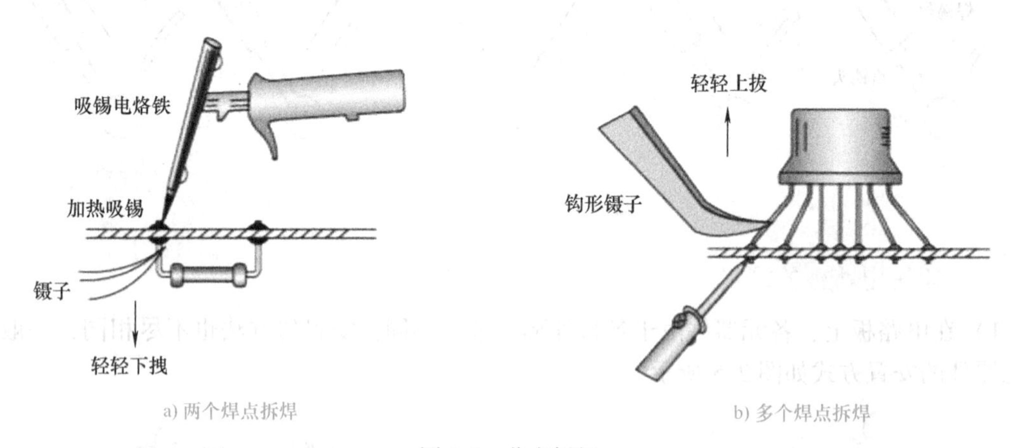

a) 两个焊点拆焊　　b) 多个焊点拆焊

图 2-6　分点拆焊

四、焊点检验

形成良好焊点的焊接条件是：待焊材料具有清洁的金属表面，加热到最佳焊接温度，金属扩散时产生金属化合物合金。点接触良好、机械性能好和美观是形成良好焊点的基本质量要求。对图 2-7 所示各种焊点质量的分析如表 2-2 所示。

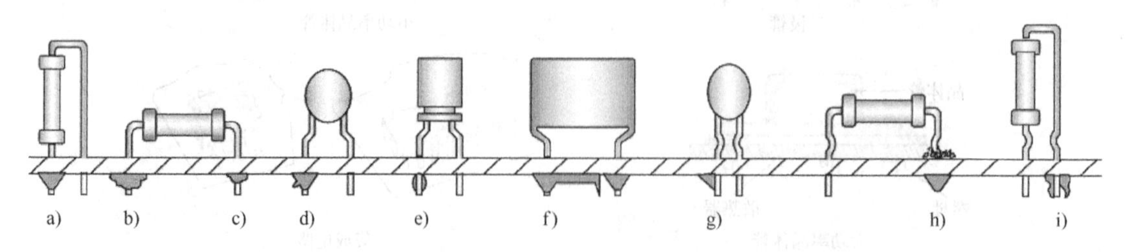

图 2-7　各种焊点

表 2-2　各种焊点质量分析

焊　　点	特　　点	产 生 原 因
图 2-7a	优良焊点	正确焊接
图 2-7b	焊料过多，焊料面呈凸形	焊料撤离过迟
图 2-7c	焊料过少，焊料未形成平滑面，焊点机械强度差	焊料撤离过早
图 2-7d	焊点外表不光滑，有毛刺	焊接时间过长，电烙铁撤离角度不当
图 2-7e	焊点过于饱满，多为虚焊，电路不能正常工作	焊料未浸润焊点，焊件表面不清洁
图 2-7f	焊点拖尾，容易造成短路	焊料过多，电烙铁撤离方向不对
图 2-7g	焊点不完整，机械强度不够	焊料流动性差，焊件加热不足
图 2-7h	焊料反面渗出过多	电烙铁过热
图 2-7i	焊料凝固成松散的豆渣形状，强度低，导电性差	焊料未凝固前焊点处有抖动

五、使用电烙铁应注意的事项

1）电烙铁使用前应进行检测，其电源线应该完好无破损。

2）每次使用之前要让烙铁头均匀吃锡，不可用“烧死”的烙铁焊接元器件，以免烧坏焊件。

3）电烙铁应远离易燃物。

4）焊接时，电烙铁距离鼻子应不少于 30cm。

5）焊接过程应掌握好速度和温度，不要过量使用焊料及助焊剂，不要用力加热。

6）电烙铁在使用过程中不能随意摆放，应搁置在烙铁架上，并形成习惯。

7）不能用手触摸没断电或没退热电烙铁的烙铁头。电烙铁温度的高低可通过醮松香或通过锡丝来估测。

8）使用电烙铁焊接后要及时洗净手，避免焊料、助焊剂对身体造成损害。

9）不准甩动使用中的电烙铁，以免焊锡溅出伤人。

六、浸焊与波峰焊

浸焊是将安装好元器件的印制电路板在熔化的锡锅内浸锡，一次完成板上众多元器件焊接点的焊接，不仅比手工焊接效率高，而且可以消除漏焊现象。

波峰焊是将插有分立元器件的印制电路板放在自动生产线上，在波峰焊设备内，印制电路板一边移动一边与熔化焊料的波浪接触，实现钎焊连接，适合大批量和自动化生产线。

波峰焊流程：将组件插入相应的组件孔中→预涂助焊剂→预烘（温度 90～100℃，长度 1～1.2m）→波峰焊（220～240℃）→切除多余插件脚→检查。

【任务准备】

1. 制订计划

各小组在组长带领下，集体讨论，回顾焊接的注意事项（参见“安全操作规范”），制订工作计划，合理安排工作进程。根据所学理论知识和操作技能，结合任务目标和任务引导，填写工作计划。焊接训练工作计划如表 2-3 所示。

表 2-3　焊接训练工作计划

<table>
<tr><td>工作时间</td><td>共______课时</td><td>审核：______________</td></tr>
<tr><td rowspan="5">任务实施步骤</td><td colspan="2">1.</td></tr>
<tr><td colspan="2">2.</td></tr>
<tr><td colspan="2">3.</td></tr>
<tr><td colspan="2">4.</td></tr>
<tr><td colspan="2">5.</td></tr>
</table>

2. 准备器材

（1）仪表、工具准备　电烙铁、烙铁架、尖嘴钳、斜口钳。

（2）耗材领取　铆钉板、焊料、镀锌线、1mm^{2}电线。焊接训练耗材领取清单如表 2-4 所示。

表 2-4　焊接训练耗材领取清单

领料组：　　　　　　　　　　领料人：　　　　　　　　　　领料时间：

序号	名称及规格	每人数量	小组数量	是否归还	归还人签名	管理员签名	备注

【任务实施】

各小组在组长带领下按照工作计划，完成以下工作任务。

1. 焊接圆点

如图 2-8 所示，在空心铆钉板的铆钉上焊接圆点（20 个铆钉），先清除空心铆钉表面氧化层，然后在空心铆钉板各铆钉上焊上圆点。

2. 焊接数字

在空心铆钉板的铆钉上焊接镀锡线，完成 10 个阿拉伯数字的焊接，要求焊接良好，其纵向为 3 个铆钉孔，横向为 2 个铆钉孔，横平竖直，弯角成直角。

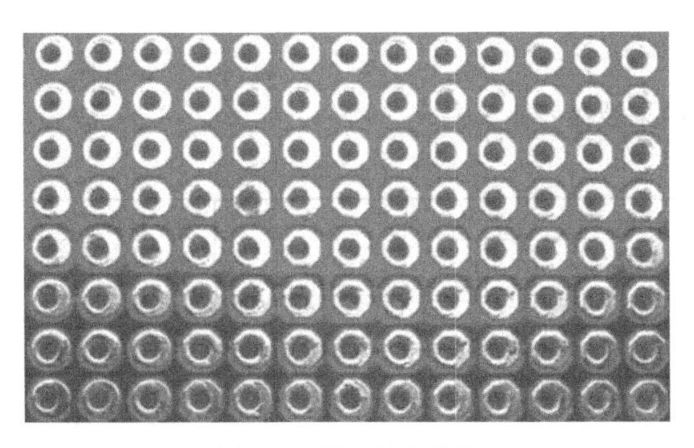

图 2-8　铆钉板示意图

3. 焊接模拟元器件

在空心铆钉板的铆钉上焊接电线，焊出 10 个模拟元器件，要求模拟元器件平直，焊接良好，长约 2cm（占 3 个铆钉孔），高约 1cm，折弯成直角，如图 2-9 所示。

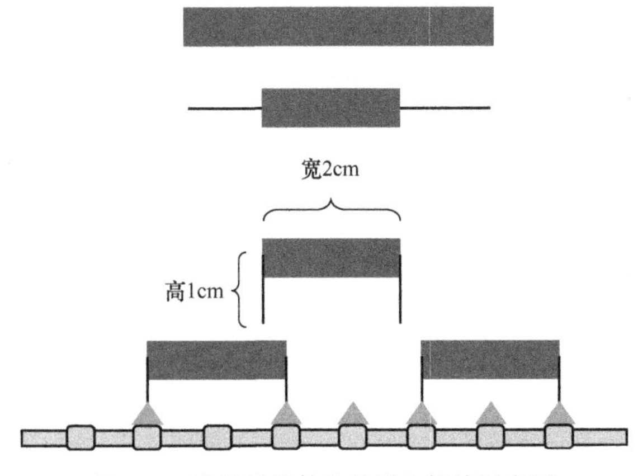

图 2-9　模拟元器件的整形和焊接示意图

4. 工作岗位 6S 活动

工作任务完成后，各工作组拔掉电烙铁的插头，归还借用的工具。组长组织组员开展工作岗位的“整理、整顿、清扫、清洁、安全、素养”6S 活动。

5. 思考与讨论

（1）什么是焊接五步工序法？

（2）对元器件整形时，为什么不能齐根弯折？

【任务评价】

师生将任务评价结果填在表 2-5 中。

表 2-5　焊接训练评价表

班级：________ 小组：________ 姓名：________ 学号：________				指导教师：________ 日　期：________		
评价项目	评价内容	评价方式			权重	得分小计
		学生自评 15%	小组互评 25%	教师评价 60%		
职业素养	1. 遵守规章制度、劳动纪律 2. 人身安全与设备安全 3. 完成工作任务的态度 4. 完成工作任务的质量 5. 团队合作精神 6. 工作岗位“6S”处理				0.3	
专业能力	1. 懂得安全用电操作 2. 明确焊接的注意事项 3. 掌握手工焊接的五步工序法				0.5	
创新能力	1. 电烙铁的使用 2. 焊料和助焊剂的使用				0.2	
综合评价	总分					
	教师点评					

【知识拓展】

焊接方法

焊接技术主要应用在金属母材上，常用的有电弧焊、氩弧焊、CO_2保护焊、氧气—乙炔焊、激光焊接、电渣压力焊等多种。塑料等非金属材料也可进行焊接，金属焊接方法有 40 种以上，主要分为熔焊、压焊和钎焊三大类。

一、熔焊

熔焊是在焊接过程中将工件接口加热至熔化状态，不加压力完成焊接的方法。熔焊时，热源将待焊两工件接口处迅速加热熔化，形成熔池。熔池随热源向前移动，冷却后形成连续焊缝而将两工件连接成为一体。

二、压焊

压焊是在加压条件下，使两工件在固态下实现原子间结合，又称固态焊接。常用的压焊工艺是电阻对焊，当电流通过两工件的连接端时，该处因电阻很大而温度上升，当加热至塑性状态时，在轴向压力作用下连接成为一体。

三、钎焊

钎焊是使用比工件熔点低的金属材料作为钎料，将工件和钎料加热到高于钎料熔点、低于工件熔点的温度，利用液态钎料润湿工件，填充接口间隙并与工件实现原子间的相互扩散，从而实现焊接的方法。

焊接时形成的连接两个被连接体的接缝称为焊缝。焊缝的两侧在焊接时会受到焊接热作用，而发生组织和性能变化，这一区域被称为热影响区。焊接时因工件材料、焊接材料、焊接电流等不同，焊后在焊缝和热影响区可能产生过热、脆化、淬硬或软化现象，也使焊件性能下降，恶化焊接性。这就需要调整焊接条件，焊前对焊件接口处预热、焊时保温和焊后热处理可以改善焊件的焊接质量。

拆焊方法

调试和维修中常需更换一些元器件，如果拆除元器件的方法不当，不仅会破坏电路板，还会使换下但并没有失效的元器件无法重新使用。

电阻、电容、晶体管等普通元器件的引脚不多，且每个引线能相对活动，可用烙铁直接拆焊。拆焊时，将电路板竖起来夹住，一边用烙铁加热待拆元器件的焊点，一边用镊子或尖嘴钳夹住元器件引线轻轻拉出，如图 2-10 所示。

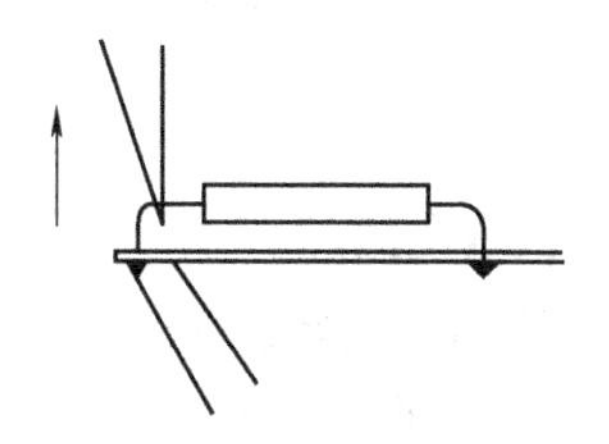

图 2-10　电烙铁及镊子拆焊

重新焊接时，需先用锥子将焊孔在加热熔化焊锡的情况下扎通。需要指出的是，由于印制导线和焊盘经反复加热后很容易脱落，造成电路板损坏，所以，这种方法不宜在一个焊点上多次使用。当需要拆下多个焊点且元器件的引线较硬时（多线插座），以上方法就行不通了。该类元器件的拆焊，一般可采用以下三种方法。

一、采用专用工具及专用烙铁头

如图 2-11 所示，这种专用工具及专用烙铁头可一次将所有焊点加热熔化，取出插座。这种方法速度快，但需要制作专用工具，且需较大功率的烙铁，而且拆焊后，焊孔很容易堵死，重新焊接时，还需要进行清理。这种方法对于不同的元器件需要不同类型的专用工具。

图 2-11　专用工具及专用烙铁头拆焊

二、采用吸锡烙铁或吸锡器

这种工具对拆焊作用直接，既可以拆下待换的元器件，又不会使焊孔堵塞，同时还不受元器件种类限制。但这种方法需逐个焊点除锡，效率不高，而且还要及时排除吸入的锡。图 2-12a 为吸锡器，图 2-12b 为吸锡烙铁。

a) 吸锡器

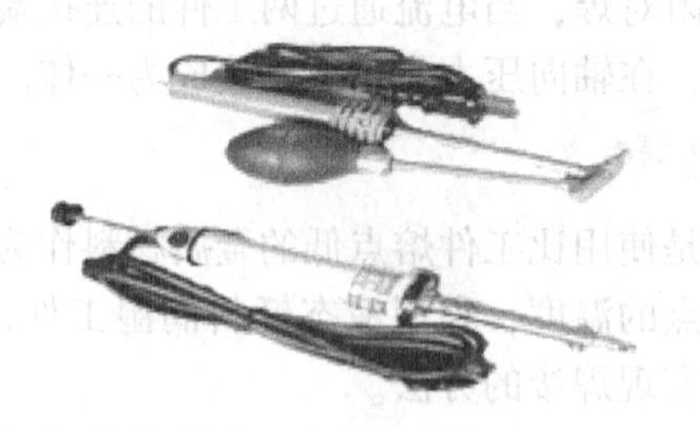
b) 吸锡烙铁

图 2-12　吸锡器或吸锡烙铁拆焊

三、用吸锡材料

可用作吸锡的材料有屏蔽线编织层、细铜丝网以及多股导线等，如图 2-13 所示。将吸锡材料浸上松香水贴到待拆焊点上，用烙铁头加热吸锡材料，通过吸锡材料将热传到焊点熔化焊锡。熔化的锡沿吸锡材料上升，将焊点拆开。这种方法简便易行，且不易烫坏印制电路板。

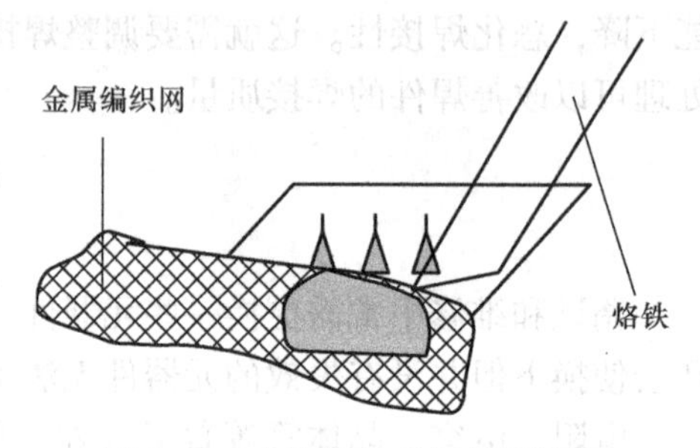

图 2-13　电烙铁及吸锡材料拆焊

【习题】

一、填空题

1. 通用的电烙铁加热方式可分为________和________两大类。

2. 正确的焊接操作姿势是：端正直坐，不弯腰，鼻尖至电烙铁尖端至少应保持________ cm 以上的距离。

3. 标准的焊点应该是饱满光滑，与 PCB 充分接触，与元器件的引脚完全焊接成________状。

4. 焊接时用拇指和食指握住焊锡丝，焊锡丝端部留出________ cm 的长度，并借助中指往前送料。

5. 元器件剪脚如无特别要求，焊点外引脚长度通常为________ mm。

6. 将电烙铁放在焊件上加热至移去，整个过程以________ s 为宜，时间太短容易焊接不牢，时间太长容易烫坏元器件。

二、判断题（在括号内用“√”和“×”表明下列说法是否正确）

1. 焊接时焊锡量越多越好，这样焊得牢固。（　　）

2. 用斜口钳剪短元器件的引脚时，要让引脚飞出的方向朝着工作台或地面，决不可对着人或仪器、设备。（　　）

3. 焊锡丝内部添加了助焊剂。（　　）

4. 冷焊是指焊点呈不平滑状，严重时会在引脚的四周产生裂缝或褶皱。（　　）

三、选择题

1. 下列哪个不属于常见影响焊点好坏的因素？（　　）

A. 焊锡材料　　B. 烙铁的温度　　C. 工具的清洁　　D. 烙铁的牌子

2. 下列关于焊接操作要领说法不正确的是（　　）

A. 在焊锡凝固之前不要使焊件移动或振动，一定要保持焊件静止。

B. 正确的加热方法，要靠增加接触面积来加快传热，而不是用烙铁对焊件加压力。

C. 焊锡量越多越好。

D. 经常保持烙铁头清洁，要及时除去沾在烙铁头上的杂质及污物。

3. 保持烙铁头的清洁，一般焊接（　　）个大焊点或（　　）个小焊点后，就要擦拭一下烙铁头。

A. 3　　　　B. 4　　　　C. 5　　　　D. 6

4. 下列关于焊接注意事项不正确的是（　　）

A. 插拔电烙铁的电源插头时，要拿着插头的绝缘部分，不要拉电源线。

B. 电烙铁可以用冷水降温。

C. 烙铁头上多余的锡不要乱甩，特别是往身后甩危险更大。

D. 烙铁头在没有脱离电源时，不能用手摸。

四、简答题

简述手工焊接应注意的事项。

任务二　串联型直流稳压电源的装调

【任务目标】

1. 掌握直流稳压电源的组成及功能。
2. 掌握整流、滤波、稳压的工作原理及相关计算。
3. 能正确装配和焊接电路。
4. 能按步骤调试和检测电路。

【任务引导】

在电子电路中，一般需要稳定的直流稳压电源，最经济简便的办法就是将电力系统供给的交流电变换成直流电，直流稳压电源就是实现这种转换的电子设备。直流稳压电源种类繁多，由分立元件和集成器件构成。

本任务需要装调的直流稳压电源如图 2-14 所示，其工作电流不大，具有输出电压连续可调节的功能。要求在铆钉板上或万能板上装接电路，并且利用万用表等仪表进行调试和检测。

【相关知识】

直流稳压电源是将市电通过变压、整流、滤波、稳压后得到的，其组成框图如图 2-15 所示。

变压：将交流市电转变为直流稳压电源所需的交流电压值。

整流：将交流变为直流的过程。

滤波：将脉动的直流电压变为平滑的直流电压。

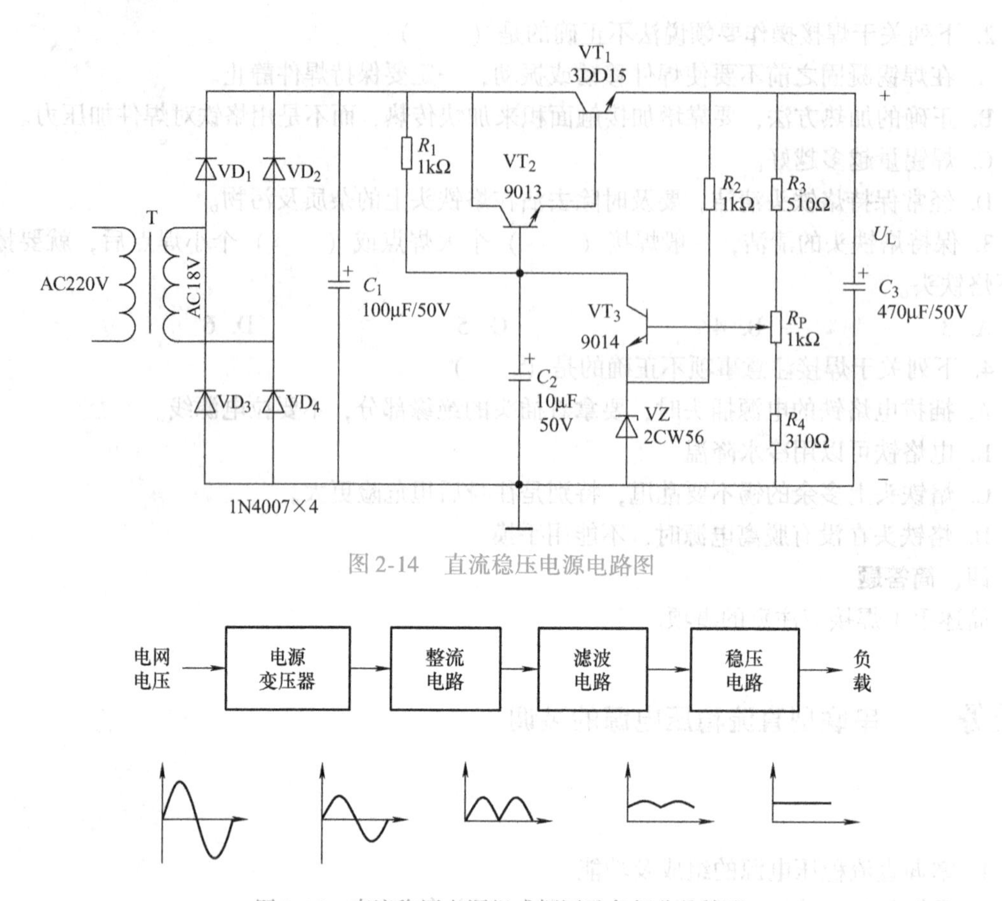

图 2-14　直流稳压电源电路图

图 2-15　直流稳压电源组成框图及各部分的波形

稳压：使直流稳压电源的输出电压稳定，消除由于电网电压波动、负载变化等对输出电压的影响。

一、整流电路

1. 整流电路的作用

整流电路的作用是将大小和方向都随时间变化的交流电变换为方向不随时间变化，大小随时间变化的脉动直流电。利用二极管的单向导电性可以实现整流。**用作整流的二极管称为整流二极管，简称整流管。**

2. 整流电路的分类

整流电路按所接交流电源的不同可分为单相整流和三相整流。如图 2-16 所示，单相整流有半波整流、全波整流、桥式整流三种基本形式。三相整流也有半波整流和桥式整流之分。

3. 单相桥式整流电路

（1）电路组成　如图 2-17a 所示，在单相桥式整流电路中，四只整流二极管接成电桥形式，所以称为桥式整流电路。单相桥式整流电路还可以画成另外两种形式，如图 2-17b、c 所示。

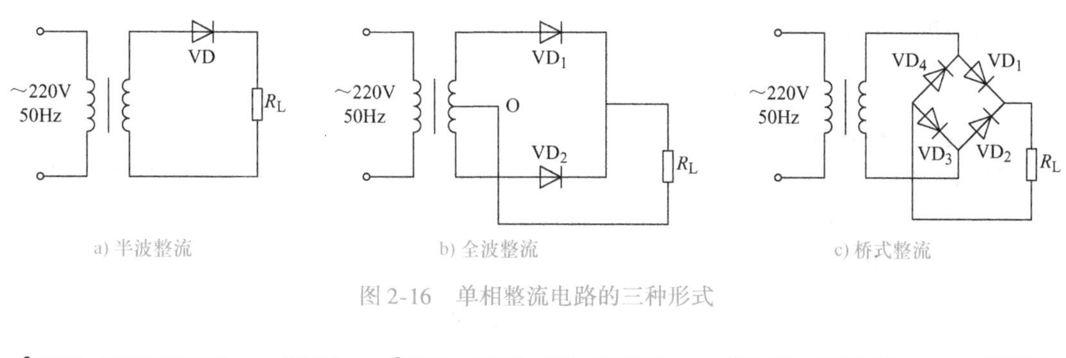

图 2-16　单相整流电路的三种形式

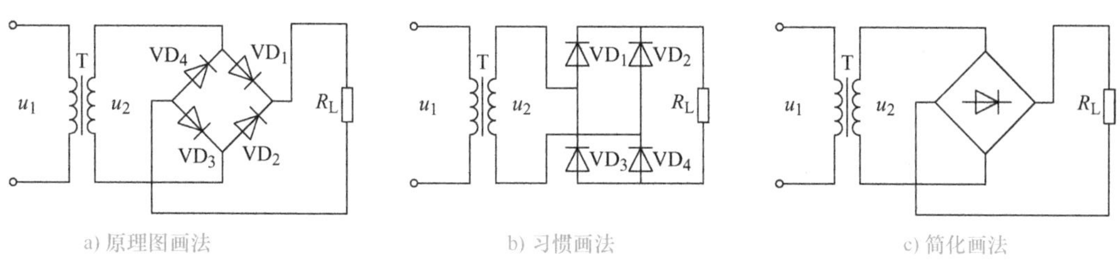

图 2-17　单相桥式整流电路的三种画法

（2）工作原理　如图 2-18a 所示，设在交流电压 u_2 正半周（$0 \sim t_1$），A 端电位比 B 端电位高，即二次电压上正下负，二极管 VD_1、VD_3 正偏导通，VD_2、VD_4 反偏截止，电流 I_L 的通路是 A→VD_1→R_L→VD_3→B→A。这时，在负载 R_L 上得到一个半波电压，如图 2-19 所示。

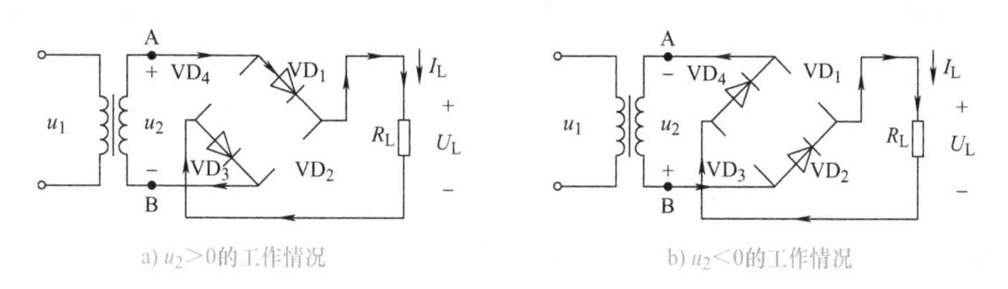

图 2-18　单相桥式整流电路通路

如图 2-18b 所示，在交流电压 u_2 负半周（$t_1 \sim t_2$），A 端电位比 B 端电位低，即二次电压上负下正，二极管 VD_2、VD_4 正偏导通，VD_1、VD_3 反偏截止，电流 I_L 的通路是 B→VD_2→R_L→VD_4→A→B。这时，在负载 R_L 上得到另一个半波电压，如图 2-19 所示。

结论：

① 在交流电一个周期内，都有同一方向的电流流过 R_L，接整流管负极的是整流输出电压的正端。

② 在负载上就得到全波脉动的直流电压和电流。

（3）主要参数的计算　输出电压的平均值：$U_L = 0.9U_2$

输出电流的平均值：$I_L = \dfrac{U_L}{R_L}$

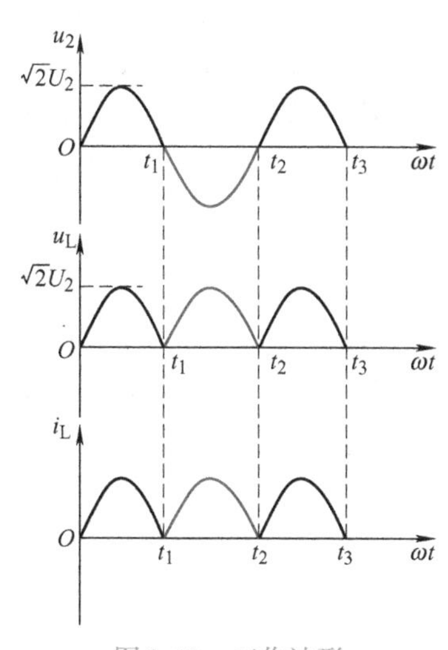

图 2-19　工作波形

通过二极管的平均电流：$I_F=\frac{1}{2}I_L$

二极管承受的最大反向电压：$U_{Rm}=\sqrt{2}U_2$

实际选用二极管时，要求：$I_{FM}\geqslant I_F$，$U_{RM}\geqslant U_{Rm}$。

例 2-1 有一直流负载需直流电压 6V，直流电流 0.4A，若采用单相桥式整流电路，求电源变压器二次侧的电压，并选择整流二极管的型号。

解：由 $U_L=0.9U_2$ 得变压器二次侧的电压为

$$U_2=\frac{U_L}{0.9}=\frac{6}{0.9}\text{V}\approx 6.7\text{V}$$

通过整流二极管的平均电流为

$$I_F=\frac{1}{2}I_L=\frac{1}{2}\times 0.4\text{A}=0.2\text{A}$$

二极管承受的最大反向电压为

$$U_{Rm}=\sqrt{2}U_2=\sqrt{2}\times 6.7\text{V}=9.4\text{V}$$

根据以上求得的参数，经查二极管手册，可选用 $I_{FM}=300\text{mA}$，$U_{RM}=10\text{V}$ 的 2CZ56A 型整流二极管，共四只。

二、滤波电路

交流电经整流虽已转变为脉动直流电，但含有较多的交流成分，这种不平滑的直流电仅能在电镀、电焊、蓄电池充电等要求不高的设备中使用，不能适应大多数电子电路和设备的需要。为了得到平滑的直流电，一般在整流电路之后需接入滤波电路，把脉动直流电的交流成分滤掉。常用的滤波电路有电容滤波电路、电感滤波电路、复式滤波电路等。

1. 电容滤波电路

电容在电路中有储存和释放能量的作用，电源供给的电压升高时，对电容充电，电容把部分能量储存起来；而当电源供给的电压降低时，电容对外放电，把能量释放出来。电容充放电的特点使得电容两端的电压不能突变，利用这一特性可实现滤波。

（1）电路组成和工作原理　图 2-20 所示为一单相桥式整流电容滤波电路及其工作波形。滤波电容 C 的容量很大，一般采用电解电容。由于电解电容的引脚有正、负极性之分，因此电路装接时应注意使电容的正极接高电位，负极接低电位，否则容易击穿而爆裂。电容的耐压应大于它实际工作时所能承受的最大电压。该电路的工作过程分析如下。

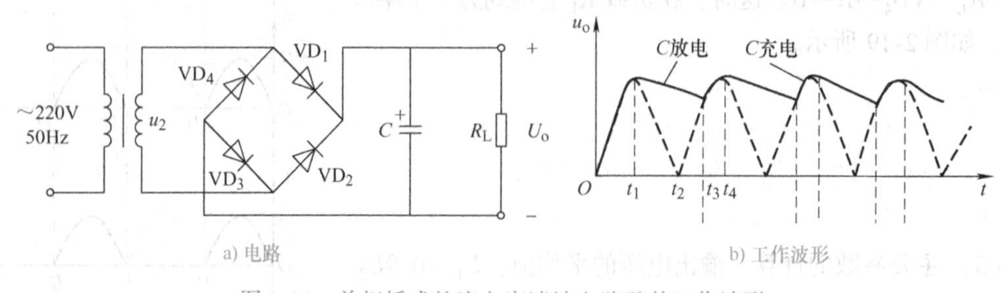

图 2-20　单相桥式整流电容滤波电路及其工作波形

在 u_2 正半周，$0\sim t_1$ 时间内，二极管 VD_1、VD_3 导通，VD_2、VD_4 截止。整流电流分为两路：一路供给负载 R_L，一路向电容 C 充电，u_C 随着 u_2 上升，并达到 u_2 的最大值。经过 t_1 之后，u_2 开始下降，当出现 $u_2 < u_C$ 时，VD_1、VD_3 受反向电压作用而提前截止，电容 C 经 R_L 放电，u_o 下降。由于 R_L 阻值远远大于二极管的正向电阻，所以电容 C 充电快而放电慢，u_o 下降缓慢。

在 u_2 负半周，没有电容 C 时，二极管 VD_2、VD_4 应该在 t_2 时刻导通，但由于此时 $u_C > u_2$，迫使 VD_2、VD_4 处于反向截止状态。电容 C 继续经 R_L 放电。直到 $t=t_3$ 时，u_2 上升到大于 u_C 时，VD_2、VD_4 才导通，整流电路再次向电容充电并达到最大值 $\sqrt{2}U_2$。

然后 u_2 又按正弦规律下降到小于 u_C 时，VD_2、VD_4 截止，电容 C 又经 R_L 放电。

电容 C 如此周而复始进行充放电，负载就得到近似锯齿波的输出电压。

结论：在交流电的一个周期内，电容 C 充放电各两次（二充二放），经电容滤波后，输出电压就比较平滑，交流成分大大减小。

（2）电容滤波的特点

1）接入滤波电容后，整流二极管的导通时间变短了（见图 2-21），工作电流较大。特别是在接通电源瞬间会产生很大的充电电流，称为浪涌电流。一般浪涌电流是正常工作电流的 5～7 倍。浪涌电流对整流二极管有较大冲击，因此为了保证二极管的安全，选二极管参数时，正向平均电流的参数应留有足够的裕量。

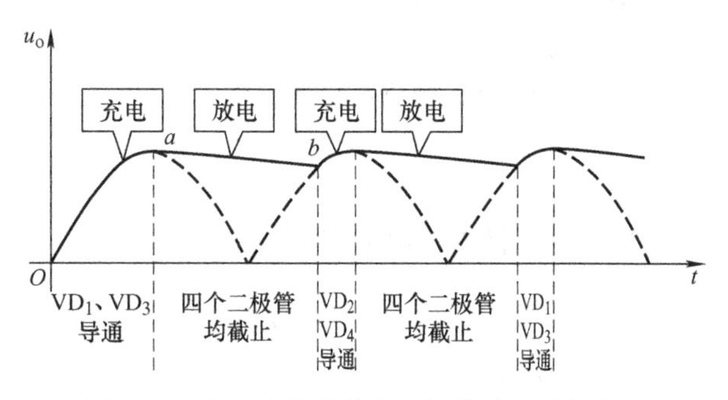

图 2-21　电容滤波使整流二极管导通时间变短

2）经电容滤波后，输出波形变得平滑，输出电压的平均值升高，如图 2-22 所示。

3）输出电压 U_L 与放电时间常数 R_LC 有关。R_LC 越大，输出电压 U_L 越大，滤波效果越好；反之，则输出电压小且滤波效果差，如图 2-23 所示。

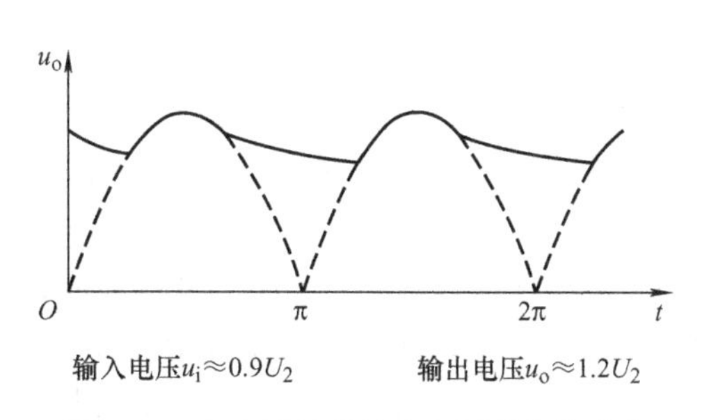

图 2-22　电容滤波使输出电压平均值升高

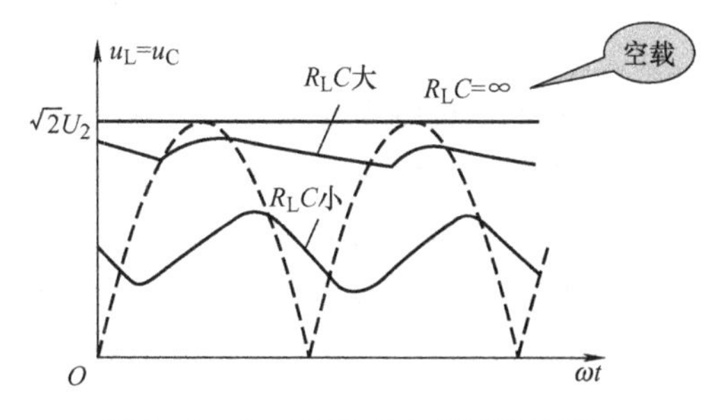

图 2-23　R_LC 变化对电容滤波的影响

4）电容滤波电路适用于负载电流较小的场合。

（3）电容滤波整流电路电压和电流的估算　桥式整流和半波整流经电容滤波后，有关电压、电流的估算可参考表 2-6。

表 2-6　单相整流电容滤波电路电压和电流估算公式

类型 \ 电量	输入交流电压（有效值）	电容滤波电路输出电压 U_L		整流器件上电压、电流	
		负载开路时电压	带负载时的电压（估算值）	最大反向电压 U_{Rm}	通过的电流 I_F
半波整流	U_2	$\sqrt{2}U_2$	U_2	$2\sqrt{2}U_2$	I_L
桥式整流	U_2	$\sqrt{2}U_2$	$1.2U_2$	$\sqrt{2}U_2$	$\frac{1}{2}I_L$

（4）滤波电容的选取　滤波电容的选取主要考虑容量和额定电压（耐压）两个指标。滤波电容容量的选取可根据负载电流的大小参考表 2-7 进行选择。

表 2-7　滤波电容容量的选择

输出电流 I_L	2A	1A	0.5～1A	0.1～0.5A	50～100mA	50mA 以下
电容容量 C/μF	4000	2000	1000	500	200～500	200

例 2-2　在单相桥式电容滤波整流中，若要求直流输出电压为 6V，负载电流为 60mA，试选择合适的整流二极管及滤波电容。

解：（1）整流二极管的选择。变压器二次电压为

$$U_2 = \frac{U_L}{1.2} = \frac{6V}{1.2} = 5V$$

流过每只二极管的电流平均值为

$$I_F = \frac{1}{2}I_L = \frac{1}{2} \times 60mA = 30mA$$

每只二极管承受的最大反向电压为

$$U_{Rm} = \sqrt{2}U_2 = 1.414 \times 5V \approx 7V$$

经查二极管手册，可选用 2CZ82A（$I_{FM} = 100mA$，$U_{RM} = 25V$）。

（2）滤波电容的选择。电容的耐压为

$$U_C \geqslant \sqrt{2}U_2 \approx 1.414 \times 5V \approx 7V$$

因 $I_L = 60mA$，根据表 2-7，可选用容量为 200μF、耐压 25 V 的电解电容。

2. 电感滤波电路

当一些电气设备需要脉动小、输出电流大的直流稳压电源时，若采用电容滤波电路，则电容量必须很大，整流二极管的冲击电流也很大，这就使得二极管和电容的选择很困难，在此情况下，往往采用电感滤波电路。

电感也是一种储能元件。一方面，当通过电感的电流增大时，电感产生的自感电动势阻碍电流增加，这时，电感将一部分电能转化为磁能存储起来，这就使电流只能缓慢上升；另一方面，当通过电感的电流减小时，电感产生的自感电动势阻碍电流减小，这时，电感将存储的磁能释放出来，转化为电能，这就使电流只能缓慢减小。

图 2-24a 所示为电感滤波电路。其中电感 L 与负载 R_L 串联。

由于通过电感的电流的脉动程度大为减小，因此其输出电压的波形比电容滤波更平滑，如图 2-24b 所示。电感越大，滤波效果越好。但如果电感太大，不但体积变大，成本上升，而且电感的直流压降增大，使输出电压下降，所以滤波电感通常取几亨到几十亨。

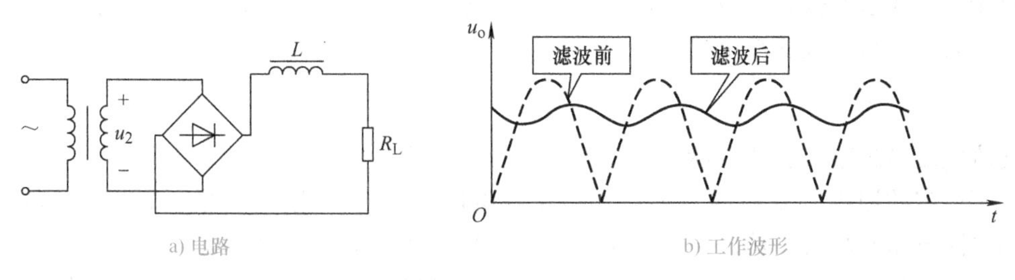

a) 电路　　b) 工作波形

图 2-24　带有电感滤波的单相桥式整流电路及其工作波形

桥式整流电容滤波和桥式整流电感滤波性能比较如表 2-8 所示。

表 2-8　桥式整流电容滤波和桥式整流电感滤波性能比较

类型＼性能	U_L	适用场合	对整流管的冲击电流
电容滤波	$1.2U_2$	小电流	大
电感滤波	$0.9U_2$	大电流	小

3. 复式滤波电路

复式滤波电路是用电容、电感或电阻组成的滤波器。通常有 LC－Γ 形、LC－π 形、RC－π 形。复式滤波的效果比单一使用电容或电感滤波要好得多，因此应用广泛。

图 2-25a 所示为 LC－Γ 形滤波电路，其实质上是经过了电感滤波和电容滤波两次滤波，所以它的输出直流电压和电流就更平滑了。

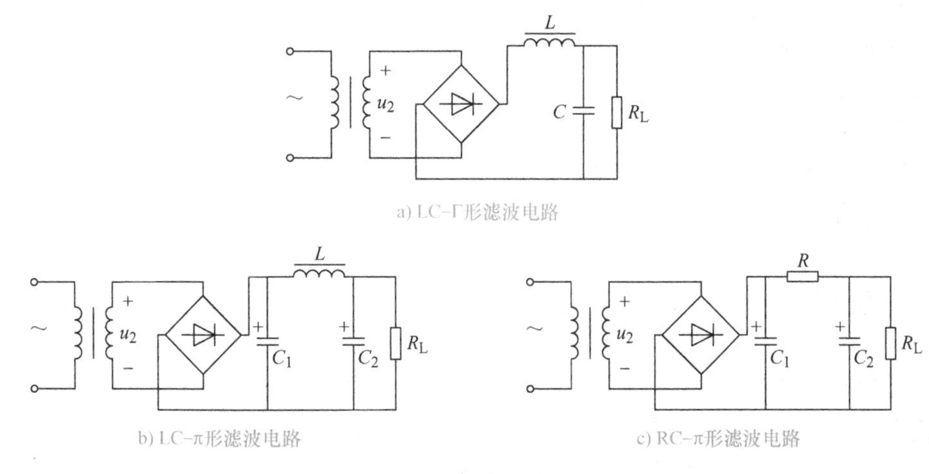

a) LC-Γ形滤波电路

b) LC-π形滤波电路　　c) RC-π形滤波电路

图 2-25　复式滤波电路

图 2-25b 所示为 LC－π 形滤波电路，由于有三个元件进行滤波，所以滤波效果比 LC－Γ 形滤波效果好。

对于 LC－π 形滤波电路，在负载电流不大的情况下，为了降低成本，缩小体积，减轻重量，选用电阻代替电感，即构成 RC－π 形滤波电路，如图 2-25c 所示。但电阻对交流成分和直流成分都产生压降，所以会使输出电压下降。一般电阻取几十欧到几百欧。

对于一些要求有较好滤波效果的直流稳压电源，如果一级复式滤波达不到平滑性能要求时，可以采用多级复式滤波电路。

三、稳压电路

交流电压经过整流、滤波后已经变换成比较平滑的直流电，但这种直流电不够稳定。直流电压不稳定的原因主要有两方面：一是交流电网不稳定，我国一般允许有10%的波动，例如当电网电压升高时，输出电压必然增大；二是负载发生变化的影响，由于整流滤波电路存在内阻，当负载电流变化时，内阻上的压降变化引起输出电压的变化。因此，为了获得稳定性好的直流稳压电源，在整流滤波之后，还要接入稳压电路。

所谓稳压电路，就是当电网电压波动或负载变化时，能够使输出电压稳定的电路。

目前，中小功率设备中广泛采用的稳压电路有并联型稳压电路、串联型稳压电路、集成稳压电路、开关稳压电路等。

1. 稳压二极管的工作特性

稳压二极管简称稳压管，是一种采用特殊工艺制成的面接触型硅二极管，允许通过的电流比较大。在电路中，稳压二极管常用字母V（或VZ、VS）表示。

（1）稳压原理　反向电流在很大范围内变化时，其两端电压却基本保持不变。

（2）伏安特性曲线　稳压二极管的伏安特性曲线如图2-26所示。通过伏安特性曲线，可以看出稳压二极管的正向特性与普通二极管相似，而它的反向特性曲线很陡。

在正常情况下，稳压二极管工作在反向击穿区，由于曲线很陡，反向电流在很大范围内变化时，稳压二极管两端电压却基本保持不变，因此具有稳压作用。只要控制反向电流不超过一定的数值，管子就不会过热烧坏。

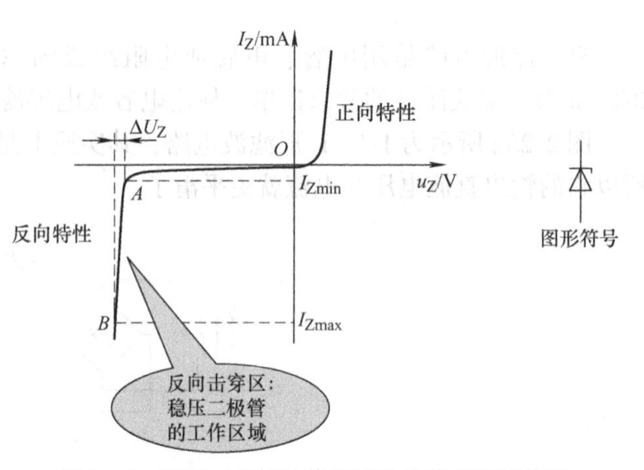

图2-26　稳压二极管的伏安特性曲线及图形符号

那么，为什么普通二极管不允许工作在反向击穿区，而稳压二极管却可以工作在反向击穿区呢？

这是因为普通二极管进入击穿区后，如果反向电压再增加，反向电流会急剧上升，温度升高，超出管子的最大耗散功率，会导致PN结发热烧毁。而硅稳压二极管是采用特殊工艺制造的，它的PN结可以承受较大的反向电流和耗散功率，因此可以工作在反向击穿区。

在曲线的AB段，当反向电压达到U_{Zmin}时，反向电流开始增加，稳压管进入击穿区。当反向电流被限制在I_{Zmin}到I_{Zmax}之间变化（ΔI_Z）时，稳压管两端的反向电压从U_A到U_B之间变化（ΔU_Z），ΔI_Z变化很大，而ΔU_Z变化很小。稳压管正是利用该段区域电流大范围变化而反向电压几乎不变的特性来进行稳压的。

（3）硅稳压管使用注意事项

① 在使用时，稳压管应反向并接，即稳压管的负极接电源的高电位，而正极应接电源

的低电位。

② 电源电压高于稳压管的稳压值时，才起稳压作用。

③ 使用时，当一个稳压值不够时，可把多个稳压管串联使用，但不可并联使用。

（4）主要参数

① 稳定电压 U_Z：稳压管工作时它两端所呈现的电压。

② 最大稳定电流 I_{Zmax}：稳压管正常工作时允许通过的最大电流。

③ 最小稳定电流 I_{Zmin}：稳压管正常工作时允许通过的最小电流。

④ 稳定电流 I_Z：稳压管正常工作时，反向电流的参考数值。它介于最大稳定电流和最小稳定电流之间。

⑤ 最大耗散功率 P_{ZM}：稳压管正常工作时所能承受的最大的耗散功率。

2. 简单稳压电路

（1）电路组成　图2-27为简单稳压电路，图中稳压管VZ反向并联在负载 R_L 两端，所以又称为并联型稳压电路。

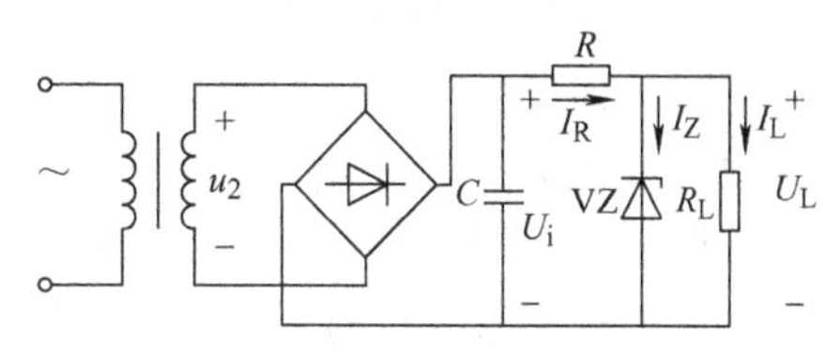

图2-27　简单稳压电路

（2）稳压原理

① 负载不变，电网电压升高时，稳压过程如下：

$$U_i\uparrow\rightarrow U_L\uparrow\rightarrow I_Z\uparrow\rightarrow I_R\uparrow\rightarrow U_R\uparrow\rightarrow U_L\downarrow$$

反之亦然。

② 电网电压不变，负载电阻减小时，稳压过程如下：

$$R_L\downarrow\rightarrow U_L\downarrow\rightarrow I_Z\downarrow\rightarrow I_R\downarrow\rightarrow U_R\downarrow\rightarrow U_L\uparrow$$

反之亦然。

结论：简单稳压电路利用稳压管电流的变化，引起限流电阻 R 两端电压的变化，从而达到稳压的目的。电阻 R 不但起限流作用，还起调压作用。

并联型稳压电路的特点：电路结构简单，设计制作容易，但稳压性能较差，输出电压受稳压管自身参数的限制。

3. 晶体管串联型稳压电路

（1）电路组成　图2-28所示为晶体管串联型稳压电路。它由四部分组成：基准电路、取样电路、比较放大电路、调整电路组成。

基准电路：由稳压管VZ和电阻 R_2 组成，给放大管 VT_2 的发射极提供稳定的基准电压 U_Z。

取样电路：由 R_3、R_4、R_P 组成分压电路，从输出电压 U_L 中取出部分电压，作为取样电压 U_{B2}，加到放大管 VT_2 的基极，与发射极的基准电压进行比较。忽略晶体管 VT_2 的基极电流，

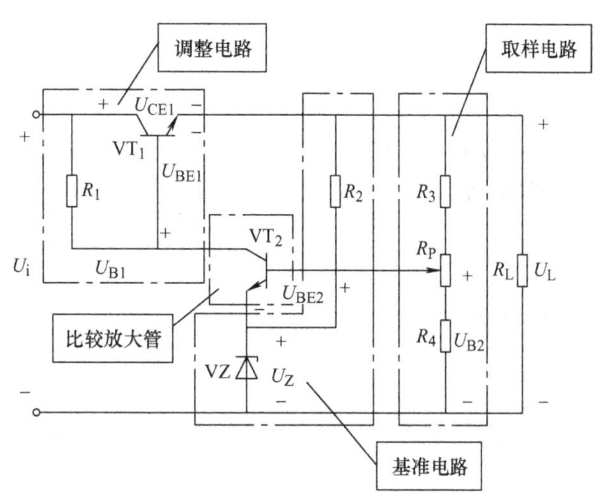

图2-28　晶体管串联型稳压电路

取样电压 U_{B2} 为

$$U_{B2} \approx \frac{R_4 + R_{P(下)}}{R_3 + R_4 + R_P} U_L$$

比较放大电路：由放大管 VT_2、R_1 组成，基极的取样电压和发射极基准电压 U_Z 如果没有差值，说明输出电压稳定；如果有差值，这个差值电压就是 U_{BE2}，它使基极产生电流 I_{B2}，I_{B2} 再经 VT_2 构成的放大电路放大后，会影响调整管 VT_1 的电流、电压。

调整电路：由 VT_1、R_1 组成，调整管 VT_1 工作在放大区，其基极电流受比较放大电路输出信号的控制。

（2）稳压原理　在讨论电路稳压原理之前，首先我们要明确晶体管构成的放大电路有共射极接法、共集电极接法和共基极接法。共射极接法中，晶体管集电极电位与基极电位的极性是相反的，即基极电位升高时，集电极电位降低；反之，基极电位降低时，集电极电位升高。共集电极接法的放大电路又称为射极输出器，其晶体管发射极电位与基极电位的极性是相同的，即发射极电位的变化和基极电位的变化是一致的。上述放大电路不同接法的特点详见项目三任务二之“相关知识”和“知识拓展”部分。

假设由于电网电压升高或负载电阻 R_L 增大使输出电压 U_L 上升，取样电路将这一变化趋势送到比较放大管 VT_2 的基极，与发射极基准电位 U_Z 进行比较，并将二者的差值 U_{BE2} 进行放大，由于 VT_2 管构成的放大电路是共射极接法，其集电极电位 U_{C2}（即调整管的基极电位 U_{B1}）降低，调整管的基极电流随之减小。由于调整管采用射极输出形式，所以调整管的管压降 U_{CE1} 升高，输出电压 U_L 降低，从而保证 U_L 基本稳定。电路的稳压过程可用简式表示如下：

$$U_L\uparrow (或 R_L\uparrow)\to U_{B2}\uparrow\to U_{BE2}\uparrow\to I_{B2}\uparrow\to U_{C2}(U_{B1})\downarrow\to U_{CE1}\uparrow \to U_L\downarrow$$

概括为

$$U_L\uparrow\to U_{CE1}\uparrow\to U_L\downarrow$$

反之，概括为

$$U_L\downarrow\to U_{CE1}\downarrow\to U_L\uparrow$$

（3）输出电压的调节　调节 R_P 可以调节输出电压 U_L 的大小，使其在一定范围内变化。忽略晶体管 VT_2 的基极电流，当 R_P 滑动触点移至最上端时，有

$$U_{BE2} + U_Z \approx \frac{R_4 + R_P}{R_3 + R_4 + R_P} U_L$$

这时输出电压最小，为

$$U_{Lmin} = \frac{R_3 + R_4 + R_P}{R_4 + R_P}(U_{BE2} + U_Z)$$

当 R_P 滑动触点移至最下端时，输出电压最大为

$$U_{Lmax} = \frac{R_3 + R_4 + R_P}{R_4}(U_{BE2} + U_Z)$$

输出电压 U_L 的调节范围是有限的，其最大值不可能调到输入电压 U_i，最小值不可能调到零。

【任务准备】

1. 制订计划

各小组在组长带领下，集体讨论，制订工作计划，合理安排工作进程。根据所学理论知识和操作技能，结合任务目标和任务引导，填写工作计划。直流稳压电源的装调工作计划如表 2-9 所示。

表 2-9　直流稳压电源的装调工作计划

工作时间	共______课时	审核：________________
任务实施步骤	1.	
	2.	
	3.	
	4.	
	5.	

2. 准备器材

（1）仪表、工具准备　万用表、电烙铁、烙铁架、尖嘴钳、斜口钳、镊子。

（2）耗材领取　直流稳压电源的装调耗材领取清单如表 2-10 所示。

表 2-10　直流稳压电源的装调耗材领取清单

领料组：			领料人：			领料时间：	
序号	名称及规格	每人数量	小组数量	是否归还	归还人签名	管理员签名	备注

【任务实施】

各小组在组长带领下按照工作计划，完成以下工作任务。

1. 画原理图

参考图 2-14，画出串联型直流稳压电源电路的原理图。

2. 元器件的检测

（1）电阻的检测　电阻的检测如表2-11所示。

表2-11　电阻的检测

序　　号	色　　环	标 称 值	量　　程	实 测 值	质量判别
1					
2					
3					
4					

（2）电位器的检测　电位器的检测如表2-12所示。

表2-12　电位器的检测

序号	标称值	量程	1、3脚间固定电阻值	1、2脚间或2、3脚间是否在0Ω到标称值间连续、均匀地变化	质量
电位器 R_P					

（3）电容的检测　电容的检测如表2-13所示。

表2-13　电容的检测

序　　号	标 称 值	量　　程	绝缘电阻值	质量判别
C_1				
C_2				
C_3				

（4）二极管的检测　二极管的检测如表2-14所示。

表2-14　二极管的检测

型　　号	量　　程	测量结果
1N4007		阳极：　　阴极： 正向电阻： 反向电阻：
2CW56		阳极：　　阴极： 正向电阻： 反向电阻：

（5）晶体管的检测　晶体管的检测如表2-15所示。

表 2-15　晶体管的检测

型　号	量　程	测量结果
9013 1 2 3		b：　c：　e： 管型：
9014 1 2 3		b：　c：　e： 管型：
3DD15 3 1 2		b：　c：　e： 管型：

3. 电路装配

（1）元器件布局的原则　应保证电路性能指标的实现，应便于布线，应满足结构工艺的要求，有利于设备的装配、调试和维修。

（2）元器件排列的方法及要求

1）元器件的标志应易于辨认，使其可按照从左到右、从下到上的顺序读出。

2）元器件的极性不得装错。

3）安装高度应符合规定要求，同一规格的元器件应尽量安装在同一高度上。

4）安装顺序一般为先低后高，先轻后重，先易后难，先一般元器件后特殊元器件。

5）元器件在印制板上的分布应尽量均匀，疏密一致，排列整齐美观。不允许斜排、立体交叉和重叠排列。

6）一些特殊元器件的安装处理。发热元器件要与印制板面保持一定距离，不允许紧贴板面安装，较大元器件的安装应采取固定（绑扎、粘、支架固定等）措施。

7）电路安装完后，要便于使用。

4. 电路调试与检测

（1）空载测试稳压电源各关键点的电压　空载测试稳压电源各关键点的电压如表 2-16 所示。

表 2-16　空载测试稳压电源各关键点的电压

序　号	测试调试项目	测　量　点	万用表量程	测试结果
1	电源变压器输出电压	变压器二次侧输出端		
2	整流滤波后的电压	C_1 两端		
3	稳压管的基准电压	VZ 两端		
4	稳压电路输出电压的可调范围	C_3 两端		

（2）测试稳压电源的稳压效果　电路空载时调节 R_P，使稳压电源的输出电压为 15V，接上 680Ω 负载，测量此时的输出电压。测试稳压电源的稳压效果，如表 2-17 所示。

表 2-17　测试稳压电源的稳压效果

序　号	测试调试项目	测　量　点	万用表量程	测 试 结 果
1	空载时的输出电压	C_3 两端		
2	带载时的输出电压	C_3 两端		

（3）空载测试晶体管各电极的电压　调节 R_P，使稳压电源的输出电压为 17V，测试晶体管各电极对地的电压值。空载测试稳压电源各关键点的电压如表 2-18 所示。

表 2-18　空载测试稳压电源各关键点的电压

各电极对地电压值/V	VT_1			VT_2			VT_3		
	e	b	c	e	b	c	e	b	c

（4）带载测试晶体管各电极的电压　电路接上负载，调节 R_P，使稳压电源的输出电压为 17V，测试晶体管各电极对地的电压值。带载测试稳压电源各关键点的电压如表 2-19 所示。

表 2-19　带载测试稳压电源各关键点的电压

各电极对地电压值/V	VT_1			VT_2			VT_3		
	e	b	c	e	b	c	e	b	c

5. 工作岗位 6S 活动

工作任务完成后，各工作组关闭工作台上所有仪表、工具的电源，拔掉电烙铁的插头，拆下测量线和连接导线，归还借用的工具、仪表。组长组织组员开展工作岗位的“整理、整顿、清扫、清洁、安全、素养”6S 活动。

6. 思考与讨论

（1）在直流稳压电源电路中，为什么稳压二极管要反向并接在电路两端？

（2）一个输出电压为 12V 的串联型稳压电路，当稳压电路的输入端电压小于 12V 时，会出现什么问题？

【任务评价】

师生将任务评价结果填在表 2-20 中。

表 2-20 直流稳压电源电路的装调评价表

班级：______ 小组：______ 姓名：______ 学号：______		指导教师：______ 日　期：______				
评价项目	评价内容	评价方式			权重	得分小计
		学生自评 15%	小组互评 25%	教师评价 60%		
职业素养	1. 遵守规章制度、劳动纪律 2. 人身安全与设备安全 3. 完成工作任务的态度 4. 完成工作任务的质量及时间 5. 团队合作精神 6. 工作岗位“6S”处理				0.3	
专业能力	1. 熟悉直流稳压电源的组成和工作原理 2. 元器件布局合理，电路板制作符合工艺要求 3. 熟悉元器件的检测、插装和焊接操作 4. 灵活使用万用表调试和检测电路，数据准确度高				0.5	
创新能力	1. 熟悉电路中所有元器件的功能 2. 熟悉高精度直流稳压电源的工作原理 3. 对电路的装接和调试有独到的见解和方法				0.2	
综合评价	总分					
	教师点评					

【Multisim 仿真】

众所周知，Multisim 是世界著名的 EDA 软件，在电子教育界得到了广泛的认可和应用。为方便读者进一步深入学习，本书所有教学项目的实训电路均配套 Multisim 仿真电路。相信这些仿真电路能为读者进一步的学习和分析提供有效的帮助，特别是在分析不同元器件及其参数对电路性能的影响时，将是十分便捷和高效的。

需要特别说明的是：本书假定读者已掌握 Multisim 软件的基本使用，同时对部分元器件库中找不到的元器件，本书均使用性能相当的元器件替换，读者可以根据电路原理，灵活变更元器件参数，并借助各种仪表（如万用表、示波器等）进行观察分析。本书只给出参考电路和元器件清单，具体仿真操作，请读者根据任务内容自行实施。

一、仿真电路图

本任务的仿真电路如图 2-29 所示。

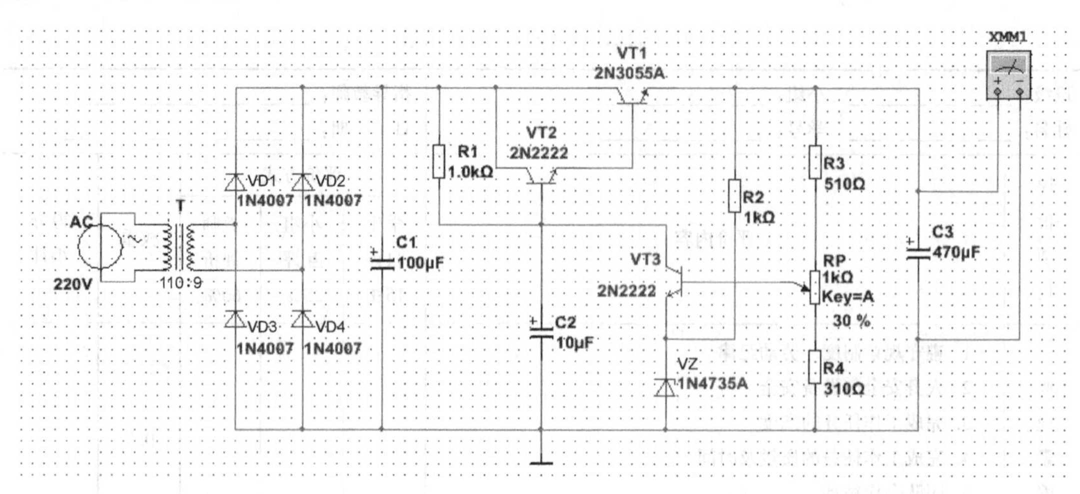

图 2-29　串联型直流稳压电源仿真电路图

二、元器件清单

元器件清单如表 2-21 所示。

表 2-21　串联型直流稳压电源仿真电路元器件清单

序　号	描　述	编　号	数　量
1	DIODE，1N4007	VD1、VD2、VD3、VD4	4
2	ZENER，1N4735A	VZ	1
3	BJT_NPN，2N2222	VT2、VT3	2
4	BJT_NPN，2N3055A	VT1	1
5	TRANSFORMER，1P1S	T	1
6	RESISTOR，1.0kΩ	R1	1
7	CAP_ELECTROLIT，100μF	C1	1
8	CAP_ELECTROLIT，10μF	C2	1
9	RESISTOR，1kΩ	R2	1
10	RESISTOR，510Ω	R3	1
11	RESISTOR，310Ω	R4	1
12	CAP_ELECTROLIT，470μF	C3	1
13	POTENTIOMETER，1kΩ	RP	1
14	AC_POWER，120Vrms　50Hz　0°	AC	1
15	POWER_SOURCES，GROUND	0	1

三、仿真提示

Multisim 软件是美国 NI 公司出品的，其元器件库难以包罗世界上所有元器件，因此本书中实际电路使用的一些元器件，比如本电路的 9013、9014、3DD15 等器件在元器件库中是找不到的。本书作者已为读者找到性能相当的器件代替，请大家在自行设计仿真电路图时务必注意这一点，并尽量按给出的元器件清单搭建电路。读者可自由改变元器件参数，并灵活使用万用表、示波器等基本仪器进行仿真、验证。

【知识拓展】

三相整流电路

当输出功率较大时，若采用单相整流电路必然会造成三相电网的不平衡，因此需要大功率直流稳压电源时，一般应采用三相整流电路。

三相整流电路有多种类型，主要有三相半波整流电路和三相桥式整流电路两种，三相半波整流电路输出电压的脉动较大，变压器利用效率不高，因此在应用上受到一定限制。下面介绍应用最广的三相桥式整流电路。

一、电路组成和工作原理

图2-30所示电路为应用最广泛的三相桥式整流电路，它是由两个三相半波整流电路串联组合而成的。整流管 VD_1、VD_2、VD_3 组成共阴极连接的三相半波整流电路；整流管 VD_4、VD_5、VD_6 组成共阳极连接的三相半波整流电路。在三相桥式整流电路中，通常电源变压器的一次绕组接成三角形，二次绕组接成星形。

为了分析方便，将三相整流电路输入波形的一个周期从 t_1 ~ t_7 分成6等份，如图2-31所示。在每个1/6周期内，相电压 U_{2U}、U_{2V}、U_{2W} 中总有一个是最高的，一个是最低的。对于共阴极连接的三只二极管，哪只正极电位最高，哪只二极管就优先导通；对于共阳极连接的三只二极管，哪只负极电位最低，哪只二极管就优先导通。

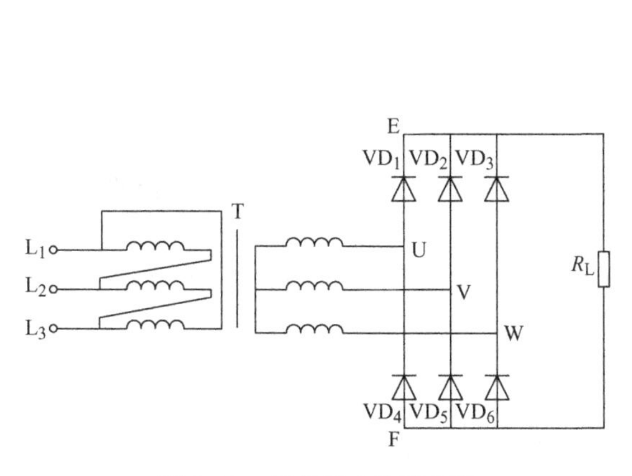

图2-30　三相桥式整流电路

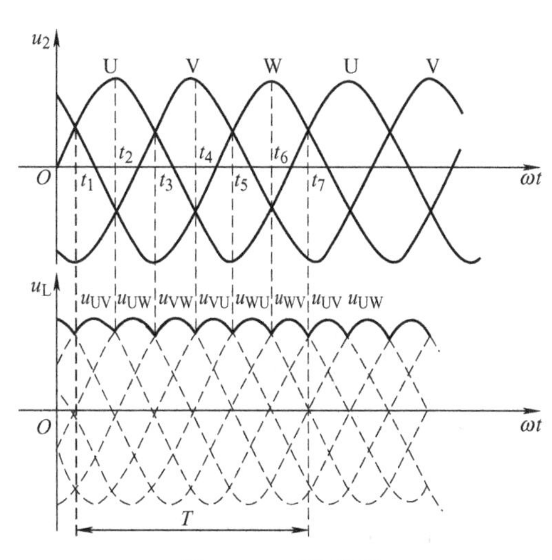

图2-31　工作波形

在 t_1 ~ t_2 时间内，U、V、W三点中U相电压最高，而U相接 VD_1 管，所以 VD_1 管优先导通，忽略二极管的正向压降，E点电位等于U点电位，VD_1 管将E点的电位钳制在高位，使 VD_2、VD_3 承受反向电压而截止。再看 VD_4、VD_5、VD_6，由于U、V、W三相中V相电压最低，所以 VD_5 优先导通，F点电位等于V点电位，VD_5 管将F点的电位钳制在低位，使 VD_4、VD_6 承受反向电压而截止。因此在 t_1 ~ t_2 时间内，VD_1 与 VD_5 串联导通，电流通路为 $U \rightarrow VD_1 \rightarrow R_L \rightarrow VD_5 \rightarrow V$。这时，负载电压等于U相和V相的线电压 U_{UV}，即 $U_L = U_{EF} = U_{UV}$。

在 $t_2 \sim t_3$ 时间内，U 相电压仍然最高，VD_1 管继续导通，而 W 相电压变得最低，因此 VD_1 与 VD_6 串联导通，其余二极管反偏截止。电流通路为 $U \to VD_1 \to R_L \to VD_6 \to W$。这时，负载电压等于 U 相和 W 相的线电压 U_{UW}，即 $U_L = U_{UW}$。

在 $t_3 \sim t_4$ 时间内，V 相电压变得最高，共阴极组的二极管由 VD_1 管换为 VD_2 管导通；而 W 相电压仍然最低，因此 VD_2 与 VD_6 串联导通，其余二极管反偏截止。电流通路为 $V \to VD_2 \to R_L \to VD_6 \to W$。负载电压等于 V 相与 W 相的线电压 U_{VW}，即 $U_L = U_{VW}$。

依次类推，不难得出如下结论：

1）在任一瞬间，阴极组和阳极组中各有一只二极管导通，每只二极管在一个周期内的导通角为 120°，负载上得到单向的脉动直流电。

2）输出电压的波形就是二次侧的各个线电压的波顶连线，在一个周期内出现六个波头，负载电压为正压输出。

要想使负载电压为负压输出，将所有二极管反接即可实现。

二、主要参数的计算

输出电压的平均值为

$$U_L = 2.34U_2$$

输出电流的平均值为

$$I_L = \frac{U_L}{R_L}$$

通过二极管的平均电流为

$$I_F = \frac{1}{3}I_L$$

二极管承受的最大反向电压为

$$U_{Rm} = \sqrt{2} \times \sqrt{3}\,U_2 = 2.45U_2$$

三、整流二极管的选择

与三相半波整流电路相似，三相桥式整流电路在实际选择二极管时，要求二极管的最大整流电流大于工作时的平均电流，即 $I_{FM} \geq I_F$。

要求二极管的最高反向工作电压大于工作时两端所承受的最大反向工作电压，即 $U_{RM} \geq U_{Rm}$。

四、电路特点

三相桥式整流电路变压器的利用率较高（在任一瞬间都有两个绕组工作），输出电压比三相半波整流电路大一倍，而且脉动小，因此广泛应用于要求输出电压高、脉动小的电气设备中。目前已做成整流桥，应用非常方便。

开关电源

前面介绍的串联型稳压电路属于线性稳压电源，其调整管始终工作于线性放大区，因此本身功率消耗大，效率低。开关电源不同于线性电源，它的调整管工作于通、断状态，是通过控制调整管的通、断时间来实现稳压的。调整管的工作频率为几十千赫兹至几百千赫兹，

功耗小，散热器也小，所用的变压器、滤波电感、电容等元器件也较小，允许的环境温度也可以大大提高。

目前，在民用领域的家电产品、办公设备，以及专业领域的各类电子仪器设备中，其供电方式均以开关电源为主流。开关电源的外形和内部结构如图2-32所示。

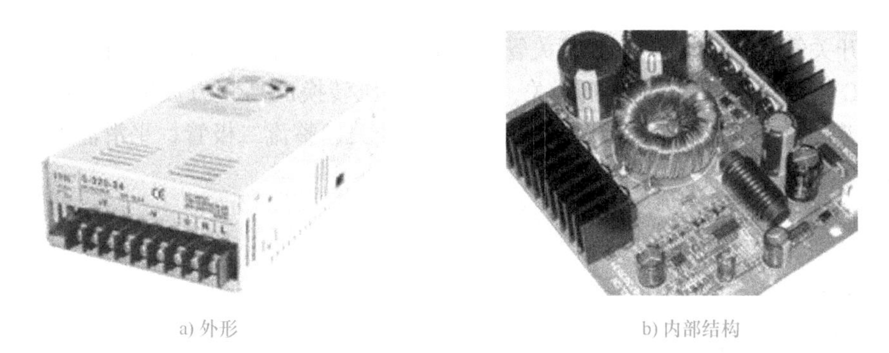

a) 外形　　b) 内部结构

图2-32　开关电源的外形和内部结构

一、开关电源的特点

开关电源的优点是体积小、重量轻、功耗小、适应电压范围宽、稳压范围宽、电路形式多样、效率高，可以高达80%～90%，而一般的线性电源的效率不会超过50%。开关电源的缺点是电磁干扰大、纹波和噪声大、瞬态响应慢、功率因数低、对元器件要求高。

二、开关电源的分类

1）按开关管的激励脉冲方式，可分为自激式和它激式。

2）按转换器的电路结构方式，可分为非隔离型和隔离型。

3）按开关管的脉冲调制方式，可分为脉宽调制型、频率调制型和混合调制型。

三、开关电源的基本构成

开关电源的基本构成如图2-33所示。图中，U_i为市电经整流滤波后的高压直流电压，U_o为经DC－DC转换成负载所需的低压直流输出电压。DC－DC转换器用于功率转换，是开关电源的核心部分。此外还有启动、过电流和过电压保护、噪声滤波器等组成部分。反馈回路检测出电压，并与基准电压比较，通过误差放大器放大，经脉冲调制电路调制和驱动器控制半导体的通、断时间比，从而调整输出电压的大小。

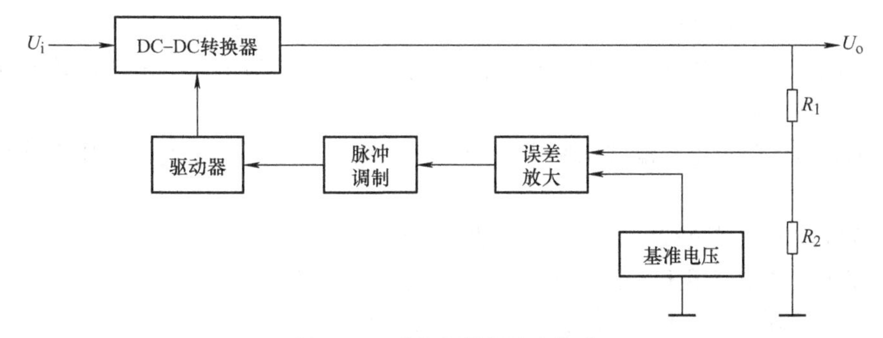

图2-33　开关电源的基本构成

开关电源通过改变电路中调整管的导通时间在周期中所占的比例（占空比）来改变输出电压（或电流）的大小，以达到维持输出电压（或电流）稳定的目的。占空比的定义为

$$D = \frac{t_{ON}}{T} = \frac{t_{ON}}{t_{ON} + t_{OFF}}$$

式中，T为开关管通断周期；t_{ON}为开关管导通时间；t_{OFF}为开关管截止时间。

DC－DC 转换器不断重复通/断开关，把直流电压转换成高频方波电压，再经整流平滑变为低压直流电压输出。DC－DC 转换器由半导体开关、整流二极管、平滑滤波电抗器和电容等基本元器件组成。

【习题】

一、填空题

1. 直流稳压电源由电源变压器、________、________和________组成。

2. 单相半控桥式整流电路中，若负载电流是 40A，则流过每个晶闸管的电流值是________。

3. 在三相整流电路中，在某工作时间内，只有正极电位________和负极电位________的二极管才能导通，每只二极管的导通角均为________。

4. 滤波电路分为________、________、________和电子滤波。

5. 所谓滤波，就是保留脉动直流电中的________，尽可能滤除其中的________，把脉动直流电变成________直流电的过程。

6. 电容滤波利用电路中电容充电速度________、放电速度________的特点，使脉动直流电压变得________，从而实现滤波。电感滤波是利用流过电感线圈的电流不能________，从而使流过负载的电流变得________来实现滤波的。

7. 所谓稳压电路，就是当________或________时，能使________稳定的电路。

8. 在稳压管稳压电路中，利用稳压管的________特性实现稳压；在该电路中，稳压管和负载的连接方式属于________连接，故常称为________稳压电路。

9. 线性串联反馈型稳压电路由________、________、________、________四部分组成。

10. 开关稳压电源的效率高是因为调整管工作在________状态。

二、判断题（在括号内用“√”和“×”表明下列说法是否正确）

1. 直流电源是一种将正弦信号转换为直流信号的波形变化电路。（　）

2. 直流电源是一种能量转换电路，它将交流能量转换成直流能量。（　）

3. 在变压器二次电压和负载电阻相同的情况下，桥式整流电路的输出电流是半波整流电路输出电流的 2 倍。（　）

4. 在单相桥式整流电容滤波电路中，若有一只整流管断开，则输出电压平均值变为原来的一半。（　）

5. 电容滤波电路带负载的能力比电感滤波电路强。（　）

6. 电容滤波电路适用于小负载电流，而电感滤波电路适用于大负载电流。（　）

7. 硅稳压二极管可以串联使用，也可以并联使用。（　）

8. 只要限制击穿电流，硅稳压管就可以长期工作在反向击穿区。（　）

三、选择题

1. 单相桥式整流电路的变压器二次电压为20V，每只整流二极管所承受的最大反向电压为（　　）。

A. 20V　　B. 28.29V　　C. 40V　　D. 56.56V

2. 整流电路输出的电压应属于（　　）。

A. 平直直流电压　　B. 交流电压

C. 脉动直流电压　　D. 稳恒直流电压

3. 安装单相桥式整流电路时，误将某只二极管接反了，产生的后果是（　　）。

A. 有两只二极管烧毁　　B. 可能四只二极管都烧毁

C. 输出电压是原来的一半　　D. 输出电压的极性改变

4. 下列电路中，输出电压脉动最小的是（　　）。

A. 单相半波整流　　B. 单相桥式整流

C. 三相半波整流　　D. 三相桥式整流

5. 利用电抗元件的（　　）特性能实现滤波。

A. 延时　　B. 储能　　C. 稳压　　D. 负阻

6. 单相桥式整流电容滤波电路中，若要负载得到45V的直流电压，变压器二次电压的有效值应为（　　）V。

A. 45　　B. 50　　C. 100　　D. 37.5

7. 单相桥式整流电路接入滤波电容后，二极管的导通时间（　　）。

A. 变长　　B. 变短　　C. 不变　　D. 变化不一定

8. 在硅稳压管稳压电路中，限流电阻 R 的作用是（　　）。

A. 既限流又降压　　B. 既限流又调压

C. 既降压又调压　　D. 既调压又调流

9. 硅稳压管稳压电路适用于（　　）的场合。

A. 高电压　　B. 低电压　　C. 负载大　　D. 负载小

10. 串联型稳压电路中的调整管工作在（　　）状态。

A. 放大　　B. 截止　　C. 饱和　　D. 任意

四、综合题

1. 图2-34所示电路中，试求：（1）标出电容 C 的正极；（2）若要求直流电压 $U_L=25V$，则 u_2 的有效值应为多少？（3）若负载电流 I_L 为50mA，则每只二极管流过的平均电流 I_F 和最高反向电压 U_{Rm} 应为多少？

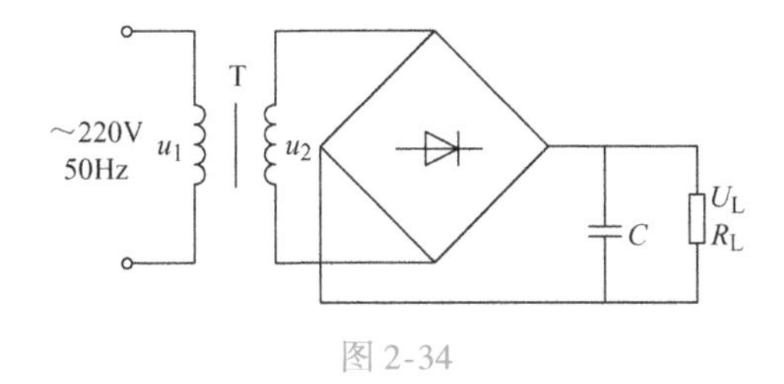

图 2-34

2. 分别判断图 2-35 所示各电路能否作为滤波电路，简述理由。

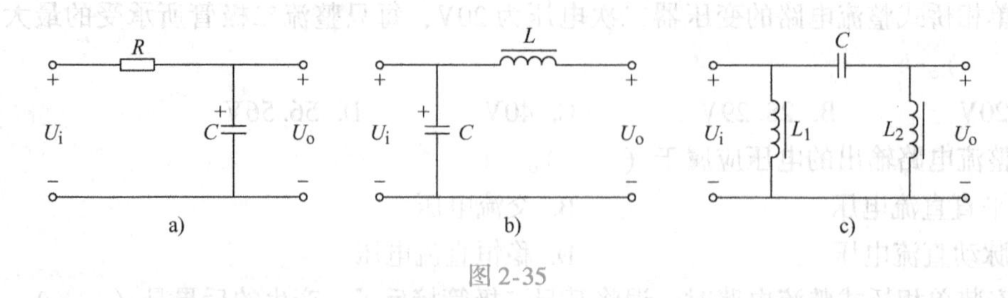

图 2-35

3. 现有两只稳压管，稳压值分别是 6V 和 8V，正向导通电压为 0.7V。试问：若将它们串联相接，则可得到几种稳压值？各为多少？

项目三　分压式偏置放大电路的装调

【工作情景】

校园广播中心需要一个小功率放大器，要求把调音台输出的微弱监听音频信号进行放大，以驱动一对只有1.5W的小音箱作监听使用。由于是业余广播监听，所以对音质要求不高，只需性能稳定、电路简单容易安装即可。电子加工中心接到这一任务后，马上制订计划，准备组装一款音频放大器来完成任务。

【教学要求】

1. 掌握典型晶体管放大电路的组成、各元器件作用和工作原理。
2. 能按要求对元器件进行检测、整形，并装配、焊接成电路。
3. 能使用信号发生器、双踪示波器、交流毫伏表、直流稳压电源、万用表等仪器、仪表对电路进行调试和检测。
4. 培养独立分析、自我学习及团队合作的能力。

【设备要求】

1. 多媒体教学设备一套。
2. 每位学生自备电子电路装调工具一套。
3. 每个学习组需信号发生器、双踪示波器、交流毫伏表、直流稳压电源各一台。

任务一　常用电子仪器的使用

【任务目标】

1. 掌握双踪示波器、函数信号发生器、交流毫伏表的使用方法。
2. 能用双踪示波器观察正弦信号波形和读取波形参数。

【任务引导】

在电子电路的调试和维修中，经常使用的电子仪器有双踪示波器、函数信号发生器、直流稳压电源、交流毫伏表及频率计等。利用它们，可以完成对电子电路工作状态的观察、追踪和测量。

本任务要求在理解各种仪器功能的基础上，正确地连接双踪示波器、信号发生器和交流毫伏表，并用示波器观察信号发生器输出信号的波形，并获取信号波形的相关参数。

【相关知识】

一、函数信号发生器

图 3-1 所示为 XJ1630 型函数信号发生器。它能产生某些特定的周期性时间函数波形（正弦波、方波、三角波等）信号，频率范围可从几赫兹到几兆赫兹，在电子实验和设备检测中具有十分广泛的用途。信号发生器插入 220V 交流电源线后，按下面板上的电源开关，整机开始工作。

图 3-1　XJ1630 型函数信号发生器

1. 功能介绍

1）波形选择键：该仪器可输出三种信号波形，即正弦波、方波、三角波，按下相应波形符号的按键可选择对应波形输出。若三个键都未按入，则无信号输出，此时为直流电平。

2）衰减功能键：按下相应键可使信号衰减 30dB，主要用于输出微小信号。

3）频段选择键：提供七段频率范围，与频率调节旋钮配合使用，可调节出所需要的频率。

4）频率调节旋钮：用于在所选频率范围内调节所需的频率。

5）幅度调节旋钮：用于调节信号的输出幅度大小（范围为 0 ~ 8V），具体的电压大小需要通过交流毫伏表或示波器测量确定。

6）信号输出端子：连接导线，输出所需要的交流信号。

2. 使用步骤

1）选择信号波形。

2）选择信号频率范围，再调节频率。

3）调节信号电压。

二、交流毫伏表

图 3-2 所示为 DA－16D 型晶体管毫伏表。它具有测量交流电压、电平测试、监视输出三大功能。交流测量范围是 100mV ~ 300V、5Hz ~ 2MHz，共分 1mV、3mV、10mV、30mV、100mV、300mV、1V、3V、10V、30V、100V、300V 共 12 档。

1. 使用步骤

1）开机前将通道输入端测试探头上的红、黑色鱼尾夹短接，将量程开关置于最高量程（300V）位置。

2）接通220V电源，按下电源开关，电源指示灯亮，仪器立刻工作。为了保证仪器稳定性，需预热10s后使用，开机后10s内指针无规则摆动属正常。

3）将输入测试探头上的红、黑鱼尾夹断开后与被测电路并联（红夹接被测电路的正端，黑夹接地端），观察表头指针在刻度盘上所指的位置，若指针在起始点位置基本没动，说明被测电路中的电压很小，且毫伏表量程选得过高，此时要用递减法由高量程向低量程变换，直到表头指针指到满刻度的2/3左右即可。

图3-2　DA－16D型晶体管毫伏表

4）准确读数。表头刻度盘上共刻有四条刻度。第一条和第二条为测量交流电压有效值的专用刻度，第三条和第四条为测量分贝值的刻度。

2. 注意事项

1）当不知被测电路中电压值大小时，必须首先将交流毫伏表的量程开关置于最高量程，然后根据表针所指的范围，采用递减法合理选择档位。

2）交流毫伏表接入被测电路时，其地端（黑夹子）应始终接在电路的地上（称为公共接地），以防干扰。

三、双踪示波器

双踪示波器是常用的一种观测电信号波形的仪器，可以显示电信号的波形，并且可以测量其幅值、周期、相位等物理参数。图3-3所示为VC2020型双踪示波器的面板。

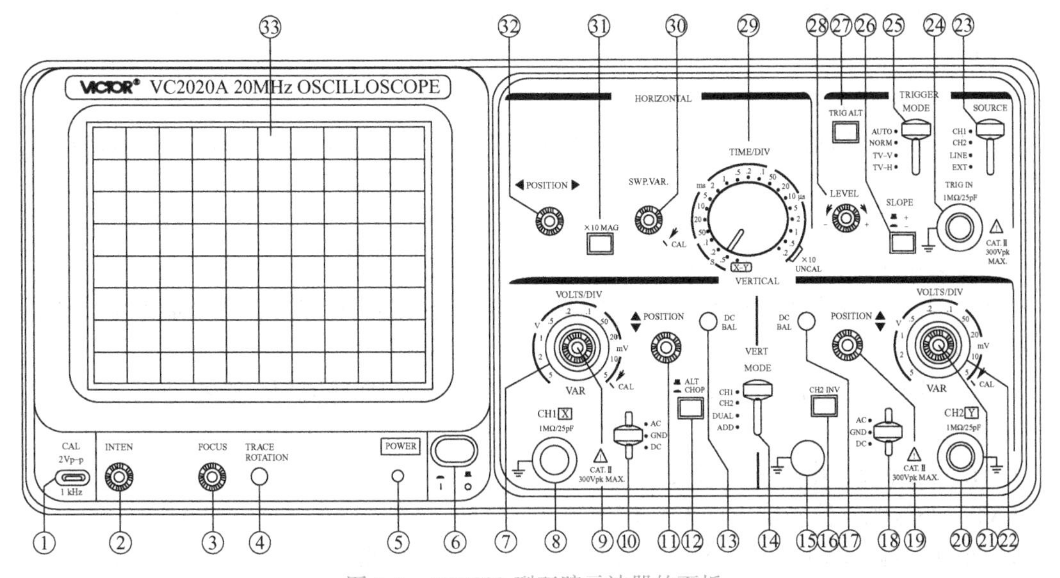

图3-3　VC2020型双踪示波器的面板

1. VC2020型双踪示波器面板说明

① CAL：提供幅度（峰-峰值）为2V、频率为1kHz的方波信号，用于校正10：1探头的补偿电容和检测示波器垂直与水平的偏转因数。

② 亮度：调节轨迹或亮点的亮度。

③ 聚焦：调节轨迹或亮点的聚焦。

④ 轨迹旋转：半固定的电位器用来调整水平轨迹与刻度线的平行。

⑤ 电源指示灯（发光二极管）。

⑥ 电源：主电源开关，当此开关开启时电源指示灯发亮。

⑦、㉒垂直衰减开关：调节垂直偏转灵敏度，从5mV/DIV～5V/DIV分10档。

⑧ CH1（X）输入：在X－Y模式下，作为X轴输入端。

⑨、㉑垂直微调：微调灵敏度大于或等于1/2.5标示值，在校正位置时，灵敏度校正为标示值。

⑩、⑱AC－GND－DC：输入耦合开关选择输入信号的输入方式。

AC：交流耦合。

GND：垂直放大器的输入接地，输入端断开。

DC：直流耦合。

⑪、⑲↑↓垂直位移：调节光迹在屏幕上的垂直位置。

⑫ ALT/CHOP：在双踪显示时，放开此键，表示通道1与通道2交替显示（通常用在扫描速度较快的情况下）。当此键按下时，通道1与通道2同时断续显示（通常用于扫描速度较慢的情况下）。

⑬、⑰CH1和CH2的DC BAL：这两个用于衰减器的平衡调试。

⑭ 垂直方式：选择CH1与CH2放大器的工作模式。

CH1或CH2：通道1或通道2单独显示。

DUAL：两个通道同时显示。

ADD：显示两个通道的代数和CH1＋CH2。按下“CH2 INV”（⑯）按钮，为代数差CH1－CH2。

⑮ GND：示波器机箱的接地端子。

⑯ CH2 INV：通道2的信号反向，当此键按下时，通道2的信号以及通道2的触发信号同时反向。

⑳ CH2（Y）输入：在X－Y模式下，作为Y轴输入端。

㉓ 触发源选择：选择内（INT）或外（EXT）触发。

CH1：当垂直方式选择开关（⑭）设定在DUAL或ADD状态时，选择通道1作为内部触发信号源。

CH2：当垂直方式选择开关（⑭）设定在DUAL或ADD状态时，选择通道2作为内部触发信号源。

LINE：选择交流电源作为触发信号。

EXT：外部触发信号接于（㉔）作为触发信号源。

㉔ 外触发输入端子：用于外部触发信号。当使用该功能时，开关（㉓）应设置在EXT的位置上。

㉕ 触发方式：选择触发方式。

AUTO：自动，当没有触发信号输入时扫描处在自由模式下。

NORM：常态，当没有触发信号时，踪迹处在待命状态并不显示。

TV－V：电视场，当想要观察一场的电视信号时使用。

TV－H：电视行，当想要观察一行的电视信号时使用。

需要注意的是，仅当同步信号为负脉冲时，方可同步电视场和电视行信号。

㉖ 极性：触发信号的极性选择。“＋”为上升沿触发，“－”为下降沿触发。

㉗ TRIG. ALT：当垂直方式选择开关⑭设定在 DUAL 或 ADD 状态，而且触发源开关㉓选在通道 1 或通道 2 上，按下㉗时它会交替选择通道 1 和通道 2 作为内触发信号源。

㉘ 触发电平：显示一个同步稳定的波形，并设定一个波形的起始点。向“＋”旋转触发电平向上移，向“－”旋转触发电平向下移。

㉙ 扫描范围：扫描速度可以分 20 档，从 0.2μs/DIV 到 0.5s/DIV。当设置到 X－Y 位置时可用作 X－Y 示波器。

㉚ 水平微调：微调水平扫描时间，使扫描时间被校正到与面板上 TIME/DIV 指示的一致。TIME/DIV 扫描速度可连续变化，当逆时针旋转到底时一般为校正位置。整个延时可达 2.5 倍以上。

㉛ 扫描扩展开关：按下时扫描速度扩展 10 倍。

㉜ ←→水平位移：调节光迹在屏幕上的水平位置。

㉝ 滤色片：使波形看起来更加清晰。

2. 示波器的基本设置及操作

（1）开关和控制部分的基本设置　接通示波器电源前务必检查电源电压是否与当地电网一致，然后将有关控制开关或按钮按表 3-1 设置。

表 3-1　示波器面板的设置

功　能	序　号	设　置
电源（POWER）	⑥	关
亮度（INTEN）	②	居中
聚焦（FOCUS）	③	居中
垂直方式（VERT MODE）	⑭	通道 1
交替/断续（ALT/CHOP）	⑫	释放（ALT）
通道 2 的信号反向（CH2 INV）	⑯	释放
垂直位移（▲▼POSITION）	⑪、⑲	居中
垂直衰减（VOLTS/DIV）	⑦、㉒	0.5V/DIV
调节（VARIABLE）	⑨、㉑	CAL（校正位置）
AC－GND－DC	⑩、⑱	GND
触发源（SOURCE）	㉓	通道 1
极性（SLOPE）	㉖	＋
触发交替选择（TRIG. ALT）	㉗	释放
触发方式（TRIGGER MODE）	㉕	自动
扫描时间（TIME/DIV）	㉙	0.5ms/DIV
微调（SWP. VAR）	㉚	校正位置
水平位置（◀▶POSITION）	㉜	居中
扫描扩展（×10 MAG）	㉛	释放

注：通道 2 的操作与通道 1 的操作相同。

（2）基本操作

1）电源接通，电源指示灯亮，约 20s 后屏幕出现光迹。如果 60s 后还没有出现光迹，请重新检查开关和控制旋钮的设置。

2）分别调节亮度、聚焦旋钮，使光迹亮度适中、清晰。

3）调节通道 1 位移旋钮与轨迹旋转电位器，使光迹与水平刻度平行，如图 3-4 所示。

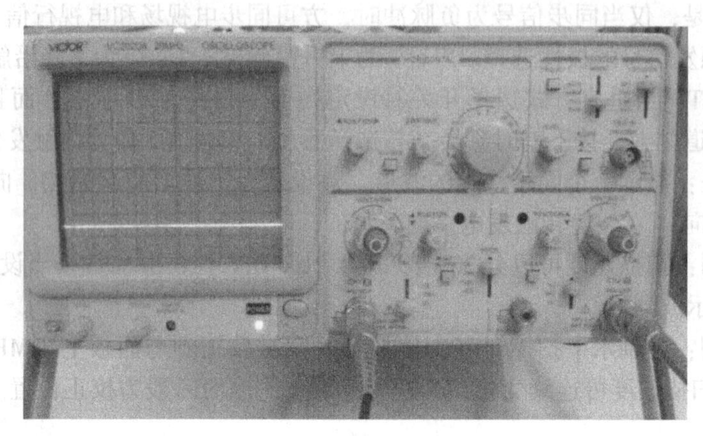

图 3-4 示波器的光迹

4）用 10 ：1 探头将校正信号输入至 CH1 输入端。

5）将 AC－GND－DC 开关设置在 AC 状态。一个方波将会出现在屏幕上，如图 3-5 所示。

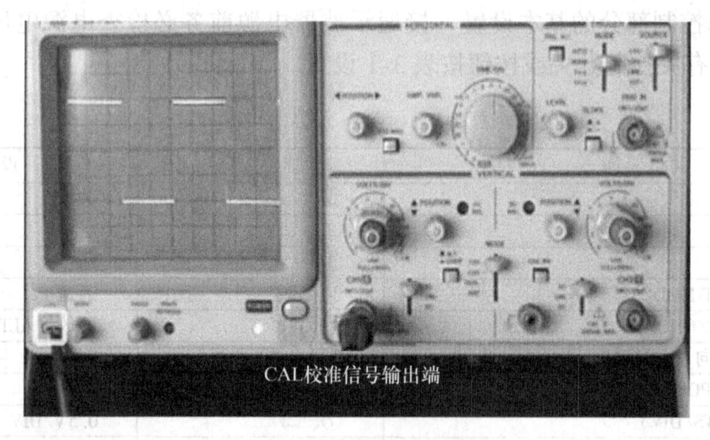

图 3-5 示波器的校准信号

6）调整聚焦使图形清晰。

7）对于其他信号的观察，可通过调整垂直衰减开关、扫描时间到所需的位置，从而得到清晰的图形。

8）调整垂直和水平位移旋钮，使得波形的幅度与时间容易读出。

（3）双通道的操作 改变垂直方式到 DUAL 状态，于是通道 2 的光迹也会出现在屏幕上（与 CH1 相同）。这时通道 1 显示一个方波（来自校正信号输出的波形），而通道 2 则仅显示一条直线，因为没有信号接到该通道。

1）将校正信号接到 CH2 的输入端，与 CH1 一致，将 AC－GND－DC 开关设置到 AC 状态，调整垂直位置旋钮⑪和⑲显示两通道的波形。

2）释放 ALT/CHOP 开关（置于 ALT 方式）。CH1 和 CH2 的信号交替地显示到屏幕上，此设定用于观察扫描时间较短的两路信号。按下 ALT/CHOP 开关（置于 CHOP 方式），CH1 与 CH2 上的信号以 250kHz 的频率独立地显示在屏幕上，此设定用于观察扫描时间较长的两路信号。

3）在进行双通道操作时（DUAL 或加减方式），必须通过触发信号源的开关来选择通道 1 或通道 2 的信号作为触发信号。如果 CH1 与 CH2 的信号同步，则两个波形都会稳定显示出来。反之，则仅有触发信号源的信号可以稳定地显示出来；如果 TRIG. ALT 开关按下，则两个波形都会同时稳定地显示出来。

（4）加减操作　通过设置“垂直方式开关”到“加”的状态，可以显示 CH1 与 CH2 信号的代数和，如果 CH2 INV 开关被按下则为代数减。为了得到加减的精确值，两个通道的衰减设置必须一致。垂直位置可以通过“↑↓”位置键来调整。

3. 示波器的校准

（1）操作步骤

分别校准 CH1、CH2 通道的方波信号，以下以 CH1 通道为例进行介绍。

1）将探头插入 CH1 通道输入插孔。

2）接通电源，电源指示灯亮（注意：一旦接通，不能频繁开关机）。

3）稍候预热，屏幕上出现光迹，调节辉度至合适。

4）调节聚焦、光迹旋钮，使光迹清晰并与水平刻度平行。

5）用探头连接校准信号（提供 $V_{p-p}=2V$、$f=1kHz$ 的方波信号）。

6）将垂直方式选择“CH1”，触发源选择“INT”，内触发源选择“CH1”，触发方式选择“AUTO”，极性选择“+”，输入耦合方式选择“AC”。

7）调节 CH1 垂直衰减开关，使在荧光屏上的被测信号波形在可读的范围内达到最大。

8）调节水平扫描范围旋钮，使被测信号在荧光屏上显示 1～3 个完整波形。

9）如果显示波形不稳定，可调节触发电平旋钮。

10）调节 CH1 位移旋钮、水平位移旋钮，使波形位于方便读数的位置。

（2）读数

1）幅值的测量。

① 读出垂直方向（波形的底部到顶部）之间的格数（大格 + 小格 ×0.2）；

② 下面公式可计算被测信号的峰-峰电压值（V_{p-p}）：

V_{p-p} = 垂直方向的格数 × 垂直偏转因数 × 探头衰减比值（mV 或 V/DIV）。

2）扫描时间（周期）的测量。

① 读出水平方向两点之间的格数（大格 + 小格 ×0.2）；

② 按下面公式计算被测信号的扫描时间：

T = 水平方向两点之间的格数 × 扫描时间因数（ms 或 μs/DIV）。

注意：若扫描扩展按键按下时，读数应除以 10。

如果 $V_{p-p}\neq 2V$，$f\neq 1kHz$，分别调节 CH1 垂直灵敏度微调旋钮和水平微调旋钮，使显示波形为校正波形。

4. 探头

图 3-6 所示为示波器的探头。示波器探头的衰减比有 10∶1 和 1∶1，使用衰减比为 10∶1 时的输入阻抗为 10MΩ，输入电容约 16pF。衰减比为 1∶1时用于观察小信号，此时输入阻抗为 1MΩ，输入电容约 70pF。

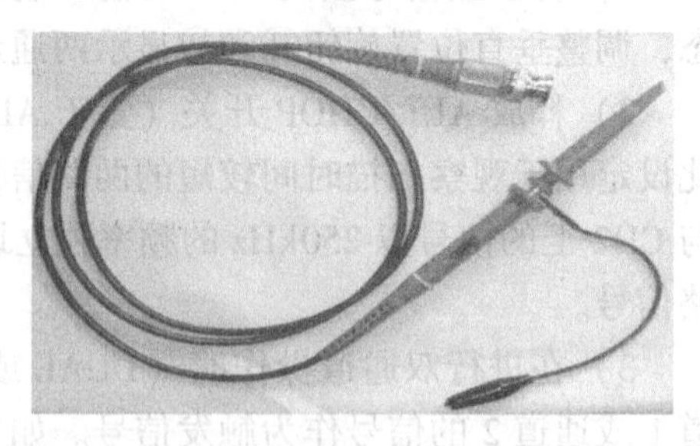
图 3-6　示波器的探头

5. 示波器测量信号的参数

利用示波器测量信号的参数必须在示波器校准后进行。

(1) 电压测量

1) 直流电压测量步骤：

① 将待测信号送至 CH1 或 CH2 的输入端；

② 将输入耦合开关（AC－GND－DC）扳至“GND”位置，显示方式置于“AUTO”位置；

③ 旋转“扫描范围”开关和辉度旋钮，使荧光屏上显示一条亮度适中的时基线；

④ 调节示波器的垂直位移旋钮，使得时基线与一水平刻度线重合，此线的位置作为零电平参考基准线；

⑤ 把输入耦合开关置于“DC”位置，此时就可以在荧光屏上按刻度进行读数了。

2) 交流电压测量步骤：

注意：示波器不得测量强电。

① 将待测信号送至 CH1 或 CH2 的输入端；

② 把输入耦合开关置于“AC”位置；

③ 调整垂直衰减开关（V/DIV）于适当位置；

④ 分别调整水平扫描范围和触发同步系统的有关开关，使荧光屏上能显示一个周期以上的稳定波形，此时就可以在荧光屏上按刻度进行读数了。

(2) 时间测量

1) 将待测信号送至 CH1 或 CH2 输入端。

2) 调整垂直衰减开关（V/DIV）于适当位置，使荧光屏上显示的波形幅度适中。

3) 选择适当的扫描范围，使被测信号的周期占有较多的格数。

4) 调整“触发电平”或触发选择开关，显示出清晰、稳定的信号波形，此时就可以在荧光屏上按刻度进行读数了。

6. 示波器使用注意事项

示波器只准测量信号源，不准直接测量电源。示波器使用过程中不能频繁开、关机，若暂停操作可将辉度关暗，并将扫描时间调大，使光点缓慢移动，达到保护屏幕的效果。

【任务准备】

1. 制订计划

各小组在组长带领下，集体讨论，制订工作计划，合理安排工作进程。根据所学理论知识和操作技能，结合任务目标及任务引导，填写工作计划。常用电子仪器的使用工作计划如表 3-2 所示。

表 3-2　常用电子仪器的使用工作计划

工作时间	共______课时	审核：______
任务实施步骤	1.	
	2.	
	3.	
	4.	
	5.	

2. 准备器材

（1）仪器准备　低频信号发生器、双踪示波器、交流毫伏表。常用电子仪器的使用仪器借用清单如表 3-3 所示。

表 3-3　常用电子仪器的使用仪器借用清单

借用组别：		借用人：		借出时间：		
序号	名称及规格	数量	归还人签名	归还时间	管理员签名	备注

（2）仪表、工具准备　万用表。

【任务实施】

1. 测量信号波形

各小组在组长带领下按照工作计划，完成以下工作任务。

注意：如无交流毫伏表，可用万用表交流电压档代替，相应的工作任务应适当调整。

1）接通信号发生器电源，将其函数开关置于正弦波，输出衰减开关分别置于 0dB、−30dB的位置上，调节输出电压幅度旋钮“AMPLITUDE”，用交流毫伏表测量输出电压的变化范围，并将测量结果记入表 3-4 中。

表 3-4 电压测量值

信号发生器 输出衰减开关位置	0dB	-30dB
交流毫伏表量程		
输出电压变化范围		

2）将示波器电源接通。预热后，调节“辉度”“聚焦”“X 轴位移”“Y 轴位移”等旋钮，使荧光屏上出现扫描线。

3）校准示波器。用探头连接示波器的校准信号，调节“扫描微调”旋钮、“垂直灵敏度微调”旋钮，使示波器荧光屏出现 $V_{p-p}=2V$、$f=1kHz$ 的方波信号。示波器一旦校准后，微调旋钮不要再动。

4）调节信号发生器，使其输出电压为 1V、频率为 1kHz。按图 3-7 所示连接线路（交流毫伏表量程为 3V，信号发生器不衰减，即 0dB）。

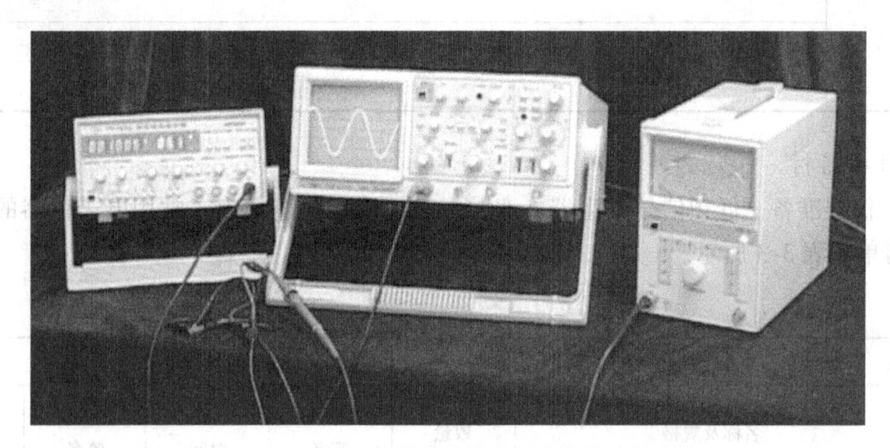

图 3-7 示波器、信号发生器及交流毫伏表的连接

5）用示波器观察信号电压波形，调节“Y 轴衰减”旋钮，使荧光屏显示的电压波形的峰-峰值占 5 格左右。调节“扫描范围”旋钮，使荧光屏上分别显示出 1、3、5 个完整、稳定的正弦波。

6）切换信号发生器的函数开关，改变输出波形的类型。将观察到的正弦波、三角波、方波的波形描绘在表 3-5 中。

表 3-5 波形图

正 弦 波	三 角 波	方 波

7）切换信号发生器的频率开关，改变信号的频率，调节示波器“扫描范围”旋钮，使波形清晰地显示在荧光屏上。

8）用信号发生器输出如表 3-6 所要求的信号，用交流毫伏表测量其电压大小，用示波器观察波形并测量其电压大小和频率，将各仪器的读数记入表 3-6 中。

在测量幅值时，应注意“扩展”旋钮的位置。

根据被测波形在屏幕坐标刻度上垂直方向所占的格数（DIV）与“垂直衰减”旋钮指示值（V/DIV）的乘积，即可算得信号幅值的实测值。

根据被测信号波形一个周期在屏幕坐标刻度水平方向所占的格数（DIV）与“扫描范围”旋钮指示值（V/DIV）的乘积，即可算得信号周期的实测值，再根据周期和频率的倒数关系算出该信号的频率。

表 3-6　正弦信号测量记录表

<table>
<tr><td colspan="2" rowspan="2">正 弦 信 号</td><td>频率/kHz</td><td>1</td><td>20</td></tr>
<tr><td>有效值/V</td><td>1</td><td>2</td></tr>
<tr><td rowspan="3">信号发生器</td><td colspan="2">输出衰减选择</td><td>0dB</td><td>0dB</td></tr>
<tr><td colspan="2">频段选择</td><td></td><td></td></tr>
<tr><td colspan="2">输出信号频率</td><td></td><td></td></tr>
<tr><td rowspan="2">交流毫伏表</td><td colspan="2">档级</td><td></td><td></td></tr>
<tr><td colspan="2">电压测量值</td><td></td><td></td></tr>
<tr><td rowspan="4">示波器</td><td colspan="2">V/DIV 档级</td><td></td><td></td></tr>
<tr><td colspan="2">电压测量值（峰-峰值）</td><td></td><td></td></tr>
<tr><td colspan="2">T/DIV 档级</td><td></td><td></td></tr>
<tr><td colspan="2">频率测量值</td><td></td><td></td></tr>
</table>

2. 工作岗位 6S 活动

工作任务完成后，各工作组关闭工作台上所有仪器、仪表的电源，拆下测量线和连接导线，归还借用的工具、仪器、仪表。组长组织组员开展工作岗位的“整理、整顿、清扫、清洁、安全、素养”6S 活动。

3. 思考与讨论

（1）示波器的信号输入方式有哪三种？各自是什么含义？

（2）如何对示波器进行校准？

【任务评价】

师生将任务评价结果填在表 3-7 中。

表 3-7 常用电子仪器的使用评价表

班级：＿＿＿＿＿＿ 小组：＿＿＿＿＿＿ 姓名：＿＿＿＿＿＿ 学号：＿＿＿＿＿＿		指导教师：＿＿＿＿＿＿ 日　期：＿＿＿＿＿＿				
评价项目	评价内容	评价方式			权重	得分小计
		学生自评 15%	小组互评 25%	教师评价 60%		
职业素养	1. 遵守规章制度、劳动纪律 2. 人身安全与设备安全 3. 完成工作任务的态度 4. 完成工作任务的质量及时间 5. 团队合作精神 6. 工作岗位“6S”处理				0.3	
专业能力	1. 能使用信号发生器、交流毫伏表 2. 能对示波器进行校准 3. 能用示波器观察信号波形及读取波形参数				0.5	
创新能力	1. 熟悉示波器的校准过程 2. 对示波器等常用电子仪器的使用有独到的见解和方法				0.2	
综合评价	总分					
	教师点评					

【知识拓展】

示波器的工作原理

一、示波器的基本结构

示波器的种类很多，但它们都包含下列基本组成部分，如图 3-8 所示。

1. 主机

主机包括示波管及其所需的各种直流供电电路，在面板上的控制旋钮有：辉度、聚焦、水平位移、垂直位移等。

2. 垂直通道

垂直通道主要用来控制电子束按被测信号的幅值大小在垂直方向上的偏移。它包括 Y 轴衰减器、Y 轴放大器和配用的高频探头。通常示波管的偏转灵敏度比较低，因此在一般情况下，被测信号往往需要通过 Y 轴放大器放大后加到垂直偏转板上，才能在屏幕上显示出

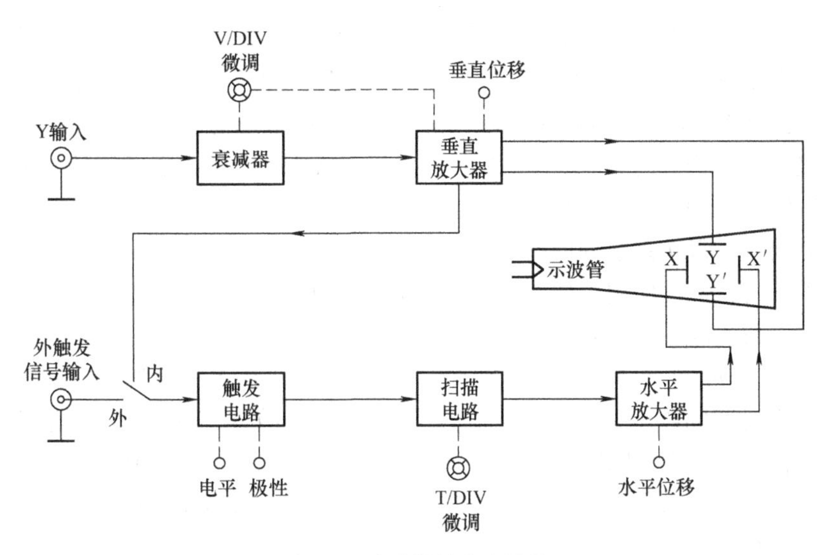

图 3-8　示波器的基本结构

一定幅度的波形。Y 轴放大器提高了示波管 Y 轴偏转灵敏度。为了保证 Y 轴放大不失真，加到 Y 轴放大器的信号不宜太大，但是实际的被测信号幅度往往在很大范围内变化，此时 Y 轴放大器前还必须加 Y 轴衰减器，以适应观察不同幅度的被测信号。示波器面板上设有“Y 轴衰减器”（通常称“Y 轴灵敏度选择”开关）和“Y 轴增益微调”旋钮，分别调节 Y 轴衰减器的衰减量和 Y 轴放大器的增益。

对 Y 轴放大器的要求是：增益大，频响好，输入阻抗高。

为了避免杂散信号的干扰，被测信号一般都通过同轴电缆或带有探头的同轴电缆加到示波器 Y 轴输入端。但必须注意，被测信号通过探头时幅值将衰减（或不衰减），其衰减比为 10 ∶ 1（或1 ∶ 1）。

3. 水平通道

水平通道主要是控制电子束按时间值在水平方向上偏移，主要由扫描发生器、水平放大器和触发电路组成。

（1）扫描发生器　扫描发生器又叫锯齿波发生器，用来产生频率调节范围宽的锯齿波，作为 X 轴偏转板的扫描电压。锯齿波的频率（或周期）调节是由“扫描速率选择”开关和“扫描微调”旋钮控制的。使用时，调节“扫描速率选择”开关和“扫描微调”旋钮，使其扫描周期为被测信号周期的整数倍，保证屏幕上显示稳定的波形。

（2）水平放大器　其作用与垂直放大器一样，将扫描发生器产生的锯齿波放大到 X 轴偏转板所需的数值。

（3）触发电路　用于产生触发信号以实现触发扫描的电路。为了扩展示波器应用范围，一般示波器上都设有触发源控制开关、触发电平与极性控制旋钮和触发方式选择开关等。

二、示波器的双踪显示

1. 双踪显示原理

示波器的双踪显示是依靠电子开关的控制作用来实现的。

电子开关由“显示方式”开关控制，共有五种工作状态，即 Y1、Y2、Y1 + Y2、交替、断续。当开关置于“交替”或“断续”位置时，荧光屏上便可同时显示两个波形。当开关置于“交替”位置时，电子开关的转换频率受扫描系统控制，工作过程如图 3-9 所示。即电子开关首先接通 Y2 通道，进行第一次扫描，显示由 Y2 通道送入的被测信号的波形；然后电子开关接通 Y1 通道，进行第二次扫描，显示由 Y1 通道送入的被测信号的波形；接着再接通 Y2 通道……这样便轮流地对 Y2 和 Y1 两通道送入的信号进行扫描、显示。由于电子开关转换速度较快，每次扫描的回扫线在荧光屏上又不显示出来，借助于荧光屏的余辉作用和人眼的视觉暂留特性，使用者便能在荧光屏上同时观察到两个清晰的波形。这种工作方式适用于观察频率较高的输入信号场合。

当开关置于“断续”位置时，相当于将一次扫描分成许多个相等的时间间隔。在第一次扫描的第一个时间间隔内显示 Y2 信号波形的某一段；在第二个时间间隔内显示 Y1 信号波形的某一段；以后各个时间间隔轮流地显示 Y2、Y1 两信号波形的其余段，经过若干次断续转换，使荧光屏上显示出两个由光点组成的完整波形，如图 3-10a 所示。由于转换的频率很高，光点靠得很近，其间隙用肉眼几乎分辨不出，再利用消隐的方法使两通道间转换过程的过渡线不显示出来，如图 3-10b 所示，因而同样可达到同时清晰地显示两个波形的目的。这种工作方式适合于输入信号频率较低时使用。

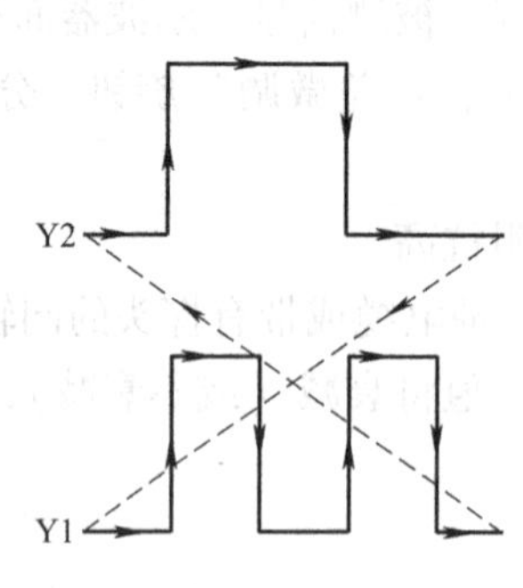

图 3-9　交替方式显示波形

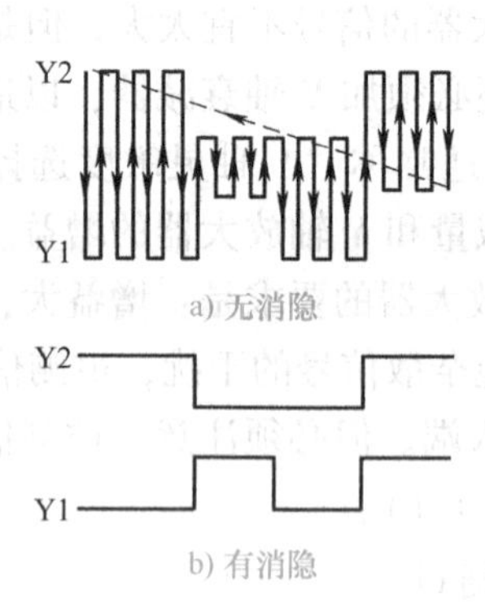

图 3-10　断续方式显示波形

2. *触发扫描*

在普通示波器中，X 轴的扫描总是连续进行的，称为“连续扫描”。为了能更好地观测各种脉冲波形，在脉冲示波器中，通常采用“触发扫描”。采用这种扫描方式时，扫描发生器将工作在待触发状态。它仅在外加触发信号作用下，时基信号才开始扫描，否则便不扫描。这个外加触发信号通过触发选择开关分别取自“内触发”（Y 轴的输入信号经由内触发放大器输出触发信号），也可取自“外触发”输入端的外接同步信号。其基本原理是利用这些触发脉冲信号的上升沿或下降沿来触发扫描发生器，产生锯齿波扫描电压，然后经 X 轴放大后送 X 轴偏转板进行光点扫描。适当地调节“扫描速率”开关和“电平”调节旋钮，能方便地在荧光屏上显示具有合适宽度的被测信号波形。

【习题】

一、填空题

1. 示波器主要由________、________和显示屏三大部分组成。

2. 在没有信号输入时，仍有水平扫描线，这时示波器工作在________状态；若工作在________状态，则无信号输入时就没有扫描线。

3. 示波器是电子电路实训中使用最频繁的仪器之一，用来观察信号________和对信号进行________。信号参数主要指________、________及________三项。

4. CH1、CH2 分别表示____。

5. V/DIV 是输入信号________选择旋钮，用来改变 CH1 通道信号的________大小。

二、判断题（在括号内用“√”和“×”表明下列说法是否正确）

1. 示波器探头的作用是将被测信号引入示波器，没有规格型号要求。　（　　）

2. 在双踪示波器中，交替方式适合于观测两路低频信号，断续方式适合于观测两路高频信号。　（　　）

3. 示波器的触发扫描方式特别适合于观测脉冲信号。　（　　）

4. 如果显示波形不稳定，可调节触发电平旋钮。　（　　）

5. 示波器可以测量 220V 交流电。　（　　）

三、选择题

1. 将低频信号发生器的“输出衰减”旋钮置于 60dB 时，调节“输出细调”旋钮使指示电压表的读数为 5V，则实际输出电压为（　　）。

A. 5mV　　B. 50mV　　C. 5V　　D. 500mV

2. 低频信号发生器输出信号的频率范围一般为（　　）。

A. 0～20Hz　　B. 20～200kHz　　C. 50～100Hz　　D. 100～200Hz

3. 用普通示波器观测频率为 1kHz 的被测信号，若需在荧光屏上显示出 5 个完整的周期波形，则扫描频率应为（　　）Hz。

A. 200　　B. 2000　　C. 1000　　D. 5000

4. 调节普通示波器“X 轴位移”旋钮可以改变光点在（　　）。

A. 垂直方向的幅度　　B. 水平方向的幅度

C. 垂直方向的位置　　D. 水平方向的位置

5. 有同学用示波器观察三角波，发现波形缓缓地从左向右移，已知示波器良好，调节以下哪部分旋钮可能解决？（　　）

A. 垂直偏转灵敏度粗调（V/DIV）　　B. 扫描速率粗调（T/DIV）

C. 聚焦、亮度　　D. 触发电平、触发源选择

6. 用示波器测量某信号发生器产生的信号，发现测量值与信号发生器的标称值相差很大，产生原因不可能是（　　）。

A. 使用的探头不匹配

B. 信号发生器的标称值是在阻抗匹配下而非空载时的电压值

C. 示波器的微调旋钮没有校准

D. 示波器的输入耦合方式选择不正确

四、简答题

示波器使用时需要注意哪些事项？

任务二　小功率音频放大器的装调

【任务目标】

1. 理解分压式射极偏置放大电路的组成及工作原理。
2. 掌握放大电路的安装、调试及简单故障的排除方法。
3. 观察放大器对信号的放大过程及静态工作点对输出电压波形的影响。
4. 培养独立分析、自我学习及团队合作的能力。

【任务引导】

放大电路又称为放大器，它的作用就是利用具有放大特性的电子元器件（如晶体管）把微弱的电信号转变为较强的电信号，以推动负载工作。放大电路已广泛地应用在通信、广播、雷达、电视、自动控制等各种装置中。

校园广播中心监听用的小功率音频放大器可采用分压式偏置放大电路，如图 3-11 所示。本任务要求在理解该电路工作原理的基础上，在铆钉板上或万能板上装接电路，并且利用仪器、仪表、工具进行调试和检测。

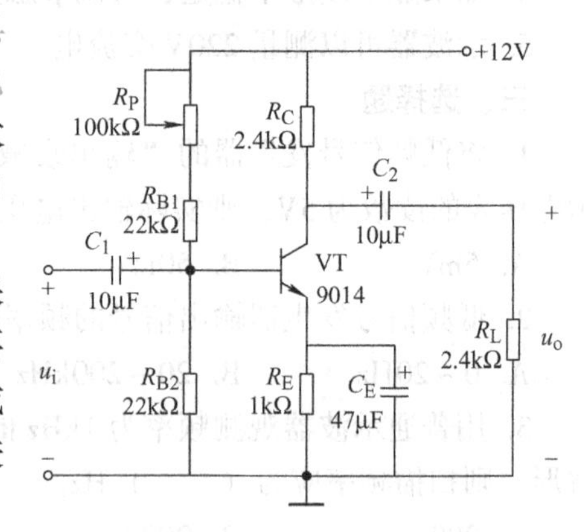

图 3-11　小功率音频放大器

【相关知识】

图 3-12 所示为放大器的基本结构，输入端接信号源，输出端接负载。图中的负载电阻 R_L 一般不是一个实际的电阻，它可能是某种用电设备，如仪表、扬声器、显示器、继电器或下一级放大电路等。信号源也可能是一级放大电路，其中 u_s 为信号源电压，R_s 为信号源内阻。

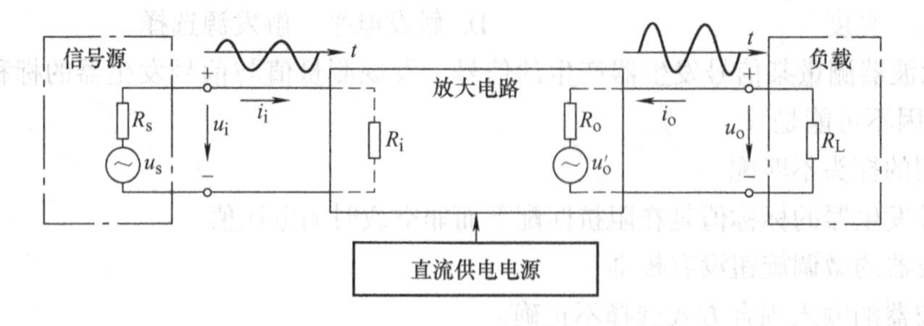

图 3-12　放大器的基本结构

放大电路的种类繁多，可按照不同的方法进行分类，如表 3-8 所示。

表 3-8　放大器的分类

分类方法	种　类	应　用
信号的大小	小信号放大器	位于多级放大电路的前级，专门用于小信号的放大
	大信号放大器	位于多级放大电路的后级，如功率放大器，专门用于大信号的放大
所放大的信号频率	直流放大器	专门用于放大直流信号和变化缓慢的信号，集成电路采用的就是直流放大器
	低频放大器	专门用于低频信号的放大
	高频放大器	专门用于高频信号的放大
晶体管的连接方式	共射极放大器	最常用的放大器，具有电压和电流放大能力，是唯一能够同时放大电流和电压的放大器
	共集电极放大器	常用放大器，只有电流放大能力，没有电压放大能力，又称为射极输出器或射极跟随器
	共基极放大器	用于高频放大电路中，只有电压放大能力，没有电流放大能力，很少用
元器件集约程度	分立元器件放大器	是由单个分立的元器件组成的电子电路
	集成放大器	将电子元器件和连线按照电子电路的连接方法，集中制作在一小块晶片上

一、分压式射极偏置放大电路的组成

图 3-13 所示为分压式射极偏置放大电路，它是典型的常用放大电路，其静态工作点稳定，可实现电流和电压的放大。

1. 各元器件的作用

晶体管 VT——起电流放大作用，是放大电路的核心。

直流稳压电源 V_{CC}——提供能源、偏置电压。

偏置电阻 R_{B1}、R_{B2}——组成分压电路，提供静态偏置电流。

集电极电阻 R_C——实现电压的放大作用。

耦合电容 C_1 和 C_2——隔直通交。

射极电阻 R_E——调节射极电位，使静态电流 I_{CQ} 稳定。

射极电容 C_E——尽量使交流分量少通过 R_E 产生压降。

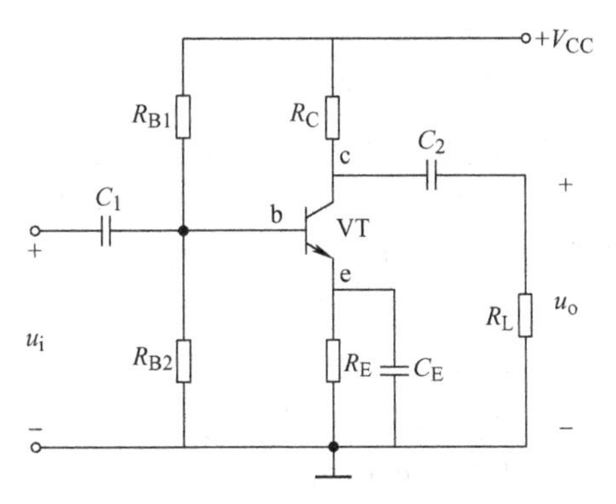

图 3-13　分压式射极偏置放大电路

2. 放大器中电压、电流符号及正方向的规定

在没有信号输入时，放大器中晶体管各电极电压、电流均为直流。当有信号输入时，电路中的直流稳压电源和信号源共同作用，电路中的电压和电流是两者单独作用时产生的电压、电流的叠加量（即直流分量和交流分量的叠加）。为了清楚地表示不同的物理量，本书将电路中出现的有关电量的符号列举出来，如表 3-9 所示。

表 3-9 电压、电流符号的规定

物理量	表示符号
直流量	用大写字母带大写下标，如 I_B、I_C、I_E、U_{BE}、U_{CE}
交流量（瞬时值）	用小写字母带小写下标，如 i_b、i_c、i_e、u_{be}、u_{ce}、u_i、u_o
交直流叠加量	用小写字母带大写下标，如 i_B、i_C、i_E、u_{BE}、u_{CE}
交流分量的有效值	用大写字母带小写下标，如 I_b、I_c、I_e、U_{be}、U_{ce}

电压的正方向用“+”“-”表示，电流的正方向用箭头表示。

二、静态工作点

1. 什么是静态工作点（Q 点）

所谓静态是指放大器在没有交流信号输入（即 $u_i=0$）时的工作状态。这时晶体管的基极电流 I_B、集电极电流 I_C、基极与发射极间的电压 U_{BE} 和集电极与发射极间的电压 U_{CE} 的值叫静态值。这些静态值分别在输入、输出特性曲线上对应着一点 Q，如图 3-14 所示，称为静态工作点，简称 Q 点。由于 U_{BE} 基本是恒定的，所以在讨论静态工作点时主要考虑 I_B、I_C 和 U_{CE} 三个量，并分别用 I_{BQ}、I_{CQ} 和 U_{CEQ} 表示。

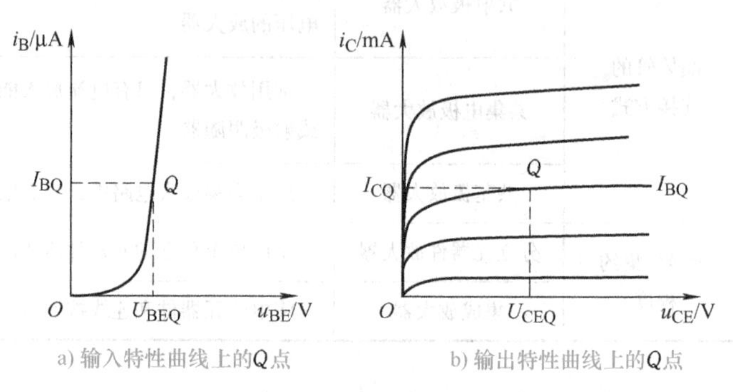

a) 输入特性曲线上的Q点　b) 输出特性曲线上的Q点

图 3-14 静态工作点

2. 静态工作点的近似估算

放大电路常用的分析方法有近似估算法和图解分析法，各种方法都有各自的优点和局限性。下面以分压式射极偏置放大电路为例，着重介绍估算法和图解法的运用，这些方法具有普遍的意义。对于更复杂的电路，也可以遵循这些方法进行分析。

所谓近似估算法，就是利用公式通过近似计算来分析放大器性能的方法。在分析低频小信号放大器时，一般采用估算法较为简便。

经过推导，分压式射极偏置放大电路的静态工作点可用如下公式近似估算。

静态基极电位为

$$U_{BQ} \approx \frac{R_{B2}}{R_{B1}+R_{B2}} V_{CC}$$

静态发射极电流为

$$I_{EQ} \approx \frac{U_{EQ}}{R_E} = \frac{U_{BQ}-U_{BEQ}}{R_E}$$

静态集电极电流为

$$I_{CQ} \approx I_{EQ}$$

静态基极偏置电流为

$$I_{BQ} = \frac{I_{CQ}}{\beta}$$

静态集电极电压为

$$U_{CEQ}=V_{CC}-I_{CQ}(R_C+R_E)$$

3. 用图解分析法分析放大电路的静态工作点

所谓图解分析法，就是利用晶体管的输入、输出特性曲线和电路参数，通过作图来分析放大器性能的方法。下面以一个例子说明如何利用图解法求解电路的静态工作点。

例 3-1　在分压式射极偏置放大电路中，已知 $I_{BQ}=30\mu A$，$V_{CC}=12V$，$R_C=2k\Omega$，$R_E=1k\Omega$，晶体管的输出特性曲线如图 3-15 所示。试利用图解法求解电路的静态工作点。

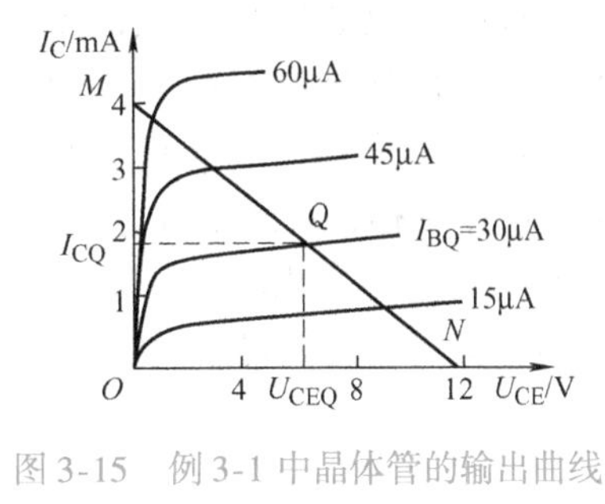

图 3-15　例 3-1 中晶体管的输出曲线

解：(1) 在输出特性曲线簇中找到 $I_{BQ}=30\mu A$ 对应的曲线。

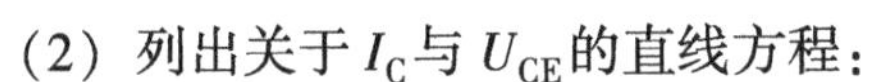

(2) 列出关于 I_C 与 U_{CE} 的直线方程：

由 $U_{CE}=V_{CC}-I_C(R_C+R_E)$

得 $U_{CE}=12-3I_C$

画直流负载线 MN：

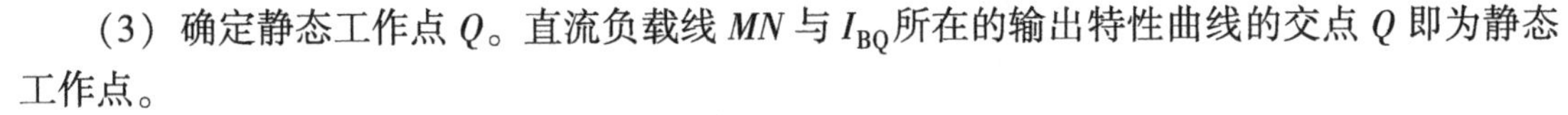

M 点：令 $U_{CE}=0$，$I_C=V_{CC}/(R_C+R_E)=(12/3)mA=4mA$（坐标为（0，4））

N 点：令 $I_C=0$，$U_{CE}=V_{CC}=12V$（坐标为（12，0））

(3) 确定静态工作点 Q。直流负载线 MN 与 I_{BQ} 所在的输出特性曲线的交点 Q 即为静态工作点。

根据 Q 点坐标可得　　$I_{CQ}\approx 2mA$，$U_{CEQ}\approx 6V$

4. 设置合适的静态工作点

信号在放大过程中，总是希望信号的幅值得到增大而信号的波形不变。若输出波形和输入波形不完全一致，通常把这种情况称为波形失真。波形失真包括饱和失真和截止失真，它与静态工作点的设置有关，如图 3-16 所示。

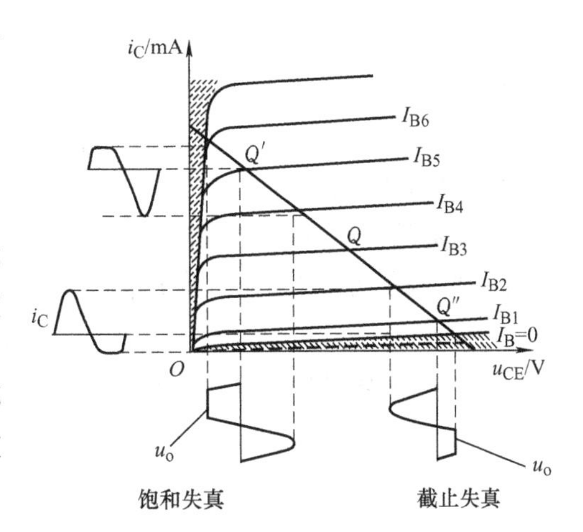

图 3-16　波形失真和静态工作点的关系

由于 Q 点偏高，输入信号的正半周有一部分进入饱和区，使 i_C 的正半周和 u_o 的负半周被部分削平，这一现象称为饱和失真。

由于 Q 点偏低，输入信号的负半周有一部分进入截止区，使 i_C 的负半周和 u_o 的正半周被部分削平，这一现象称为截止失真。

为使输出信号电压尽可能大而且不失真，必须使工作点在线性区域内变化。

要使工作点有较大的动态范围，通常将静态工作点设置在负载线中点的附近，这样可输出最大不失真信号，如图 3-17 所示。

5. 影响静态工作点的主要因素

当环境温度变化、电源电压波动或更换晶体管时，都有可能使放大电路原来设置的静态工作点改变，严重时会使放大电路不能正常工作。

在影响静态工作点稳定的各种因素中，温度是主要因素。当环境温度改变时，晶体管的参数会发生变化，特性曲线也会发生相应的变化。图 3-18 所示为 3AX31 型晶体管在25℃和45℃两种情况下的输出特性曲线。当温度升高时，Q 点上移，易发生饱和失真；反之，Q 点下移，易发生截止失真。

要使在温度变化时，保持静态工作点稳定不变，可采用分压式射极偏置放大电路。

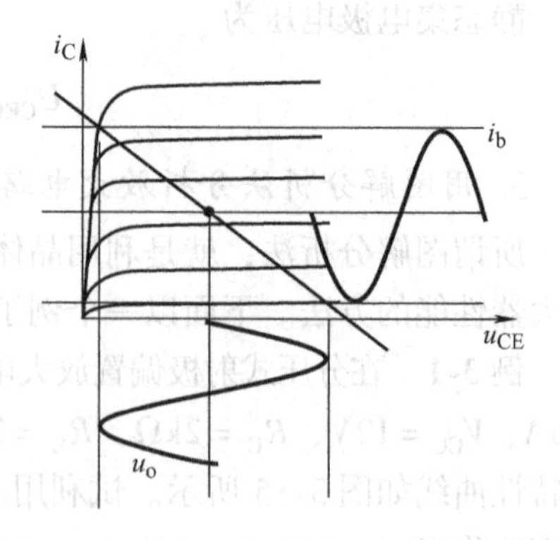

图 3-17　静态工作点设置在负载线中点

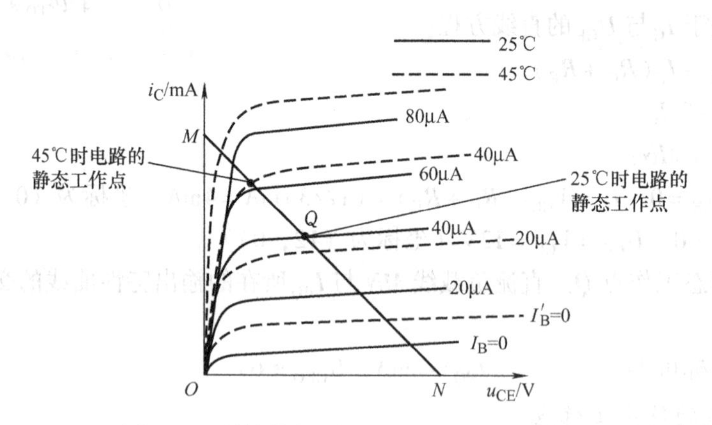

图 3-18　晶体管在不同温度时的输出特性曲线

三、分压式射极偏置放大电路稳定静态工作点的原理

分压式射极偏置放大电路为什么能使静态工作点基本上维持恒定呢？

从物理过程来看，如果温度升高，Q 点上移，I_{CQ}（I_{EQ}）将增加，而 U_{BQ} 是由电阻 R_{B1}、R_{B2} 分压固定的，I_{EQ} 的增加将使外加于晶体管的 $U_{BEQ}=U_{BQ}-I_{EQ}R_E$ 减小，从而使 I_{BQ} 自动减小，结果限制了 I_{CQ} 的增加，使 I_{CQ} 基本恒定。以上变化过程可表示为：

$$温度升高(t\uparrow)\rightarrow I_{CQ}\uparrow\rightarrow I_{EQ}\uparrow\xrightarrow{U_{BQ}\text{固定}}U_{BEQ}=(U_{BQ}-I_{EQ}R_E)\downarrow\rightarrow I_{BQ}\downarrow\rightarrow I_{CQ}\downarrow$$

分压式射极偏置放大电路能稳定静态工作点的实质是利用发射极电阻 R_E，将电流 I_{EQ} 的变化转换为电压的变化，加到输入回路，通过晶体管基极电流 I_{BQ} 的控制作用，使静态电流 I_{CQ} 稳定不变，从而使静态工作点稳定不变。

四、电路对信号的放大及反相作用

通过理论分析和示波器的实际观察可知，分压式射极偏置放大电路输出信号电压 u_o 的

幅度比输入信号电压 u_i 大，说明放大器实现了信号的电压放大。u_o 与 u_i 相位相反，这称为共射极放大器的“反相”作用，如图 3-19 所示。

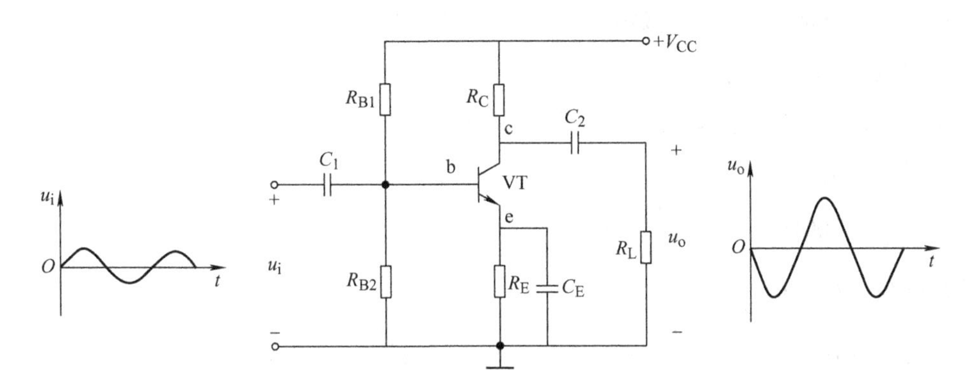

图 3-19　分压式射极偏置放大电路对信号的放大和反相作用

从本质上说，放大电路的电压放大作用是一种能量的转换作用，即在很小的输入信号功率控制下，将电源的直流功率转变成较大的输出信号功率。

五、放大电路的技术指标

1. 静态指标——静态工作点（I_{BQ}、I_{CQ}、U_{CEQ}）

这是放大电路不失真放大交流信号的条件。

2. 动态指标——放大倍数、输入电阻、输出电阻等

这是反映放大电路优劣的指标。

（1）电压放大倍数 A_u　放大电路的电压放大倍数是指放大器的输出电压与输入电压的比值，它反映放大电路对信号的放大能力，即 $A_u=\frac{u_o}{u_i}$。

（2）输入电阻 R_i　输入电阻指从放大器的输入端看进去的交流等效电阻，如图 3-20 所示。

一般情况下，希望放大电路的输入电阻尽可能大些，这样，向信号源（或前一级电路）汲取的电流小，有利于减轻信号源的负担，使送到放大电路的输入端的信号尽可能大。

（3）输出电阻 R_o　输出电阻指从放大器输出端看进去的交流等效电阻，如图 3-21 所示。

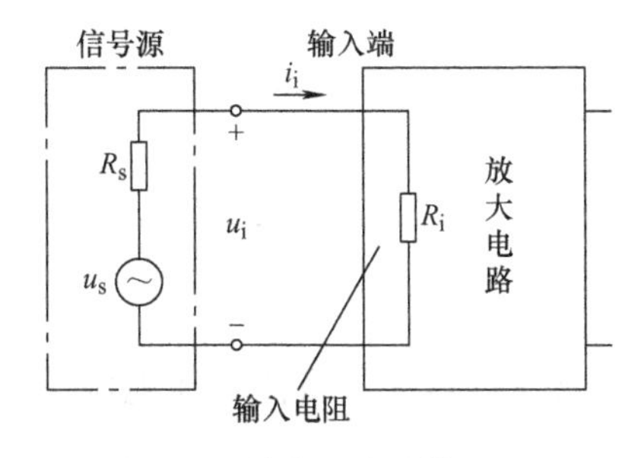

图 3-20　放大电路的输入电阻

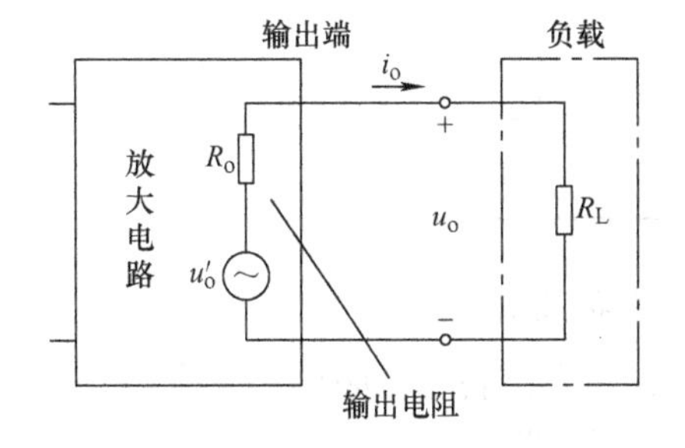

图 3-21　放大器的输出电阻

对于负载来说，放大电路是向负载提供信号的信号源，放大器的输出电阻是信号源的内阻，当负载发生变化时，输出电压发生相应的变化，放大电路带负载能力差。因此，为了提高放大电路的带载能力，应设法降低放大电路的输出电阻。

3. 放大电路动态指标（参数）的计算

经推导，可得到分压式射极偏置放大电路动态指标的计算公式。

输入电阻：$R_i \approx r_{be}$

式中，$r_{be} = 300\Omega + (1+\beta)\dfrac{26\text{mV}}{I_{EQ}}$。

输出电阻：$R_o \approx R_C$

电压放大倍数：$A_{uo} = -\beta\dfrac{R_C}{r_{be}}$（空载）　$A_{uL} = -\beta\dfrac{R'_L}{r_{be}}$（带载）

式中，$R'_L = \dfrac{R_C R_L}{R_C + R_L}$。

【任务准备】

1. 制订计划

各小组在组长带领下，集体讨论，制订工作计划，合理安排工作进程。根据所学的理论知识和操作技能，结合任务目标及任务引导，填写工作计划。小功率音频放大器的装调工作计划如表 3-10 所示。

表 3-10　小功率音频放大器的装调工作计划

工作时间	共______课时	审核：______
任务实施步骤	1.	
	2.	
	3.	
	4.	
	5.	

2. 准备器材

（1）仪器准备　低频信号发生器、双踪示波器、交流毫伏表、直流稳压电源。小功率音频放大器的装调借用清单如表 3-11 所示。

表 3-11　小功率音频放大器的装调借用清单

借用组别：　　　　借用人：　　　　借出时间：

序号	名称及规格	数量	归还人签名	归还时间	管理员签名	备注

（2）仪表、工具准备 万用表、电烙铁、烙铁架、尖嘴钳、斜口钳、镊子。

（3）耗材领取　小功率音频放大器的装调耗材领取清单如表 3-12 所示。

表 3-12　小功率音频放大器的装调耗材领取清单

领料组：　　　　领料人：　　　　领料时间：

序号	名称及规格	每人数量	小组数量	是否归还	归还人签名	管理员签名	备注

【任务实施】

各小组在组长带领下按照工作计划，完成以下工作任务。

1. 画电路图

参考图 3-11，画出小功率音频放大器的电路图。

2. 元器件的检测

用万用表检测电路所需的元器件，并将检测结果记录在表 3-13 中。

表 3-13　小功率音频放大器元器件的检测表

元器件代号	元器件名称	型号或标称值	检测结果	质　量
VT				
R_P				
R_{B1}				
R_{B2}				

（续）

元器件代号	元器件名称	型号或标称值	检 测 结 果	质　量
R_C				
R_E				
R_L				
C_1				
C_2				
C_E				

3. 电路的装配及焊接

（1）元器件布局的原则　应保证电路性能指标的实现，应便于布线，应满足结构工艺的要求，有利于设备的装配、调试和维修。

（2）元器件排列的方法及要求

1）元器件的标志应易于辨认，使其可按照从左到右、从下到上的顺序读出。

2）元器件的极性不得装错。

3）安装高度应符合规定要求，同一规格的元器件应尽量安装在同一高度上。

4）安装顺序一般为先低后高，先轻后重，先易后难，先一般元器件后特殊元器件。

5）元器件在印制板上的分布应尽量均匀，疏密一致，排列整齐美观。不允许斜排、立体交叉和重叠排列。

（3）电路焊接要求

1）检查电路元器件是否接对，特别是有极性的晶体管、电解电容是否接反。

2）检查所有焊点，杜绝冷焊、漏焊及电路短路等现象。不允许出现漏焊、错焊、虚焊、冷焊等现象。

3）连接线不允许斜排、立体交叉和重叠排列。

4. 电路的调试及检测

（1）准备工作　校准示波器，并保持其垂直灵敏度微调旋钮和水平微调旋钮的位置，确保测试过程中读数的准确性。

（2）连接电路　调整直流稳压电源，使其输出为 +12V。按图 3-22 所示将放大器和直流稳压电源、示波器、信号发生器、交流毫伏表连接起来，检查无误后接通各台仪器的电源。

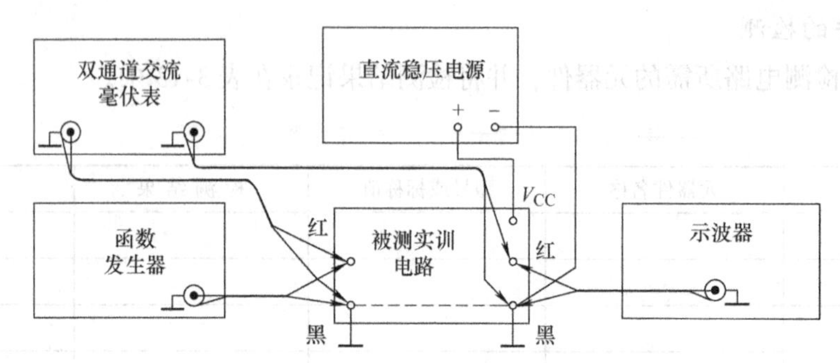

图 3-22　测试小功率音频放大器的连接图

（3）调整静态工作点　放大器输入频率为1 kHz正弦波信号，从0V开始逐渐增大输入信号的幅度，利用示波器观察输出信号波形。若出现波形失真，调整R_P，使输出不失真波形的幅度最大，这时放大器的静态工作点最为合适。

（4）测量静态工作点　断开信号源，将放大器输入端对地短路，用万用表直流电压档测出U_{BQ}、U_{EQ}、U_{CQ}。

根据$U_{BEQ}=U_{BQ}-U_{EQ}$计算U_{BEQ}，根据$U_{CEQ}=U_{CQ}-U_{EQ}$计算U_{CEQ}，根据$I_{CQ}\approx I_{EQ}=U_{EQ}/R_E$计算$I_{CQ}$，将测量及计算结果记入表3-14中。

表3-14　静态工作点的测量及计算

测量值			计算值		
U_{BQ}/V	U_{EQ}/V	U_{CQ}/V	U_{BEQ}/V	U_{CEQ}/V	I_{CQ}/mA

（5）观察并记录信号的放大情况　放大器输入1kHz正弦波信号，调整信号幅度旋钮，使其$U_{ip-p}=10$mV（示波器测出），用示波器观察输入、输出电压的波形，注意输出电压的波形不应出现失真，将观察到的波形及输出电压的峰-峰值记录在表3-15中，计算放大器的电压放大倍数。

表3-15　正常信号波形记录

$U_{ip-p}=$	$U_{op-p}=$	$A_u=-\dfrac{U_{op-p}}{U_{ip-p}}=$
观察并记录u_i、u_o的波形	u_i / O / t	u_O / O / t

（6）观察静态工作点对输出电压波形的影响　在上个实训步骤的基础上，按表3-16的要求进行调节，观察并记录输出电压的失真波形，并说明失真情况。

表3-16　失真信号波形记录

条　件	输出电压波形	失真情况
U_i不变，增大R_P	u_O / O / t	
U_i不变，减小R_P	u_O / O / t	
R_P不变，增大u_i	u_O / O / t	

5. 工作岗位6S活动

工作任务完成后，各工作组关闭工作台上所有仪器、仪表、工具的电源，拔掉电烙铁的插头，拆下测量线和连接导线，归还借用的仪器、仪表、工具。组长组织组员开展工作岗位的“整理、整顿、清扫、清洁、安全、素养”6S活动。

6. 思考及讨论

（1）在实训电路图中，以下各个元器件在电路中起什么作用？

VT：______

R_P：______

R_C：______

C_2：______

（2）电路调试时，如果出现 C_E 开路，会产生什么现象？

【任务评价】

师生将任务评价结果填在表3-17中。

表3-17　小功率音频放大器的装调评价表

<table>
<tr><td colspan="2">班级：______　小组：______
姓名：______　学号：______</td><td colspan="5">指导教师：______
日　期：______</td></tr>
<tr><td rowspan="2">评价项目</td><td rowspan="2">评价内容</td><td colspan="3">评价方式</td><td rowspan="2">权重</td><td rowspan="2">得分小计</td></tr>
<tr><td>学生自评 15%</td><td>小组互评 25%</td><td>教师评价 60%</td></tr>
<tr><td>职业素养</td><td>1. 遵守规章制度、劳动纪律
2. 人身安全与设备安全
3. 完成工作任务的态度
4. 完成工作任务的质量及时间
5. 团队合作精神
6. 工作岗位“6S”处理</td><td></td><td></td><td></td><td>0.3</td><td></td></tr>
<tr><td>专业能力</td><td>1. 理解分压式偏置放大电路的组成和工作原理
2. 元器件布局合理，电路板制作符合工艺要求
3. 熟悉元器件的检测、插装和焊接操作
4. 能用示波器、信号发生器、万用表等仪器仪表对电路进行调试和检测</td><td></td><td></td><td></td><td>0.5</td><td></td></tr>
<tr><td>创新能力</td><td>1. 理解放大电路技术指标的含义
2. 对电路的装接和调试有独到的见解和方法
3. 熟练使用示波器和信号发生器等仪器</td><td></td><td></td><td></td><td>0.2</td><td></td></tr>
<tr><td rowspan="2">综合评价</td><td>总分</td><td colspan="5"></td></tr>
<tr><td colspan="6">教师点评</td></tr>
</table>

【Multisim 仿真】

单管放大电路是模拟电路非常典型的入门电路，借助 Multisim 软件，读者可以十分方便地实现本任务学习要点的仿真，特别是直流分析、交流分析、静态工作点分析等。

一、仿真电路图

本任务的仿真电路如图 3-23 所示。

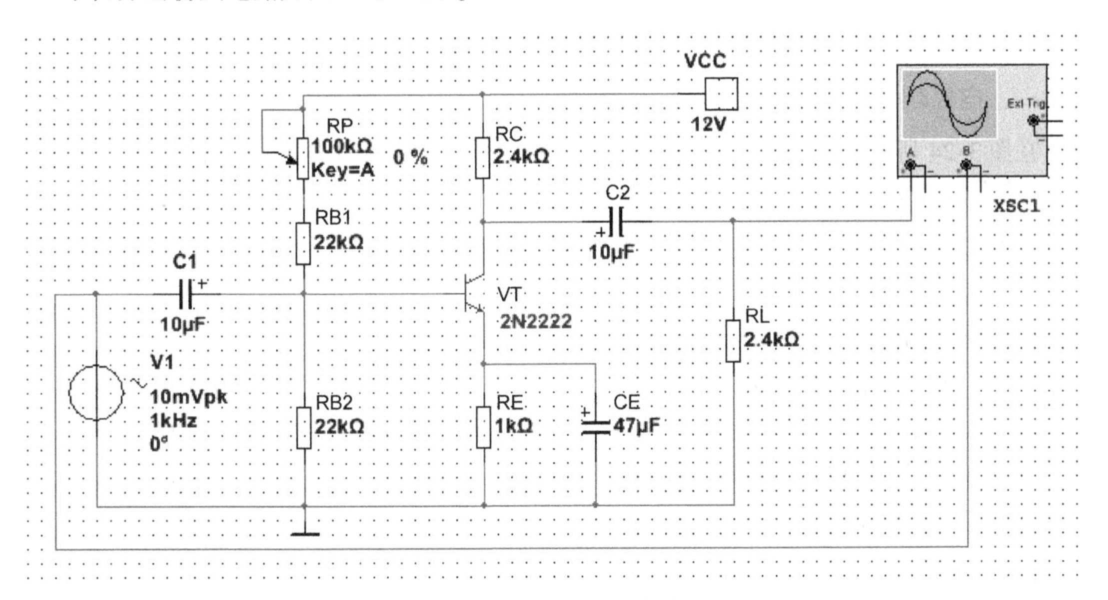

图 3-23　小功率音频放大器仿真电路图

二、元器件清单

小功率音频放大器仿真电路元器件清单如表 3-18 所示。

表 3-18　小功率音频放大器仿真电路元器件清单

序　号	描　述	编　号	数　量
1	BJT_NPN，2N2222	VT	1
2	CAP_ELECTROLIT，10μF	C1、C2	2
3	POTENTIOMETER，100kΩ	RP	1
4	RESISTOR，22kΩ	RB1、RB2	2
5	RESISTOR，2.4kΩ	RC、RL	2
6	RESISTOR，1kΩ	RE	1
7	CAP_ELECTROLIT，47μF	CE	1
8	POWER_SOURCES，VCC	VCC	1
9	AC_VOLTAGE，10mVpk　1kHz　0°	V1	1
10	POWER_SOURCES，GROUND	0	1

三、仿真提示

仿真时，用2N2222代替9014。读者可改变元器件参数，再观察波形，分析不同参数条件下电路性能。

【知识拓展】

射极输出器

一、电路组成

在图3-24所示的电路中，输出信号是从发射极取出，因此这种电路称为“射极输出器”。输入信号u_i经耦合电容C_1加到基极与“⊥”之间，输出信号由发射极与“⊥”之间经耦合电容C_2输出。射极输出器是共集电极放大电路。

二、射极输出器的特点

1. 输入电阻R_i大

在图3-24中，$R_i = r_{be} + (1+\beta)R_E$

由上式可知，射极输出器的输入电阻R_i比分压式射极偏置放大电路（共发射极放大电路）的输入电阻$R_i \approx r_{be}$要大得多。

2. 输出电阻R_o小

在图3-24中，$R_o = \dfrac{r_{be}}{\beta} /\!/ R_E \approx \dfrac{r_{be}}{\beta}$

由上式可知，射极输出器的输出电阻R_o比分压式射极偏置放大电路的输出电阻$R_o \approx R_C$小得多。

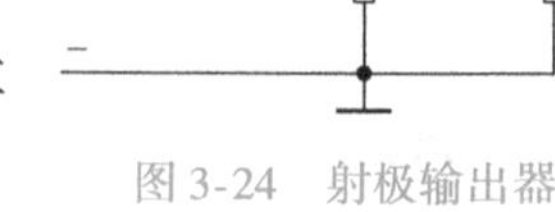

图3-24 射极输出器

3. 电压放大倍数接近于1

在图3-24中，$A_u = \dfrac{(1+\beta)(R_E /\!/ R_L)}{r_{be} + (1+\beta)(R_E /\!/ R_L)} \leqslant 1$

上式说明，射极输出器的电压放大倍数小于1，但近似等于1。尽管射极输出器的电压放大倍数略小于1，但其输出电流为基极电流的$1+\beta$倍，具有电流放大作用，因此它仍具有一定的功率放大能力。

综上所述，射极输出器具有输入电阻很大而输出电阻很小的特点，并且输出电压与输入电压同相位，电压放大倍数近似为1。

三、射极输出器的应用

射极输出器的应用十分广泛。

1）用作多级放大电路的输入级，因为输入电阻很大，使电路向信号源索取的电流很小，所以可以减轻信号源的负担。

2）用作多级放大电路的输出级，因为输出电阻很小，当负载发生变化时，负载两端的电压变化很小，所以可以提高电路带负载的能力。

3）用作多级放大电路的中间级，因其具有电压跟随作用，而且输入电阻大，对前级的影响小；输出电阻小，对后级的影响小，所以，用作中间级起缓冲、隔离的作用，可以减小前后级的相互影响。

多级放大器

在实际应用中，要把一个微弱的电信号放大几千倍或几万倍甚至更大，仅靠单级放大电路是不够的，是不足以带动负载的，因此，需要把若干级放大器连接起来，将信号逐级连续放大。

多级放大电路由若干单级放大器组成，如图 3-25 所示，多级放大电路由输入级、中间级及输出级组成。

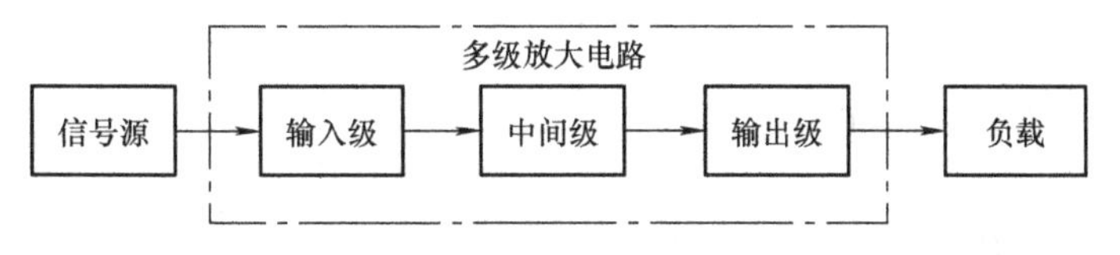

图 3-25　多级放大电路的组成

耦合是指放大器级与级之间的连接方式。级间耦合电路位于两个单级放大器之间，它的主要作用是将前级放大器输出信号无损耗地传输到后级放大器中。放大器的耦合方式主要有阻容耦合、变压器耦合、直接耦合和光电耦合四种。实际使用中，人们可按照不同电路的需要，选择合适的级间耦合方式。

一、级间耦合方式

下面列举四种耦合方式的应用电路、特点及应用。

1. 阻容耦合（见图 3-26）

特点：

1）用容量足够大的耦合电容进行连接，传递交流信号。

2）前、后两级放大器之间的直流通路被电容隔离，静态工作点彼此独立，互不影响。

应用：用于低频电压放大电路中。

2. 变压器耦合（见图 3-27）

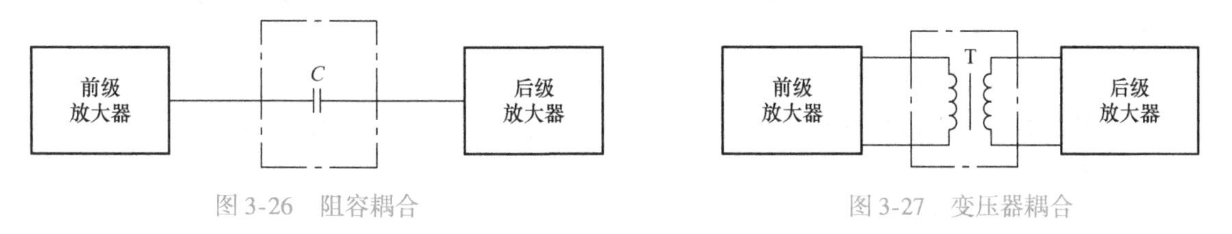

图 3-26　阻容耦合　　图 3-27　变压器耦合

特点：

1）通过变压器进行连接，将前级输出的交流信号通过变压器耦合到后级。

2）电路中的耦合变压器还有阻抗变换作用，这有利于提高放大器的输出功率。

3）能够隔离前后级的直流联系，所以，各级电路的静态工作点彼此独立，互不影响。

应用：

由于变压器体积大，低频特性差，又无法集成，因此，一般应用于高频调谐放大器或功率放大器中。

3. 直接耦合（见图 3-28）

特点：

1）无耦合元器件，信号通过导线直接传递，可放大缓慢变化的交流信号。

2）前、后级的静态工作点互相影响，给电路的设计和调试增加了难度。

应用：便于电路的集成化，因此广泛应用于集成电路。

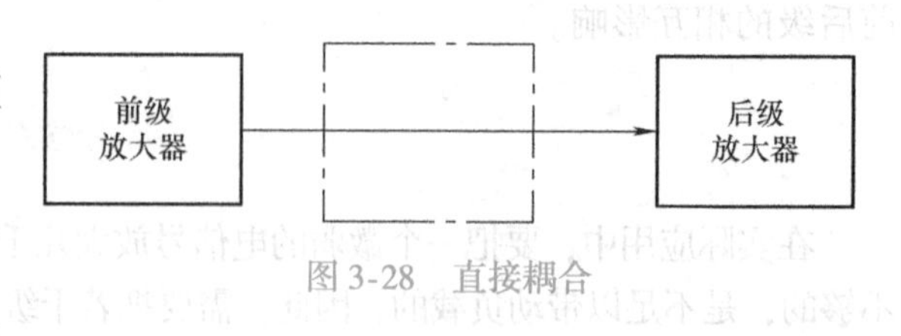

图 3-28　直接耦合

4. 光电耦合（见图 3-29）

特点：

1）以光耦合器为媒介来实现电信号的耦合和传输。

2）光电耦合既可传输交流信号又可传输直流信号，而且抗干扰能力强，易于集成化。应用：广泛应用在集成电路中。

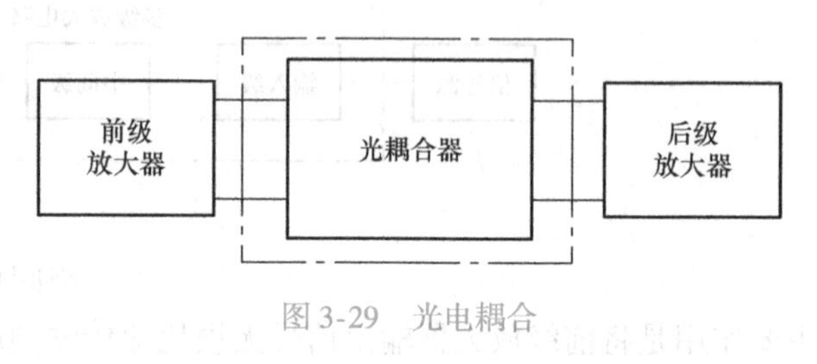

图 3-29　光电耦合

二、多级放大器的近似估算

1. 电压放大倍数

多级电压放大器的总电压放大倍数为各级电压放大倍数之积，即 $A_u = A_{u1} A_{u2} \cdots A_{un}$

2. 输入电阻 R_i 和输出电阻 R_o

多级放大器的输入电阻等于第一级放大器的输入电阻，即 $R_i = R_{i1}$。

多级放大器的输出电阻等于最后一级放大器的输出电阻，即 $R_o = R_{on}$。

【习题】

一、填空题

1. 放大电路按晶体管连接方式可分为________放大器、________放大器、________放大器。

2. 放大电路设置静态工作点的目的是__________________。

3. 放大器的放大倍数反映放大器________能力；输入电阻反映放大器________；而输出电阻则反映出放大器________的能力。

4. 放大电路的分析方法通常可以用________和________。

5. 多级放大电路的耦合方式有________、________、________、________。

6. 一个两级放大电路，测得第一级的电压增益为 25dB，第二级的电压增益为 30dB，则总的电压增益为________。

7. 在单级共射极放大电路中，如果输入为正弦波形，用示波器观察 U_o 和 U_i 的波形，则 U_o 和 U_i 的相位关系为________；当为共集电极电路时，则 U_o 和 U_i 的相位关系为________。

8. 温度升高时，放大电路的静态工作点会上升，可能引起________失真，为使工作点稳定，通常采用________电路。

二、判断题（在括号内用“√”和“×”表明下列说法是否正确）

1. 可以说任何放大电路都有功率放大作用。（　）
2. 信号源和负载不是放大器的组成部分，但它们对放大器有影响。（　）
3. 电路中各电量的交流成分的能量是交流信号源提供的。（　）
4. 放大电路必须加上合适的直流电源才能正常工作。（　）
5. 由于放大的对象是变化量，所以当输入信号为直流信号时，任何放大电路的输出毫无变化。（　）
6. 只要是共射极放大电路，输出电压的底部失真都是饱和失真。（　）
7. 多级放大器总的电压放大倍数等于各级放大倍数之和。（　）
8. 稳定静态工作点，主要是稳定晶体管的集电极电流 I_C。（　）
9. 射极输出器电压放大倍数小于 1 而接近于 1，所以射极输出器不是放大器。（　）

三、选择题

1. 共射极基本放大电路的交流输出电压波形上半周失真时为（　）。

A. 饱和失真　B. 截止失真　C. 交越失真

2. 发射极偏置电路中，在直流通路中计算静态工作点的方法称为（　）。

A. 图解分析法　B. 图形分析法　C. 近似估算法　D. 正交分析法

3. 影响放大电路静态工作点稳定的主要因素是（　）。

A. 晶体管的 β 值　B. 晶体管的穿透电流

C. 放大信号的频率　D. 工作环境的温度

4. 一般要求模拟放大电路的输入电阻（　）。

A. 大些好，输出电阻小些好　B. 小些好，输出电阻大些好

C. 及输出电阻都大　D. 及输出电阻都小

5. 直流放大器的级间耦合一般采用（　）耦合方式。

A. 阻容　B. 变压器　C. 电容　D. 直接

6. 射极输出器的输出电阻小，说明该电路的（　）。

A. 带负载能力强　B. 带负载能力弱

C. 减轻前级或信号源负荷　D. 取信号能力强

7. 在共射极放大电路中，当集电极电流增大时，将使晶体管（　）。

A. 基极电流也随着增大　B. 基极电流不变

C. 集–射极间电压 u_{CE} 上升　D. 集–射极间电压 u_{CE} 下降

8. NPN 型晶体管放大电路输入交流正弦波时，输出波形如图 3-30 所示，则引起波形失真的原因是（　）。

A. 静态工作点太低　B. 静态工作点太高

C. 静态工作点合适，但输入信号太大　D. 静态工作点合适

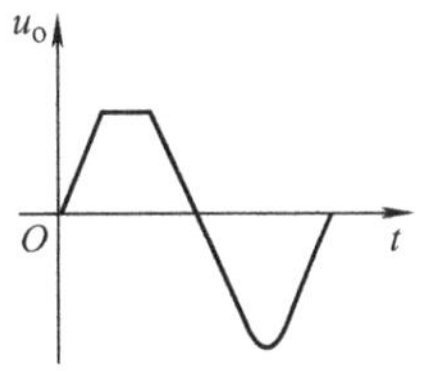

u_o　O　t

图 3-30

9. 在共射极基本放大电路中，集电极负载电阻 R_C 的作用是（　）。

A. 限流

B. 减少放大电路的失真

C. 把晶体管的电流放大作用转变为电压放大作用

D. 把晶体管的电压放大作用转变为电流放大作用

10. 分压式射极偏置放大电路中，若 U_B点电位过高，电路易出现（　　）。

A. 截止失真　　B. 饱和失真　　C. 晶体管被烧损　　D. 双向失真

四、综合题

用示波器观察图 3-31a 电路中的集电极-发射极间电压波形时，如果出现图 3-31b 所示的三种情况，试说明各是哪一种失真？应该调整哪些参数以及如何调整才能使这些失真分别得到改善？

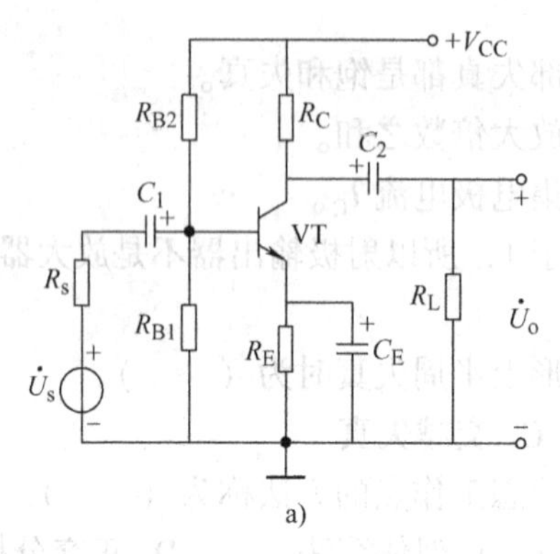

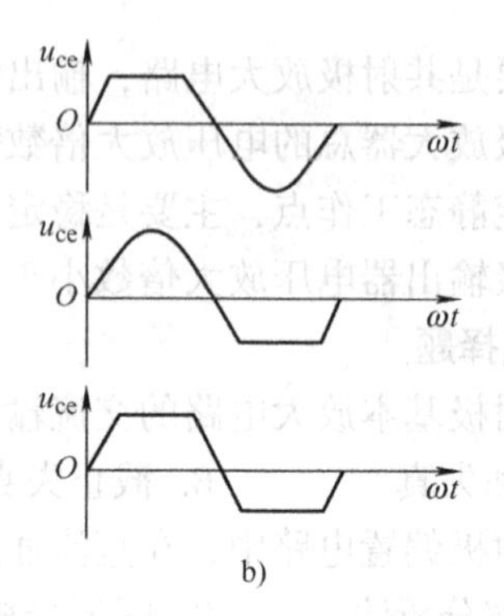

图 3-31

项目四　集成运算放大电路的装调

【工作情景】

电子实验室需要制作一个简易集成运算放大器的检测装置，以判断所采购的集成运放的质量，要求该检测装置体积小，容易操作，检测电路性能稳定。

【教学要求】

1. 掌握集成电路的基础知识。
2. 掌握各种基本运算放大电路的组成、工作原理和相关计算。
3. 熟悉集成运放 μA741 的功能，按要求装配、焊接比例运算放大电路。
4. 能使用信号发生器、双踪示波器、万用表等仪器、仪表对电路进行调试和检测。
5. 培养独立分析、自我学习及团队合作的能力。

【设备要求】

1. 多媒体教学设备一套。
2. 每位学生自备电子电路装调工具一套。
3. 每个学习组需信号发生器、双踪示波器、交流毫伏表、直流稳压电源各一台。

任务一　集成电路的识别与检测

【任务目标】

1. 掌握集成电路的基本知识。
2. 能对集成电路进行简单的识别及检测。

【任务引导】

集成电路是一种采用特殊工艺，将晶体管、电阻、电容等元器件集成在硅片上而形成的具有特定功能的器件，其英文是 Integrated Circuit，缩写为 IC，俗称芯片。集成电路能执行一些特定的功能，如放大信号或存储信息。集成电路具有性能好、可靠性高、体积小、耗电小、成本低等优点。集成电路是衡量一个电子产品是否先进的主要标志。

本任务要求利用集成电路的外观标示识别其引脚排列，并用万用表检测集成电路引脚间的正、反向电阻，初步判断其质量。

【相关知识】

一、集成电路的分类

1. 按功能分类

集成电路按功能可分为模拟集成电路和数字集成电路。模拟集成电路是用以产生、放大和处理各种模拟信号的电路。所谓模拟信号，是指在数值上随时间连续变化的信号，如图 4-1a 所示。数字集成电路是用以产生、放大和处理各种数字信号的电路。所谓数字信号，是指在数值上不随时间连续变化的信号，是离散的信号，如图 4-1b 所示。

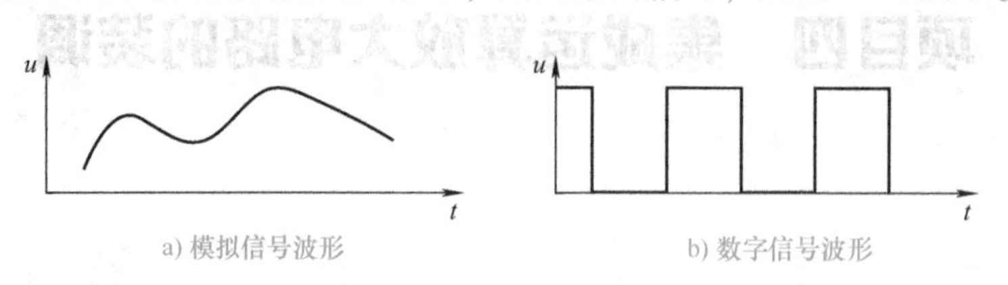

a) 模拟信号波形　　b) 数字信号波形

图 4-1　模拟信号和数字信号

2. 按电子组件的数量分类

集成电路按电子组件的数量分类如表 4-1 所示。

表 4-1　集成电路按电子组件的数量分类

分　　类	名　　称	模拟电路中元器件数目	数字电路中门电路数目
小规模集成电路	SSI	100 个以下	少于 30 个
中规模集成电路	MSI	100 ~ 1000 个	30 ~ 100 个
大规模集成电路	LSI	1000 ~ 100000 个	100 ~ 1000 个
超大规模集成电路	VLSI	100000 以上	1000 个以上

二、常用模拟集成电路简介

模拟集成电路又称线性集成电路，是一种输出信号与输入信号成比例关系，而内部放大器件工作在线性区的集成电路。

1. 模拟集成电路的分类

1）通用集成电路：包括集成运算放大器、集成稳压器、功率放大器、A－D 及 D－A 转换器等。

2）专用集成电路：包括电视集成电路、音响集成电路、通信集成电路等。

2. 集成运算放大器

集成运算放大器属于模拟集成电路，是一种高放大倍数的直流放大器。图 4-2 为其外形图。集成运算放大器早期用于各种数学运算，常称“集成运放”或“运放”。现已广泛应用于自动控制、通信、信号处理、电源等领域。

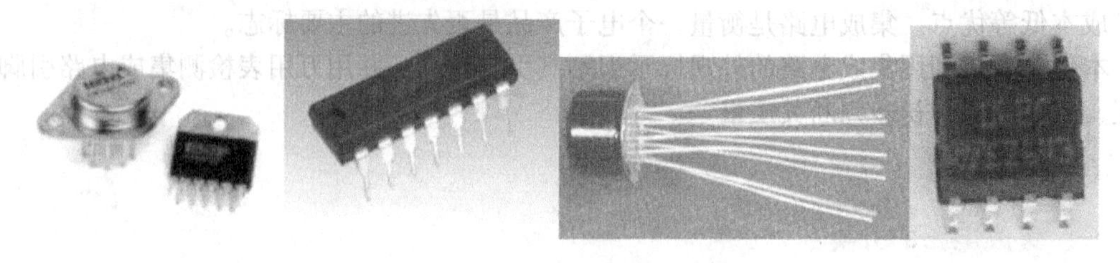

图 4-2　集成运算放大器的外形图

3. 集成稳压器

集成稳压器把串联型稳压电路中的取样、基准、比较放大、调整和保护环节等集成于一块半导体芯片上。集成稳压器具有体积小、重量轻、使用方便、可靠性高等优点，因而得到了广泛应用。图 4-3 为其外形图。集成稳压器有三端固定式、三端可调式、多端可调式，最常用的是三端集成稳压器。

图 4-3　集成稳压器的外形图

4. 集成功率放大器

集成功率放大器简称集成功放，它是在集成运放的基础上发展起来的，其内部电路与集成运放相似。但是，由于其安全、高效、大功率和低失真的要求，使得它与集成运放又有很大的不同。图 4-4 为其外形图。集成功放电路工作稳定，已广泛应用于收录机、电视机、开关功率电路、伺服放大电路中，输出功率由几百毫瓦到几十瓦。

图 4-4　集成功率放大器的外形图

三、常用数字集成电路简介

数字集成电路主要用来处理与存储二进制信号（数字信号）。

1. 数字集成电路的分类

（1）组合逻辑电路　该类电路主要用于处理数字信号，电路在某时刻的输出只与当时的输入有关，与电路原来的状态无关。也就是说，它们没有记忆功能。

（2）时序逻辑电路　该类电路具有时序与记忆功能，并需要由时钟信号驱动，主要用于产生或存储数字信号。

2. TTL 和 CMOS 电路

最常用的数字集成电路主要有 TTL 和 CMOS 两大系列。这两大系列虽具有相同的逻辑功能，但两者的结构、制造工艺却不同，其外形尺寸、性能指标也有所差别，如表 4-2 所示。

表 4-2 TTL 和 CMOS 电路的差别

<table>
<tr><th>系 列</th><th>子 系 列</th><th>名 称</th><th>型 号</th><th>功 耗</th><th>工作电压/V</th></tr>
<tr><td rowspan="2">TTL 系列</td><td>TTL</td><td>普通系列</td><td>54/74</td><td>10mW</td><td rowspan="2">4.75 ~5.25</td></tr>
<tr><td>LSTTL</td><td>低功耗 TTL</td><td>54/74LS</td><td>2mW</td></tr>
<tr><td rowspan="3">CMOS 系列</td><td>CMOS</td><td>互补场效应晶体管型</td><td>40/45</td><td>1.25μW</td><td>3 ~8</td></tr>
<tr><td>HCMOS</td><td>高速 CMOS</td><td>74HC</td><td>2.5μW</td><td>2 ~6</td></tr>
<tr><td>ACTMOS</td><td>先进的高速 CMOS 电路，“T” 表示与 TTL 电平兼容</td><td>74ACT</td><td>2.5μW</td><td>4.5 ~5.5</td></tr>
</table>

1）TTL 集成电路是用双极性晶体管为基本器件集成在一块硅片上制成的，主要有 54（军用）/74（民用）系列：54/74 × ×（标准型）、54/74LS × ×（低功耗肖特基）、54/74S × ×（肖特基）、54/74ALS × ×（先进低功耗肖特基）、54/74AS × ×（先进肖特基）、54/74F × ×（高速）。

2）CMOS 集成电路以单极性晶体管为基本器件制成，主要有 4000 系列、54/74HC × ×系列、54/74HCT × ×系列、54/74HCU × ×系列、54/74ACT × ×系列等五个系列。

数字集成电路的类型很多，常用的有与门、非门、与非门、或门、或非门、与或非门、异或门及施密特触发器等，最常用的是与非门。

【任务准备】

1. 制订计划

各小组在组长带领下，集体讨论，制订工作计划，合理安排工作进程。根据所学理论知识和操作技能，结合任务目标及任务引导，填写工作计划。集成运放的识别与简易测试工作计划如表 4-3 所示。

表 4-3 集成运放的识别与简易测试工作计划

<table>
<tr><td>工 作 时 间</td><td>共________课时</td><td>审核：________________</td></tr>
<tr><td rowspan="5">任务实施步骤</td><td colspan="2">1.</td></tr>
<tr><td colspan="2">2.</td></tr>
<tr><td colspan="2">3.</td></tr>
<tr><td colspan="2">4.</td></tr>
<tr><td colspan="2">5.</td></tr>
</table>

2. 准备器材

（1）仪表、工具准备 万用表、镊子。

（2）耗材领取 集成运放的识别与简易测试耗材领取清单如表 4-4 所示。

表 4-4　集成运放的识别与简易测试耗材领取清单

领料组：　　　　　　领料人：　　　　　　领料时间：

序号	名称及规格	每人数量	小组数量	是否归还	归还人签名	管理员签名	备注

【任务实施】

各小组在组长带领下按照工作计划，完成以下工作任务。

1. 识别集成运放的引脚极性

参照图 4-5 所示集成运放 μA741 的引脚图，根据集成运放的标志判别第 1 脚，并依次找出其他引脚。

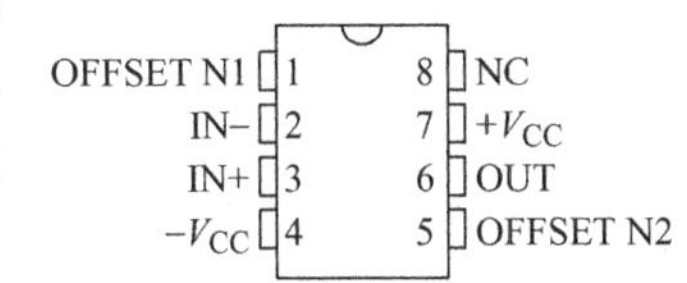

图 4-5　μA741 的引脚图

2. 测量集成运放引脚间的阻值

将万用表置于 $R\times100\Omega$ 或 $R\times1k\Omega$ 档，检测集成运放同相输入端与反相输入端之间的正、反向电阻；检测正、负电源以及各输入端与输出端之间的电阻，将测量结果记录在表 4-5 中，并与正常芯片各引脚之间的阻值进行比较，以确定其是否正常。一般不应出现短路或断路现象。

表 4-5　集成运放引脚间的阻值

引　脚	引　脚	正向阻值/kΩ	反向阻值/kΩ
IN +	IN −		
$+V_{CC}$	$-V_{CC}$		
IN +	OUT		
IN −	OUT		

3. 工作岗位 6S 活动

工作任务完成后，各工作组关闭工作台上所有仪表的电源，拆下测量线和连接导线。组长组织组员开展工作岗位的“整理、整顿、清扫、清洁、安全、素养”6S 活动。

4. 思考与讨论

（1）一般集成电路引脚排列有什么规律？

（2）什么是组合逻辑电路和数字逻辑电路？

【任务评价】

师生将任务评价结果填在表4-6中。

表4-6　集成运放的识别与简易测试评价表

班级：______ 小组：______ 姓名：______ 学号：______		指导教师：______ 日　期：______				
评价项目	评价内容	评价方式			权重	得分小计
		学生自评 15%	小组互评 25%	教师评价 60%		
职业素养	1. 遵守规章制度、劳动纪律 2. 人身安全与设备安全 3. 完成工作任务的态度 4. 完成工作任务的质量及时间 5. 团队合作精神 6. 工作岗位“6S”处理				0.3	
专业能力	1. 常见集成电路的分类和功能 2. 认识一般集成电路的引脚排列规律 3. 能对集成运放进行简易测试				0.5	
创新能力	熟悉常见集成电路的性能				0.2	
综合评价	总分					
	教师点评					

【知识拓展】

集成电路的识别与检测

一、集成电路的封装

1. 插入式封装（见图4-6）

双列直插式封装(DIP)

晶体管外形封装(TO)

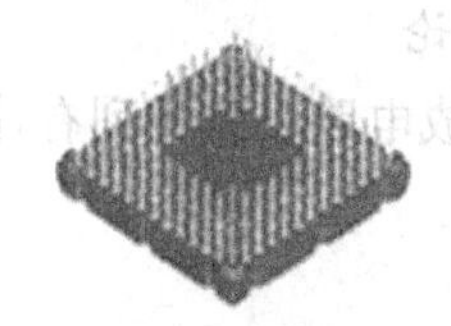

插针网格阵列封装(PGA)

图4-6　插入式封装

2. 贴片封装（见图 4-7）

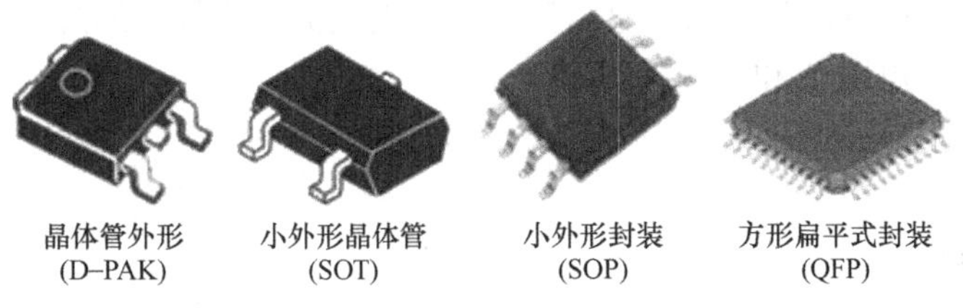

图 4-7 贴片封装

3. PLCC 封装（见图 4-8）

图 4-8 PLCC 封装

二、集成电路的引脚排列及其识别

1）集成电路通常有多个引脚，每一个引脚都有其相应的功能。使用集成电路前，必须识别集成电路的引脚，确认电源端、接地端及输入、输出、控制端等引脚的位置，以免因接错而损坏集成块。

2）引脚排列次序有一定规律，一般是从外壳顶部向下看，从左下角按逆时针方向读数，其中第一脚附近一般有参考标志，如缺口、凹坑、斜面、色点等，如图 4-9 所示。

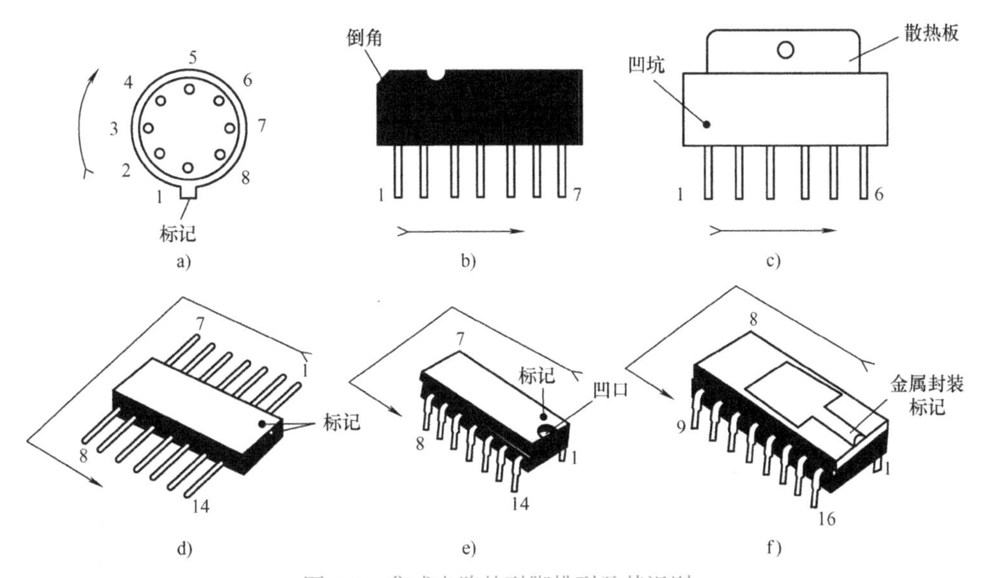

图 4-9 集成电路的引脚排列及其识别

三、集成电路的检测

集成电路常用的检测方法有在线检测法、非在线检测法和替换检测法。

1. 在线检测法

在线检测法是利用电压测量法、电阻测量法及电流测量法等，通过在电路上测量集成电路的各引脚电压值、电阻值和电流值是否正常，来判断该集成电路是否损坏。这种方法是检测集成电路最常用和实用的方法。

2. 非在线检测法

非在线测量法是在集成电路未接入电路时，通过万用表测量集成电路各引脚对应于引脚之间的正、反向直流电阻值，然后与已知正常同型号集成电路各引脚之间的直流电阻值进行比较，以确定其是否正常。

例如集成运放 LM324 的脱机检测，图 4-10 为集成运放 LM324 的引脚排列图，图 4-11 为其非在线测量法测量示意图，表 4-7 为其测量参考数值。

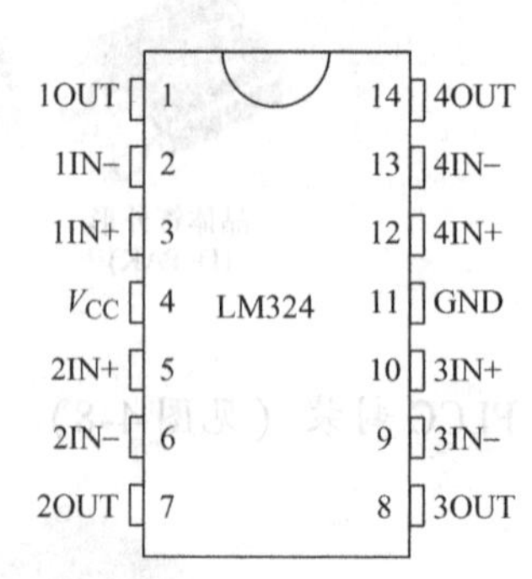

图 4-10　集成运放 LM324 的引脚排列图

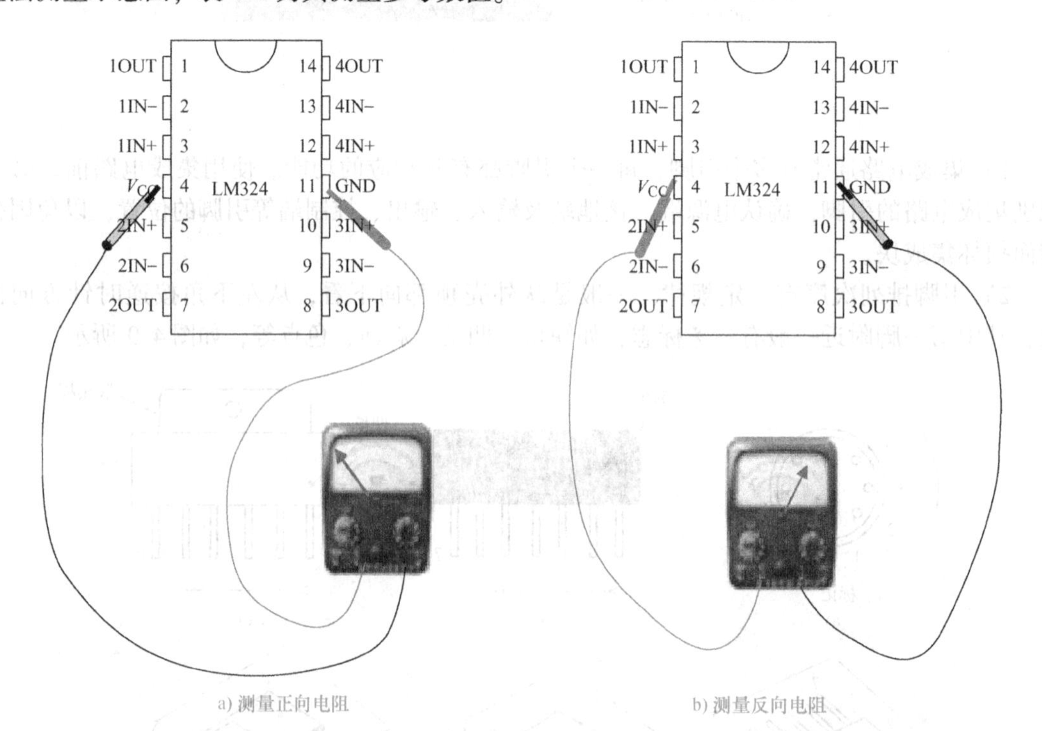

图 4-11　集成运放 LM324 非在线测量法测量示意图

表 4-7　集成运放 LM324 测量参考数值

红 表 笔	黑 表 笔	正常阻值/kΩ
V_{CC}	GND	4.5 ~ 6.5
GND	V_{CC}	16 ~ 17.5
V_{CC}	OUT	21
GND	OUT	59 ~ 65
IN +	V_{CC}	51
IN −	V_{CC}	56

3. 替换检测法

替换法是用已知完好的同型号、同规格集成电路来替换被测集成电路，可以判断出该集成电路是否损坏。

用同型号的集成块进行替换试验，是见效最快的一种检测方法。但是要注意，若因负载短路的原因使大电流流过集成电路造成的损坏，在没有排除故障的情况下，如果用相同型号的集成块进行替换实验，会造成集成块的又一次损坏。因此，替换实验的前提是必须保证负载不短路。

【习题】

一、填空题

1. 模拟信号的特点是在________和________上都是________变化的。
2. 数字信号的特点是在________和________上都是________变化的。
3. 用于传递、加工模拟信号的电子电路，称为________。
4. 用于传递、加工数字信号的电子电路，称为________。

二、判断题（在括号内用“√”和“×”表明下列说法是否正确）

1. 制造集成电路都需要使用半导体材料，硅是常用的半导体材料。（　　）
2. 集成电路俗称芯片，其英文简写是 IC。（　　）
3. 集成运算放大器属于数字集成电路。（　　）
4. ACTMOS 电路的“T”表示与 TTL 电平兼容。（　　）
5. 组合逻辑电路有记忆功能。（　　）

三、选择题

1. 下列哪些信号属于数字信号？（　　）
A. 正弦波　B. 时钟脉冲信号　C. 音频信号　D. 视频图像信号
2. 数字电路中的晶体管工作在（　　）。
A. 饱和区　B. 截止区　C. 饱和区和截止区　D. 放大区
3. TTL 集成电路内部是以（　　）为基本器件构成的。
A. 二极管　B. 晶体管　C. 场效应晶体管　D. 真空电子管
4. CMOS 集成电路内部是以（　　）为基本器件构成的。
A. 二极管　B. 晶体管　C. 场效应晶体管　D. 真空电子管

任务二　比例运算放大器的装调

【任务目标】

1. 理解集成运放的理想化条件，能运用“虚短”“虚断”的概念分析运放电路。
2. 掌握比例、加法和减法运算电路的接法及运算关系。
3. 掌握电压比较器的工作原理和波形分析方法。

【任务引导】

集成运算放大器简称集成运放，是具有高放大倍数的集成电路。集成运放的增益高（可达60～180dB），输入电阻大（几十千欧至百万兆欧），输出电阻低（几十欧），共模抑制比高（60～170dB），失调与漂移小，而且还具有输入电压为零时，输出电压也为零的特点，适用于正、负两种极性信号的输入和输出。集成运放广泛用于模拟信号的处理和产生电路之中，因其高性能、低价位，在大多数情况下，已经取代了分立元器件放大电路。

本任务要求在理解电路工作原理的基础上，在万能板上装接简易集成运放的检测电路。该电路采用反相比例运算放大电路和同相比例运算放大电路，如图4-12所示，并且利用仪器、仪表、工具进行调试和检测。

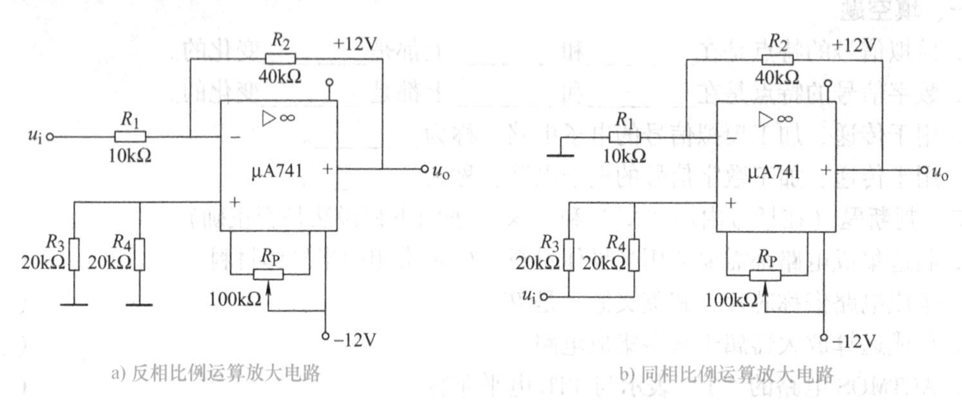

图4-12　集成运放的基本运算电路

【相关知识】

一、集成运放概述

1. 集成运放的组成

集成运放的内部是直接耦合的多级放大器，整个电路由输入级、中间级、输出级、偏置电路等组成，如图4-13所示。输入级采用差动放大器，以消除零点漂移和抑制干扰；中间级一般采用多级共射极放大器，以获得足够高的电压增益；输出级一般采用互补对称功放电路，以输出足够大的电压和电流，其输出电阻小，负载能力强；偏置电路为各级电路提供稳定的静态工作电流。

图4-14为集成运放的图形符号，其中，反相输入端用N表示，同相输入端用P表示。−、+号表示输入信号与输出信号之间的相位关系，三角形表示信号流向，A_{uo}表示开环差模电压放大倍数。实际上集成运放的引出端不止三个，但分析集成运放时，习惯上只画出图示的三个引出端，其他接线端各有各的功能，但因对分析没有影响，故略去不画。

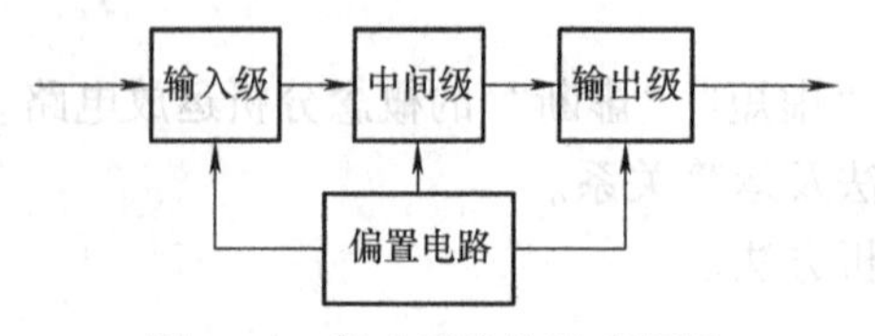

图4-13　集成运放的组成框图

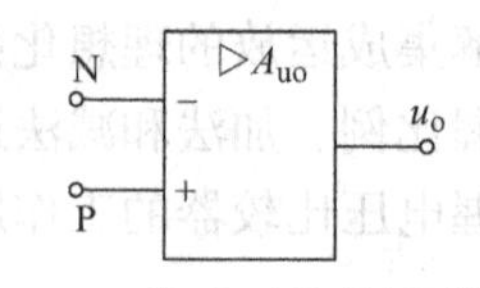

图4-14　集成运放的图形符号

2. 集成运放的分类

1）通用型：包括Ⅰ型、Ⅱ型、Ⅲ型。

2）专用型：包括低功耗型、高精度型、高速型、宽带型、高阻型、高压型、低漂移型、低噪声型、大功率型等。

3. 集成运放的主要参数

开环差模电压放大倍数 A_{uo}——开环状态下，输出电压 U_o 与输入差模电压 $U_{i1}-U_{i2}$ 之比，即 $A_{uo}=U_o/(U_{i1}-U_{i2})$。$A_{uo}$ 越大，器件的性能越稳定，其运算精度也就越高。

输入失调电压 U_{io}——输入电压为零时，为使输出电压为零，在输入端附加的一个补偿电压。高质量产品 U_{io} 一般在 1mV 以下。

输入失调电流 I_{io}——在输入信号为零时，两输入端静态基极电流之差，即 $I_{io}=I_{iB1}-I_{iB2}$。一般在 0.01～0.1mA 范围内，此值越小越好。

输入偏置电流 I_{iB}——当输入信号为零时，两输入端所需的静态基极电流的平均值，即 $I_{iB}=(I_{iB1}+I_{iB2})/2$。$I_{iB}$ 一般在 1mA 以下，此值越小零漂越小。

最大差模输入电压 U_{idm}——正常工作时，在两个输入端之间允许加载的最大差模电压值，使用时差模输入电压不能超过此值。

最大共模输入电压 U_{icm}——两输入端之间所能承受的最大共模电压。如果共模输入电压超过此值，集成运放的共模抑制性能明显下降，甚至会造成器件的损坏。

差模输入电阻 r_{id}——两输入端加入差模信号时的交流输入电阻。此值越大，集成运放向信号源索取的电流越小，运算精度越高。

开环输出电阻 r_o——开环时的动态输出电阻。r_o 越小带载能力越强。

共模抑制比 K_{CMR}——综合衡量运放的放大能力和抑制共模的能力。K_{CMR} 越大越好。

二、集成运放的基本电路

1. 集成运放的理想化

（1）理想集成运放的基本概念

① 开环差模电压放大倍数 $A_{uo}\to\infty$。

② 差模输入电阻 $r_{id}\to\infty$。

③ 开环输出电阻 $r_o\to 0$。

④ 共模抑制比 $K_{CMR}\to\infty$。

⑤ 没有失调现象，即当输入信号为零时，输出信号也为零。

理想集成运放的图形符号如图 4-15 所示，其中“∞”表示开环差模电压放大倍数为无穷大。

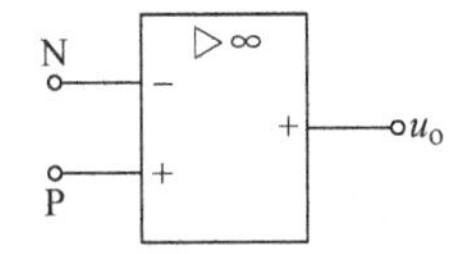

图 4-15　理想集成运放的图形符号

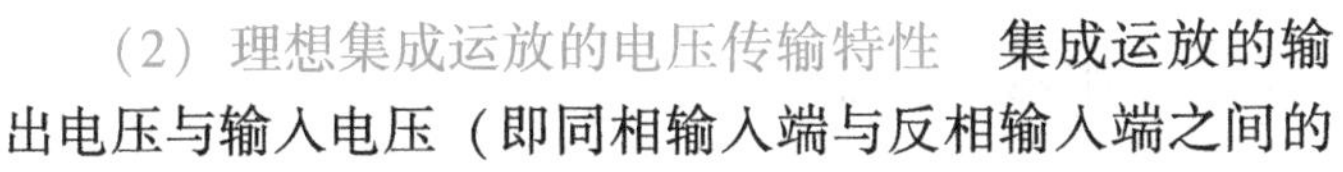

（2）理想集成运放的电压传输特性　集成运放的输出电压与输入电压（即同相输入端与反相输入端之间的电压差值）之间的关系曲线，称为电压传输特性，如图 4-16 所示。电压传输特性分为线性区（虚线框内）和非线性区（虚线框外）。

① 在线性区，u_o 与 u_i 是线性关系，即

$$u_o=A_{uo}u_i=A_{uo}(u_P-u_N)$$

$$u_P - u_N = \frac{u_o}{A_{uo}}$$

因为 u_o 为有限值，$A_{uo} \to \infty$

所以 $u_P - u_N = 0$

即 $u_N = u_P$——“虚短”

因为 $i_1 = \frac{u_P - u_N}{r_{id}}$，$r_{id} \to \infty$

所以 $i_N = i_P = 0$——“虚断”

② 在非线性区，u_o 只有两种可能，即 $+U_{om}$ 和 $-U_{om}$，“虚短”不成立，“虚断”仍成立。

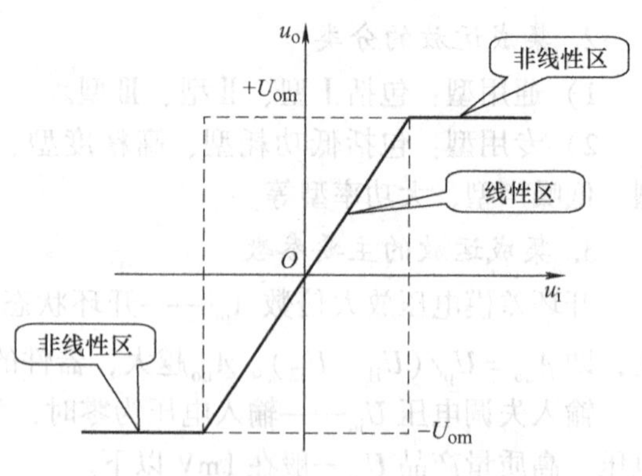

图 4-16 集成运放的电压传输特性

2. 集成运放的两种基本电路

(1) 反相比例运算放大电路 反相比例运算放大电路如图 4-17 所示，其特点是输入信号加在集成运放的反相输入端，R_f 为反馈电阻，R_2 为平衡电阻，取值为 $R_2 = R_1 /\!/ R_f$。

由于同相输入端接地，即 $u_P = 0$，根据“虚短”的概念，反相输入端电位也为零，但反相输入端 N 并不接地（或通过电阻接地），所以，称反相输入端为“虚地”。

“虚地”是反相输入集成运放电路的一个重要特点，是集成运放运用“虚短”概念的具体表现。

集成运放电路具备“虚地”的两个条件：一是信号从反相端输入，二是同相端接地或通过电阻接地。

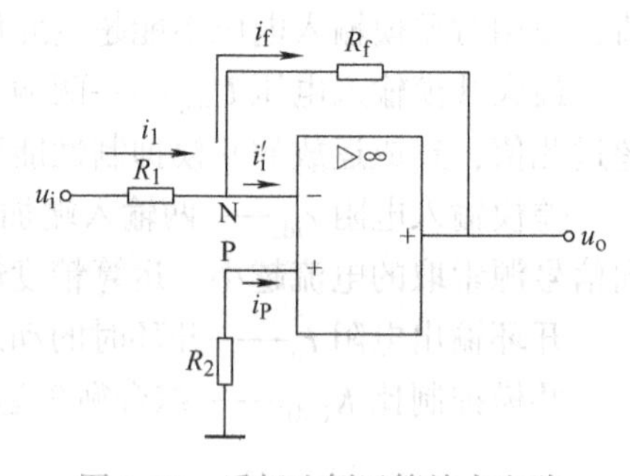

图 4-17 反相比例运算放大电路

根据“虚断”的概念 $i_i' = 0$，故 $i_1 = i_f$

由图 4-17 可得

$$\frac{u_i - u_N}{R_1} = \frac{u_N - u_o}{R_f}$$

经整理，可得

$$u_o = -\frac{R_f}{R_1} u_i$$

放大器的电压放大倍数为

$$A_{uf} = \frac{u_o}{u_i} = -\frac{R_f}{R_1}$$

式中，“ - ”表示 u_o 与 u_i 反相，故该放大器称为“反相放大器”。u_o 与 u_i 成比例关系，比例系数为 $-\frac{R_f}{R_1}$，故该电路又称为“反相比例运算放大器”。

若取 $R_1 = R_f = R$，则 $u_o = -u_i$，电路便成为“反相器”，反相器的符号如图 4-18 所示。

(2) 同相比例运算放大电路 图 4-19 为同相比例运算放大电路。其特点是输入信号经电阻 R_2 接到同相输入端，同样，R_2 起到补偿电阻的作用，用来保证外部电路平衡对称。R_f 为反馈电阻。

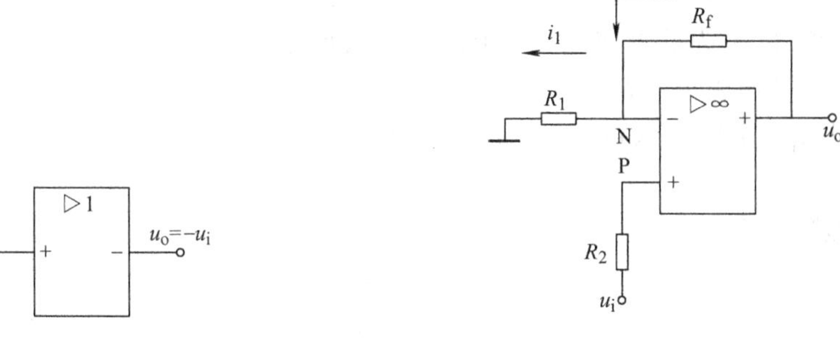

图 4-18　反相器的符号　　图 4-19　同相比例运算放大电路

根据“虚短”的概念　$u_N = u_P = u_i$

根据“虚断”的概念　$i_1 = i_f$

则有

$$\frac{u_N}{R_1} = \frac{u_o - u_N}{R_f}$$

即

$$\frac{u_i}{R_1} = \frac{u_o - u_i}{R_f}$$

经整理，可得

$$u_o = \left(1 + \frac{R_f}{R_1}\right)u_i$$

电压放大倍数为　$$A_{uf} = 1 + \frac{R_f}{R_1}$$

式中，u_o与u_i同相，故该放大器称为“同相放大器”。由于u_o与u_i成比例关系，比例系数为$1 + \dfrac{R_f}{R_1}$，故该电路又称为“同相比例运算放大器”。

若令$R_f = 0$或$R_1 = \infty$（即开路状态），此时，$A_{uf} = 1$，电路无电压放大作用，$u_o = u_i$，该电路称为“电压跟随器”。电压跟随器的符号如图 4-20 所示。

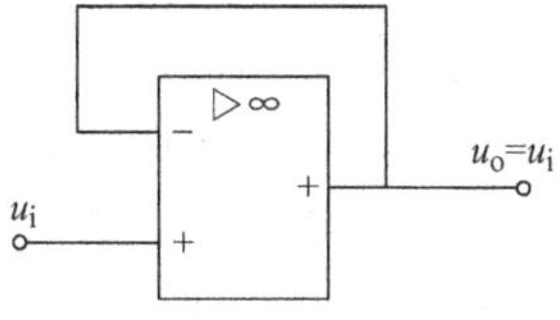

图 4-20　电压跟随器

三、集成运放的应用电路

集成运放有线性应用电路和非线性应用电路两类电路。线性应用电路是指电路引入了负反馈，集成运放工作在线性区。非线性应用电路是指电路开环或引入了正反馈，集成运放工作在非线性区。

分析集成运放应用电路的基本步骤：

第一步：判断集成运放的工作区域；

第二步：根据理想运放不同工作区域的相应特点，进一步对电路进行分析。

1. 信号运算电路

（1）加法运算电路　在反相放大器的基础上，若使几个输入信号同时加在集成运放的反相输入端口上，则称为反相加法运算电路；在同相放大器的基础上，加在同相输入端时，则称为同相加法运算电路。图 4-21 为反相加法运算电路。为满足电路平衡要求，平衡电阻 $R' = R_1 /\!/ R_2 /\!/ R_f$。

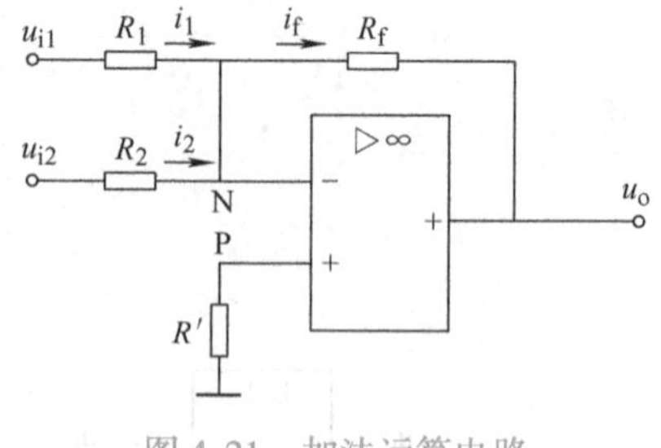

图 4-21　加法运算电路

电路通过 R_f 为电路引入负反馈，所以该电路工作在线性区。

根据“虚断”有

$$i_f = i_1 + i_2$$

$$\frac{u_N - u_o}{R_f} = \frac{u_{i1} - u_N}{R_1} + \frac{u_{i2} - u_N}{R_2}$$

根据“虚地”有

$$u_N = 0，则 \quad -\frac{u_o}{R_f} = \frac{u_{i1}}{R_1} + \frac{u_{i2}}{R_2}$$

经整理，可得

$$u_o = -R_f\left(\frac{u_{i1}}{R_1} + \frac{u_{i2}}{R_2}\right)$$

上式表明，输出电压等于输入电压按不同比例相加，实现了求和运算，式中“-”号表示输出电压与输入电压反相。

如果 $R_f = R_1 = R_2$，则

$$u_o = -(u_{i1} + u_{i2})$$

上式表明，输出电压等于各个输入电压之和，实现了加法运算。该电路常用在测量和控制系统中，对各种信号按不同比例进行组合运算。

（2）减法运算电路　减法运算电路是指输出电压与多个输入电压的差值成比例的电路，如图 4-22 所示为减法运算电路。电路采用差动输入方式，即反相端和同相端都有输入信号，可见该电路是同相比例运算放大电路和反相比例运算放大电路的组合。根据外接电阻的平衡要求，应满足 $R_1 /\!/ R_f = R_2 /\!/ R_3$。

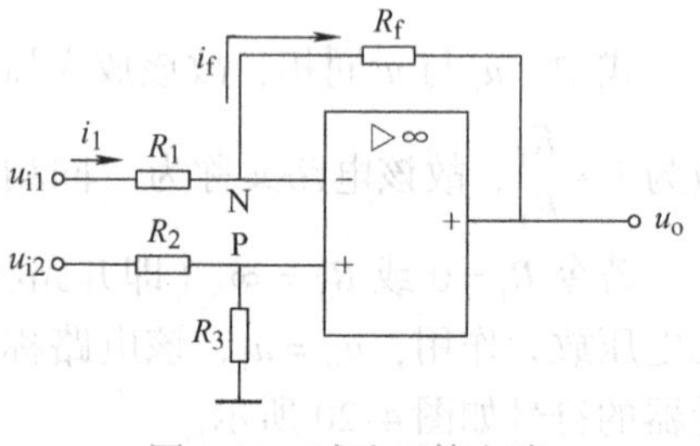

图 4-22　减法运算电路

利用叠加原理可求出输出电压 u_o 和输入电压 u_i 的关系式。

当 $u_{i2} = 0$ 时，u_{i1} 单独作用

$$u_{o1} = -\frac{R_f}{R_1}u_{i1}$$

当 $u_{i1} = 0$ 时，u_{i2} 单独作用

$$u_{o2} = \left(1 + \frac{R_f}{R_1}\right)\left(\frac{R_3}{R_2 + R_3}\right)u_{i2}$$

则 u_{i1}、u_{i2} 共同作用时输出电压

$$u_o = u_{o1} + u_{o2} = \left(1 + \frac{R_f}{R_1}\right)\left(\frac{R_3}{R_2 + R_3}\right)u_{i2} - \frac{R_f}{R_1}u_{i1}$$

当 $R_1=R_2$，$R_f=R_3$时，上式简化为

$$u_o=\frac{R_f}{R_1}(u_{i2}-u_{i1})$$

输出电压与两个输入电压之差成比例。

如果取 $R_f=R_1$，则

$$u_o=u_{i2}-u_{i1}$$

输出电压等于两个输入电压之差，实现减法运算。

例 4-1 在图 4-23 所示电路中，已知 $R_1=R_2=R_3=10\text{k}\Omega$，$R_{f1}=51\text{k}\Omega$，$R_{f2}=100\text{k}\Omega$，$u_{i1}=0.1\text{V}$，$u_{i2}=0.3\text{V}$，求 u_{o1}、u_o。

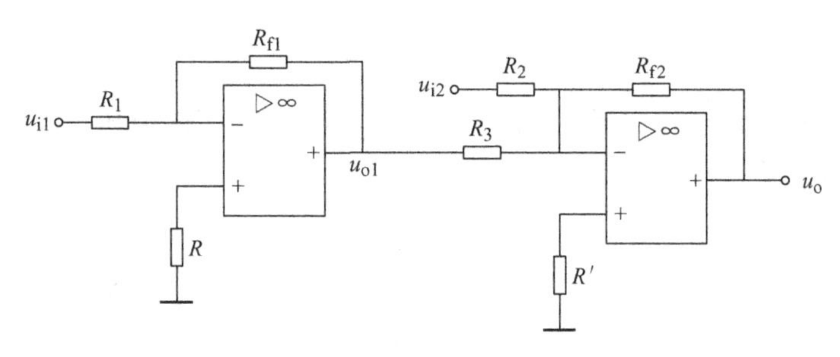

图 4-23　例 4-1 电路图

解： 电路由两级集成运放组成，第一级为反相比例运算放大电路，第二级为加法运算电路。

$$u_{o1}=-\frac{R_{f1}}{R_1}u_{i1}=-\frac{51}{10}\times0.1\text{V}=-0.51\text{V}$$

$$u_o=-\left(\frac{R_{f2}}{R_2}u_{i2}+\frac{R_{f2}}{R_3}u_{o1}\right)=\left[\frac{100}{10}\times0.3+\frac{100}{10}\times(-0.51)\right]\text{V}=2.1\text{V}$$

2. 电压比较器

当集成运放电路处于开环状态，或引入了正反馈时，运放工作在非线性区域，输出电压只有两种可能数值，即

$u_P>u_N$时，$u_o=+U_{om}$（高电平）；

$u_P<u_N$时，$u_o=-U_{om}$（低电平）。

集成运放的这种非线性特性在数字电子电路和自动控制系统中有广泛的应用。电压比较器是集成运放非线性应用的典型例子。

（1）单门限电压比较器　单门限电压比较器有反相输入和同相输入两种形式，如图 4-24 所示为反相输入形式。其中 U_R为已知的参考电压，加在集成运放的同相输入端，输入电压 u_i加在反相输入端。

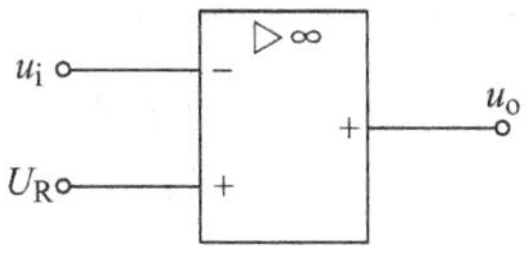

图 4-24　反相输入式单门限电压比较器

当 $u_i>U_R$时，$u_o=-U_{om}$（低电平）；当 $u_i<U_R$时，$u_o=+U_{om}$（高电平）。

单门限电压比较器的传输特性曲线如图 4-25 所示。当 $u_i=U_R$时，理想运放输出状态发生跳变。因输入电压只跟一个参考电压 U_R进行比较，故此电路称为“单门限电压比较器”，门限电压为 U_R。

若 $U_R=0$，比较器称为“过零电压比较器”，其传输特性曲线如图 4-26 所示。

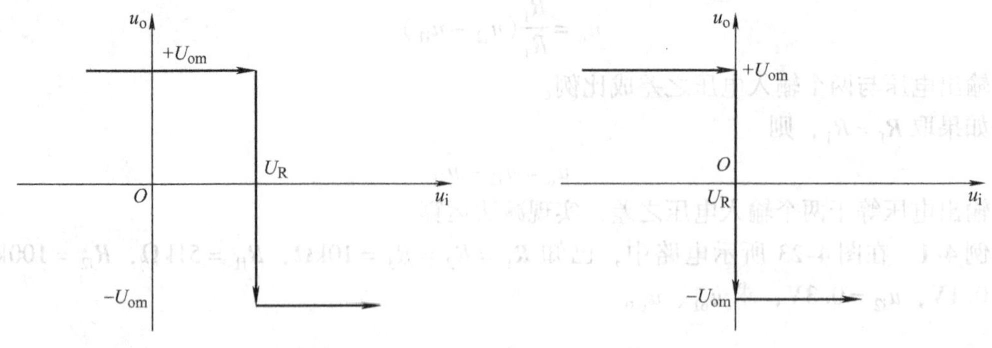

图 4-25　单门限电压比较器的传输特性曲线　　图 4-26　过零电压比较器的传输特性曲线

利用单门限电压比较器可实现波形的变换。例如，当单门限电压比较器输入正弦波时，相应的输出电压便是矩形波，如图 4-27 所示。

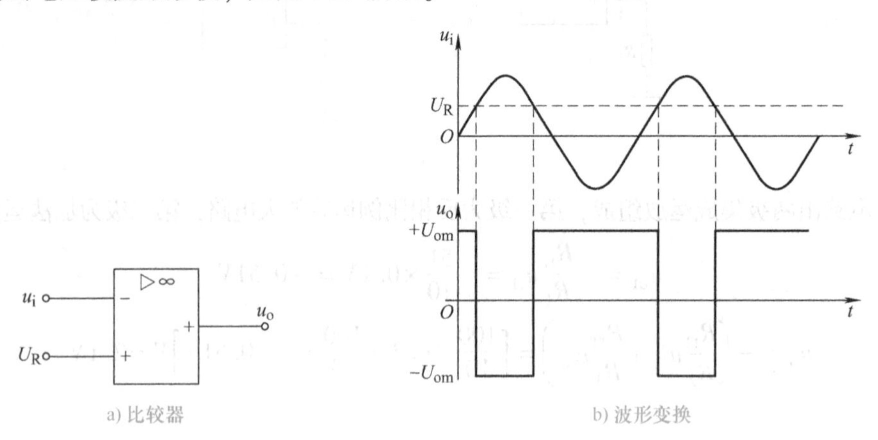

图 4-27　利用比较器实现波形变换

单门限电压比较器的输入电压只跟一个参考电压 U_R 相比较，这种比较器虽然电路结构简单、灵敏度高，但是抗干扰能力差，当输入电压 u_i 因受干扰在参考值附近发生微小变化时，输出电压就会频繁地跳变。采用双门限电压比较器在实现波形变换的同时，就可以较好地解决这个问题。

（2）双门限电压比较器　双门限电压比较器又称为“迟滞比较器”，也称为“施密特触发器”，其电路及传输特性曲线如图 4-28 所示。

输出电压 u_o 经 R_f 和 R_1 分压加到同相输入端，为电路引入了正反馈。集成运放工作在非线性工作区，输出只有两种可能的电压。

当 $u_o=+U_{om}$ 时，门限电压用 U_{P1} 表示：

$$U_{P1}=\frac{R_f}{R_f+R_1}U_R+\frac{R_1}{R_f+R_1}U_{om}$$

当输入电压增大到 $u_i=U_{P1}$ 时，输出电压 u_o 发生跳变，由 $+U_{om}$ 跳变为 $-U_{om}$，门限电压随之变为

$$U_{P2}=\frac{R_f}{R_f+R_1}U_R-\frac{R_1}{R_f+R_1}U_{om}$$

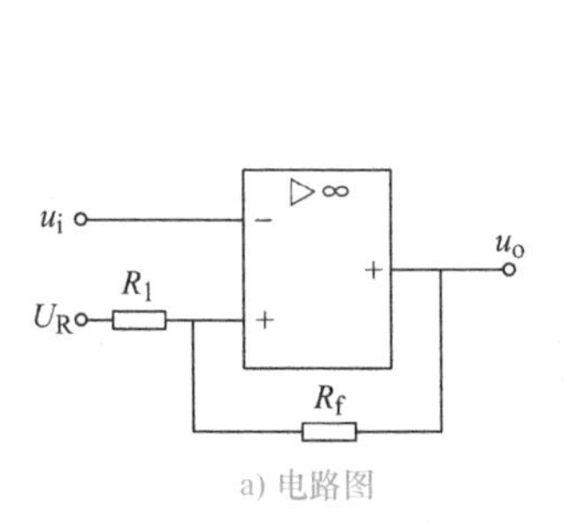

a) 电路图

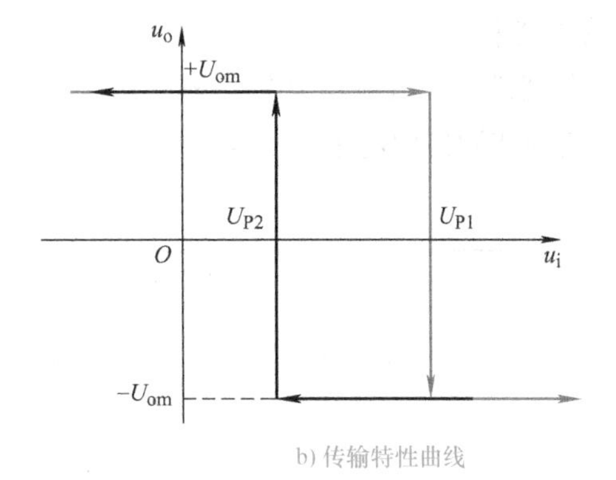

b) 传输特性曲线

图 4-28 双门限电压比较器的电路及传输特性曲线

当输入电压减小，直至 $u_i = U_{P2}$时，输出电压再度跳变，由 $-U_{om}$跳变为 $+U_{om}$。这两个门限电压之差称为回差电压，用 ΔU_P表示。

$$\Delta U_P = U_{P1} - U_{P2} = \frac{2R_1}{R_f + R_1}U_{om}$$

由上式可知，回差电压与参考电压无关。

利用双门限电压比较器，可大大提高抗干扰能力。例如，当输入电压 u_i因受干扰或含有噪声信号时，只要变化幅度不超过回差电压，输出电压就不会在此期间发生频繁地跳变，而仍保持为比较稳定的输出电压波形，如图 4-29 所示。

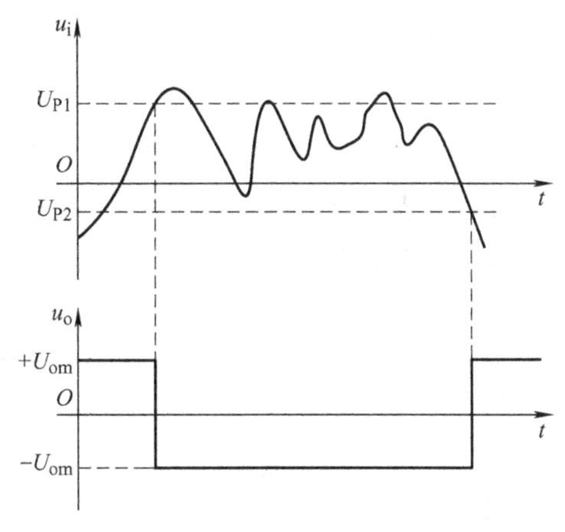

图 4-29 双门限电压比较器的抗干扰作用

【任务准备】

1. 制订计划

各小组在组长带领下，集体讨论，制订工作计划，合理安排工作进程。根据所学理论知识和操作技能，结合任务目标及任务引导，填写工作计划。比例运算放大电路的装调工作计划如表 4-8 所示。

表 4-8 比例运算放大电路的装调工作计划

工作时间	共______课时	审核：______________
任务实施步骤	1.	
	2.	
	3.	
	4.	
	5.	

2. *准备器材*

(1) 仪器准备　低频信号发生器、双踪示波器、交流毫伏表、直流稳压电源。比例运算放大电路的装调借用清单如表 4-9 所示。

表 4-9　比例运算放大电路的装调借用清单

借用组别：		借用人：		借出时间：		
序号	名称及规格	数量	归还人签名	归还时间	管理员签名	备注

(2) 仪表、工具准备　万用表、电烙铁、烙铁架、尖嘴钳、斜口钳、镊子。

(3) 耗材领取　比例运算放大电路的装调耗材领取清单如表 4-10 所示。

表 4-10　比例运算放大电路的装调耗材领取清单

领料组：		领料人：		领料时间：			
序号	名称及规格	每人数量	小组数量	是否归还	归还人签名	管理员签名	备注

【任务实施】

各小组在组长带领下按照工作计划，完成以下工作任务。

1. *画原理图*

参考图 4-12，画出反相比例运算放大电路和同相比例运算放大电路的原理图。

2. *元器件的检测*

用万用表检测电路的所有元器件，并将检测结果填写在表 4-11 中。

表 4-11　反相比例运算放大电路元器件的检测表

元器件代号	元器件名称	型号或标称值	检 测 结 果	质　　量

3. 电路的装配及焊接

按图 4-5 所示的集成运放 μA741 的引脚图及图 4-12a 所示的反相比例运算放大电路装配及焊接电路。

注意：安装时要看清集成运放各引脚的位置，切忌正、负电源极性接反和输出端短路，否则将会损坏集成块。

（1）元器件布局的原则　应保证电路性能指标的实现，应便于布线、应满足结构工艺的要求，有利于设备的装配、调试和维修。

（2）元器件排列的方法及要求

1）元器件的标志应易于辨认，使其可按照从左到右、从下到上的顺序读出。

2）元器件的极性不得装错。

3）安装高度应符合规定要求，同一规格的元器件应尽量安装在同一高度上。

4）安装顺序一般为先低后高，先轻后重，先易后难，先一般元器件后特殊元器件。

5）元器件在印制板上的分布应尽量均匀，疏密一致，排列整齐美观。不允许斜排、立体交叉和重叠排列。

（3）电路焊接要求

1）检查电路元器件是否接对，特别是 IC μA741 和电位器的接入是否正确。

2）检查所有焊点，杜绝冷焊、漏焊及电路短路等现象。不允许出现漏焊、错焊、虚焊、冷焊等现象。

3）连接线不允许斜排、立体交叉和重叠排列。

4. 电路的调试及检测

注意：电路经教师检查合格后，方可通电测试。

1）校准示波器，保持其垂直灵敏度微调旋钮和水平微调旋钮的位置，确保测试过程中读数的准确性。

2）调整直流稳压电源，使其输出为 ±12V。将集成运放 μA741 的引脚 7 接正电源，引脚 4 接负电源，切记不可接反，否则将损坏集成块。在调试时，集成运放的输出脚 6 脚不能对地短路。

3）将集成运放的输出端连接示波器，将示波器的输入耦合方式选择为“DC”，电路连接检查无误后接通电源。将反相比例运算放大电路输入端对地短路，调整电位器 R_P 的旋钮，对集成运放进行调零，使示波器显示的输出电压值为零。集成运放调零后保持电位器旋钮的位置不变。

4）按图4-30所示将低频信号发生器接入电路。使电路输入 $f=100\text{Hz}$、$U_i=0.2\sim0.5\text{V}$ 的正弦交流信号，利用示波器的两个通道，同时观察 u_i、u_o 的波形，调节信号幅度旋钮，使输出波形不失真。利用示波器测量 u_i、u_o 的峰值，记录在表4-12中，计算集成运放的闭环电压放大倍数 A_{uf}。根据观察的情况，在表4-13中绘制 u_i、u_o 的波形图，绘制时要注意 u_i 与 u_o 的相位关系。

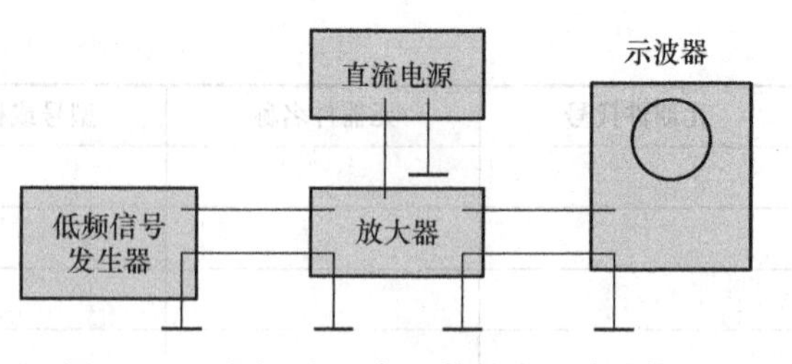

图4-30　测试反相比例运算放大电路连接图

表4-12　电压测量值及计算

U_{ip-p}/V	U_{op-p}/V	A_{uf}实测值	A_{uf}理论值
		$A_{uf}=-\dfrac{U_{op-p}}{U_{ip-p}}=$	$A_{uf}=-\dfrac{R_2}{R_1}=$

表4-13　u_i、u_o 的波形

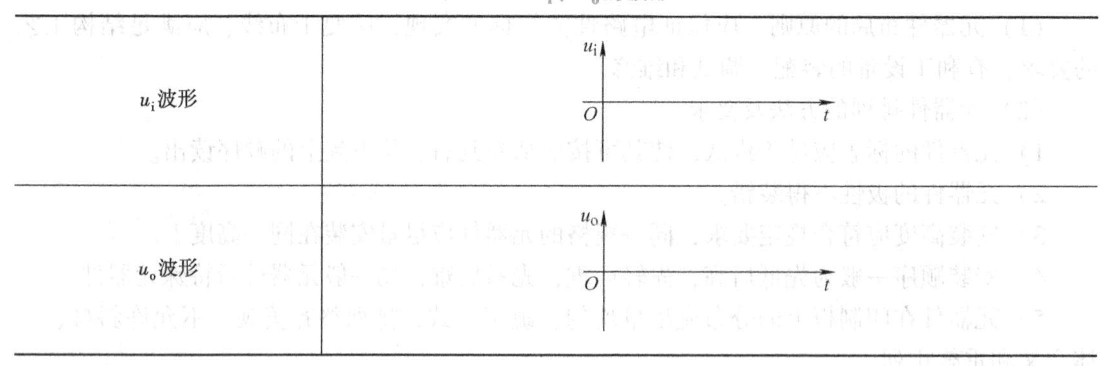

u_i波形	
u_o波形	

5）同相比例运算放大电路的装调。将图4-12a的反相比例运算放大电路改接为图4-12b的同相比例运算放大电路，实训步骤同上，将结果记入表4-14及表4-15中。

表4-14　电压测量值及计算

U_{ip-p}/V	U_{op-p}/V	A_{uf}实测值	A_{uf}理论值
		$A_{uf}=\dfrac{U_{op-p}}{U_{ip-p}}=$	$A_{uf}=1+\dfrac{R_2}{R_1}=$

表4-15　u_i、u_o 的波形

u_i波形	
u_o波形	

5. 工作岗位6S活动

工作任务完成后，各工作组关闭工作台上所有仪器、仪表的电源，拔掉电烙铁的插头，拆下测量线和连接导线，归还借用的工具、仪器、仪表。组长组织组员开展工作岗位的“整理、整顿、清扫、清洁、安全、素养”6S活动。

6. 思考题

（1）整理有关实验数据，比较运算放大电路的实测值与理论值，分析产生偏差的原因。

（2）说明集成运放为什么要调零？

（3）应如何保证运算放大电路同相输入端和反相输入端的平衡？

【任务评价】

师生将任务评价结果填在表4-16中。

表4-16　比例运算放大电路的装调评价表

班级：__________　小组：__________　指导教师：__________

姓名：__________　学号：__________　日　期：__________

评价项目	评价内容	评价方式			权重	得分小计
		学生自评 15%	小组互评 25%	教师评价 60%		
职业素养	1. 遵守规章制度、劳动纪律 2. 人身安全与设备安全 3. 完成工作任务的态度 4. 完成工作任务的质量及时间 5. 团队合作精神 6. 工作岗位“6S”处理				0.3	
专业能力	1. 理解比例运算放大电路的组成和工作原理 2. 元器件布局合理，电路板制作符合工艺要求 3. 熟悉元器件的检测、插装和焊接操作 4. 能用示波器、信号发生器、万用表等仪器、仪表对电路进行调试和检测				0.5	
创新能力	1. 能分析集成运放的应用电路 2. 对电路的装接和调试有独到的见解和方法 3. 熟练使用示波器和信号发生器等仪器				0.2	
综合评价	总分					
	教师点评					

【Multisim 仿真】

一、仿真电路图

本任务的仿真电路如图 4-31 及图 4-32 所示。

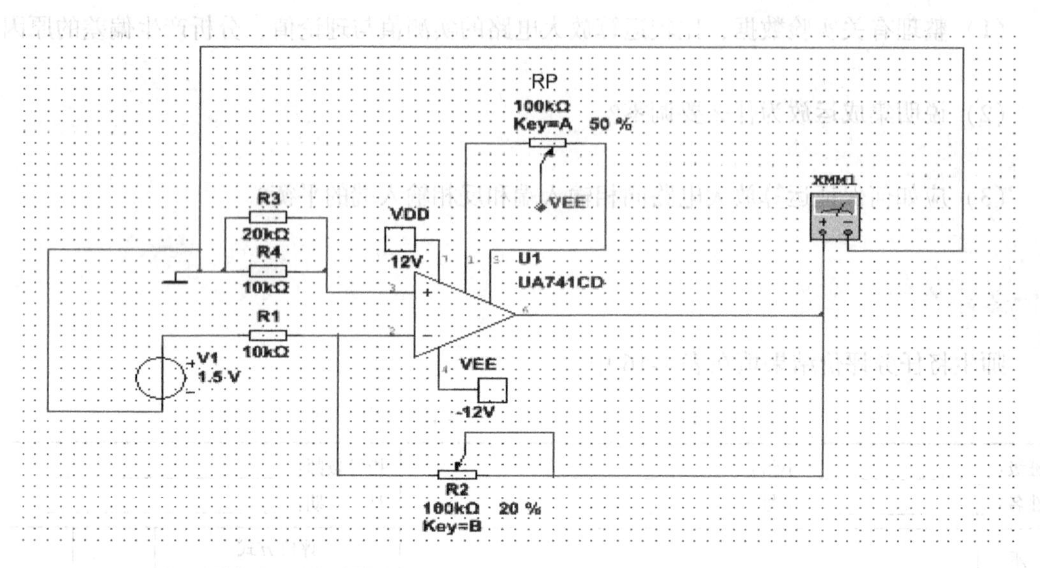

图 4-31 反相比例运算放大电路仿真电路图

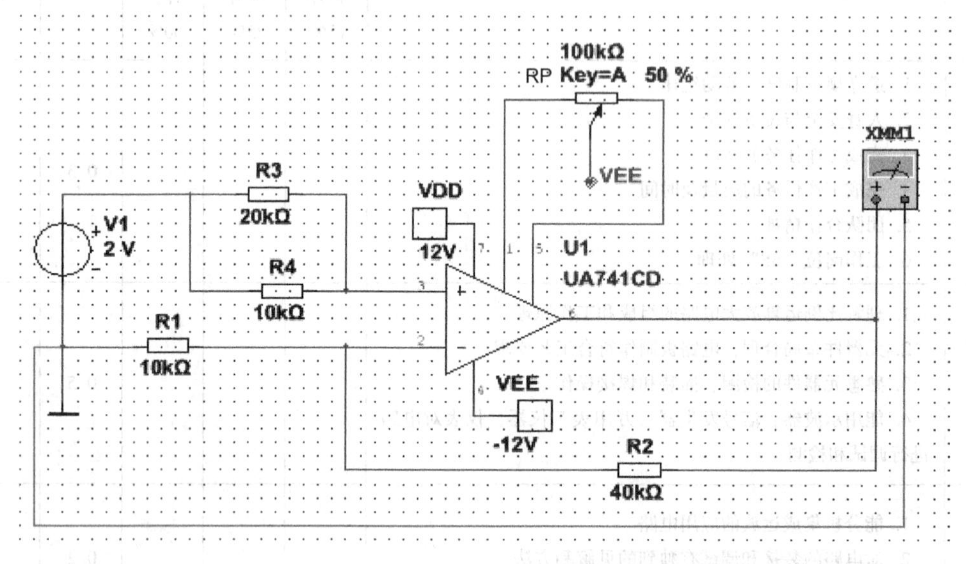

图 4-32 同相比例运算放大电路仿真电路图

二、元器件清单

比例运算放大电路的仿真电路元器件清单如表 4-17 所示。

表 4-17　比例运算放大电路的仿真电路元器件清单

序　　号	数　　量	描　　述	编　　号
1	1	POWER_SOURCES，VDD	VDD
2	1	POWER_SOURCES，VEE	VEE
3	2	RESISTOR，10kΩ	R1、R4
4	1	POTENTIOMETER，100kΩ	RP
5	1	POWER_SOURCES，GROUND	0
6	1	RESISTOR，40kΩ	R2
7	1	DC_POWER，2V	V1
8	1	RESISTROR，20kΩ	R3
9	1	OPAMP，UA741CD	U1

三、仿真提示

读者可自由改变元器件参数，灵活使用万用表、示波器等基本仪器进行仿真、验证。

【知识拓展】

放大电路中的反馈

在放大电路中，信号从输入端输入，经过放大器的放大后，从输出端送给负载，这是信号的正向传输。但在很多放大电路中，常将输出信号再反向传输到输入端，即反馈。实用的放大电路几乎都采用反馈。直流反馈可以稳定电路的静态工作点，交流反馈可以改善放大器的性能。

一、反馈的基本概念

1. 反馈的定义

从广义上讲，凡是将输出量送回到输入端，并且对输入量产生影响的过程都称为反馈。放大器的反馈——就是将放大器的输出信号（电压或电流）的一部分或全部通过一定的电路，按照某种方式送回到输入端，并与输入信号（电压或电流）叠加，从而改变放大器性能的一种方法。

图 4-33 所示为反馈放大器的框图。图中，反馈放大器由基本放大器 A 和反馈电路 F 两部分组成，图中“⊗”称为比较环节，表示信号在此叠加，箭头表示信号的传输方向。输出量 X_o 经反馈电路处理获得反馈量 X_f 送回到输入端，与输入量 X_i 叠加产生净输入量 X_i' 加到放大器的输入端。

引入反馈后，使信号既有正向传输又有反向传输，电路形成闭合的环路，因此，反馈放大器通常称为闭环放大器，而未引入反馈的放大器则称为开环放大器。

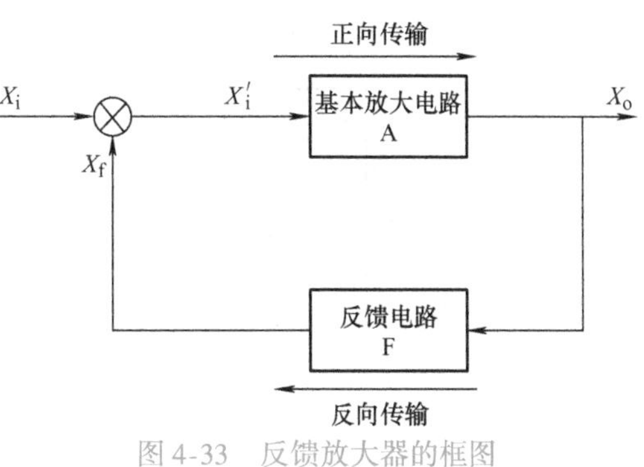

图 4-33　反馈放大器的框图

反馈电路又叫反馈网络，通常用电阻、电容、电感等元件组成。反馈元件联系着放大器的输入与输出，并影响放大器的输入。

2. 反馈的分类

按照不同的分类方法，反馈可分为多种类型。

(1) 正反馈和负反馈（**按反馈极性分**） **图4-34所示为正反馈和负反馈的框图。**

正反馈：反馈信号与输入信号极性相同（同相），使净输入信号增大，因此放大倍数增大，一般用于振荡电路。

负反馈：反馈信号与输入信号极性不同（反相），使净输入信号减小，因此放大倍数减小，一般用于放大电路。

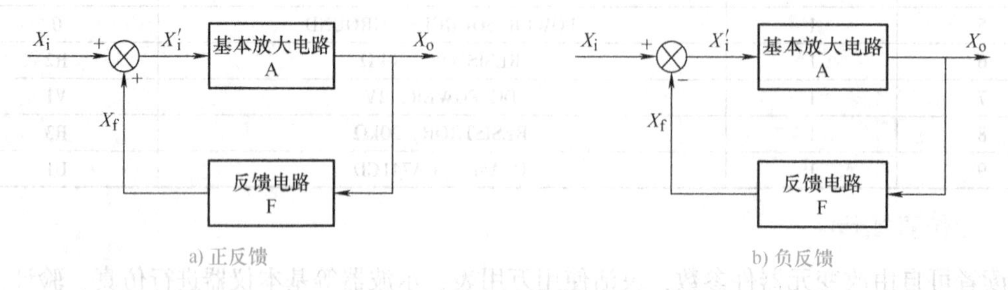

图4-34 正反馈和负反馈

(2) 电压反馈和电流反馈（**按反馈电路在输出回路的取样对象分**） **图4-35所示为电压反馈和电流反馈的框图。**

电压反馈：反馈信号取的是输出端负载两端的电压。电压反馈的取样环节与放大器输出端并联。

电流反馈：反馈信号取的是输出电流。电流反馈的取样环节与放大器输出端串联。

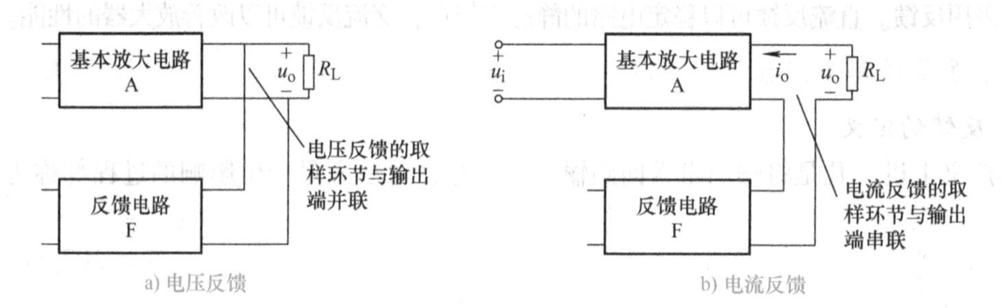

图4-35 电压反馈和电流反馈

(3) 串联反馈和并联反馈（**按反馈电路在输入端的连接方式分**） **图4-36所示为串联反馈和并联反馈的框图。**

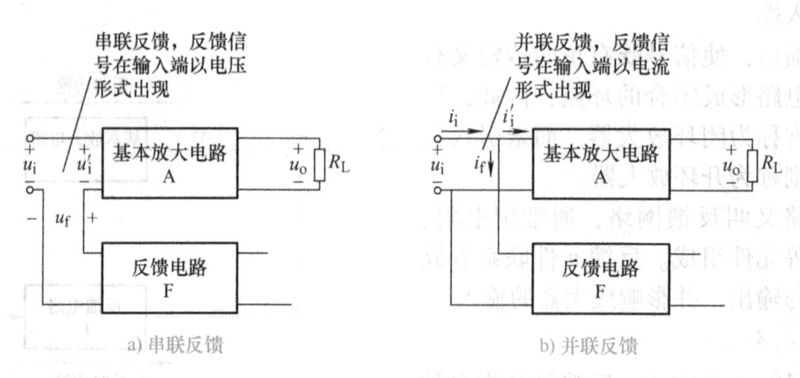

图4-36 串联反馈和并联反馈

串联反馈：反馈电路与输入信号源相串联。串联反馈信号在输入端以电压形式出现。

并联反馈：反馈电路与输入信号源相并联。并联反馈信号在输入端以电流形式出现。

（4）直流反馈和交流反馈（按反馈信号分）

直流反馈：反馈信号只含有直流量。

交流反馈：反馈信号只含有交流量。

二、反馈的判断

1. 有无反馈的判断

反馈放大器的特征为存在反馈元件，反馈元件是联系放大器的输出与输入的桥梁，因此能否从电路中找到反馈元件是判断有无反馈的关键。

在图4-37a中，在输出和输入之间不存在起联系作用的元件，所以该电路不存在反馈。在图4-37b中，R_F、C_F跨接在输出端和输入端之间，起联系输出和输入的桥梁作用，R_F、C_F串联电路为反馈电路，R_F、C_F为反馈元件，所以电路存在反馈。在图4-37c中，R_E、C_E并联电路既是输入回路的一部分又是输出回路的一部分，是输出和输入电路的公共电路，R_E、C_E并联电路为反馈电路，R_E、C_E为反馈元件，所以电路存在反馈。

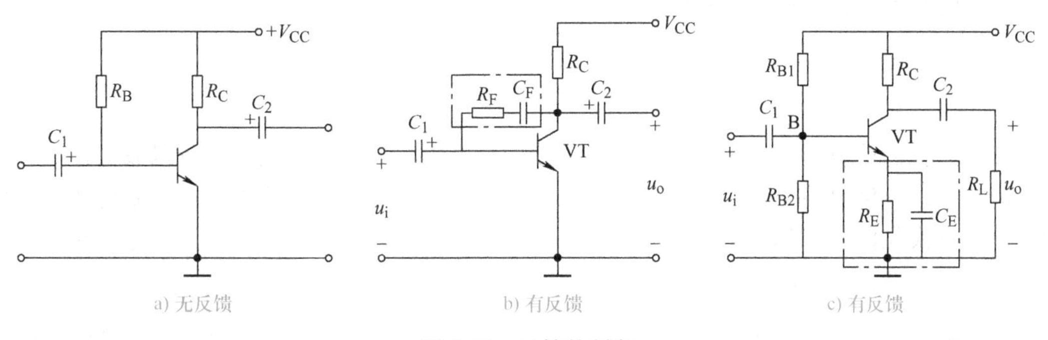

图4-37　反馈的判断

2. 反馈极性的判断——瞬时极性法

反馈极性的判断一般采用瞬时极性法进行判断，具体步骤如下：

1）先假设输入信号在某一瞬间对地极性为“+”，意思是瞬时值呈增长（上升）的趋势。

2）根据放大器各电极的相位关系，从输入端到输出端依次标出放大器有关各点的瞬时极性。

3）将反馈信号的极性与输入信号进行比较，确定反馈极性。

假设加到晶体管基极的输入信号瞬时极性为“+”，经放大器放大，如果反馈信号加到基极，而且瞬时极性为“-”，就是负反馈；反之，就是正反馈，如图4-38a所示。

如果反馈信号加到发射极，而且瞬时极性为“+”，就是负反馈；反之，就是正反馈，如图4-38b所示。

在运用瞬时极性法时要注意以下两点：

① 晶体管各电极的相位关系，发射极信号与基极输入信号瞬时极性相同，集电极瞬时极性与基极瞬时极性相反。

② 由于分析的是低频信号，反馈电路中的电阻、电容等元件，一般认为它们在信号传

输过程中不产生附加相移，对瞬时极性没有影响。

3. 电压反馈和电流反馈的判断

电压反馈和电流反馈的判断方法是看反馈电路在输出回路的连接方法，如果反馈电路接在电压输出端为电压反馈，不接在电压输出端为电流反馈。

4. 串联反馈和并联反馈的判断

串联反馈和并联反馈的判断方法是看反馈电路在输入回路的连接方法，如果反馈电路接在输入端为并联反馈，不接在输入端（一般接在发射极）为串联反馈。

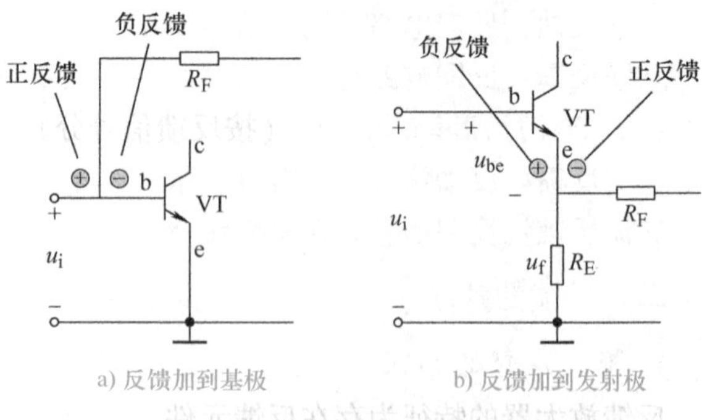

图 4-38　判断反馈极性示意图

5. 直流反馈和交流反馈的判断

如果反馈电路中存在电容，根据电容“通交隔直”的特性来进行判断。

判断电路的反馈方法总结起来即为：有无反馈看联系，电压电流看输出，串联并联看输入，交直流看电容，正负反馈看极性。

三、负反馈对放大电路性能的影响

1. 使放大倍数下降，但提高放大倍数的稳定性

首先，我们认识到，放大电路引入负反馈后，由于净输入信号减小，所以放大倍数会下降。但是，放大倍数的下降，换来的是放大倍数的稳定。对于一个放大电路，温度变化、负载变化、更换晶体管等都会引起电压放大倍数的变化，如果引入负反馈，就能减少这种变化。下面以温度升高为例说明：

在共射极分压式偏置放大电路中，$A_u=-\beta\frac{R'_L}{r_{be}}$，可知温度变化、负载变化、更换晶体管等都会引起$A_u$的变化。引入负反馈将减少这种变化，例如：

$$u_o\uparrow\rightarrow u_f\uparrow\rightarrow u'_i\downarrow(u'_i=u_i-u_f)\rightarrow u_o\downarrow\rightarrow A_u\text{ 稳定}$$

从以上的物理变化可以看出，放大电路引入负反馈后，使放大电路输出信号幅度稳定，达到了稳定放大倍数的目的。

1）电压负反馈能稳定输出电压。对于电压负反馈来说，无论反馈信号以何种方式送回到输入端，它都是利用输出电压本身的变化，通过反馈电路自动调整净输入信号的大小，从而自动调整输出电压。

2）电流负反馈能稳定输出电流。同样，对于电流负反馈来说，它也是利用输出电流本身的变化最终自动调整输出电流。

2. 改善非线性失真

由于晶体管的非线性，虽然输入的正弦波交流信号正负半周对称，但在幅度过大时，就使得i_b的波形明显上大下小，即产生失真。

如图 4-39a 所示，在没有引入负反馈时，i_b的这种上大下小的波形经放大器放大后，最终的输出波形也会出现上大下小的失真。

如图 4-39b 所示，引入负反馈后，由于负反馈电压u_f与u_o成正比，所以u_f也是上大下小

的，而净输入信号 $u'_{i}=u_{i}-u_{f}$，用正负半周对称的 u_{i}减去一个上大下小的 u_{f}波形，其结果 u'_{i}是上小下大的波形。这种现象称为放大器的“预失真”，这种不对称的净输入电压 u'_{i}波形加到基本放大器后，和放大器本身对信号放大的不对称互相抵消，就会使输出波形 u_{o}趋于对称，因此非线性失真得到改善。

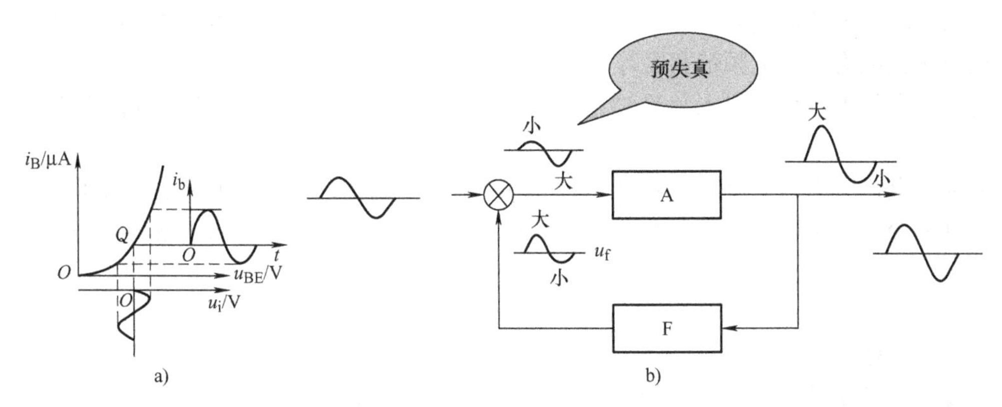

图 4-39　负反馈减小非线性失真

引入负反馈并不能彻底消除非线性失真。如果输入信号本身就有失真，引入负反馈也无法改善，因为负反馈所能改善的只是放大器所引起的非线性失真。

3. 影响输入电阻和输出电阻

负反馈对放大器输入电阻和输出电阻的影响，与反馈电路在输入端和输出端的连接方式有关，如图 4-40 所示。

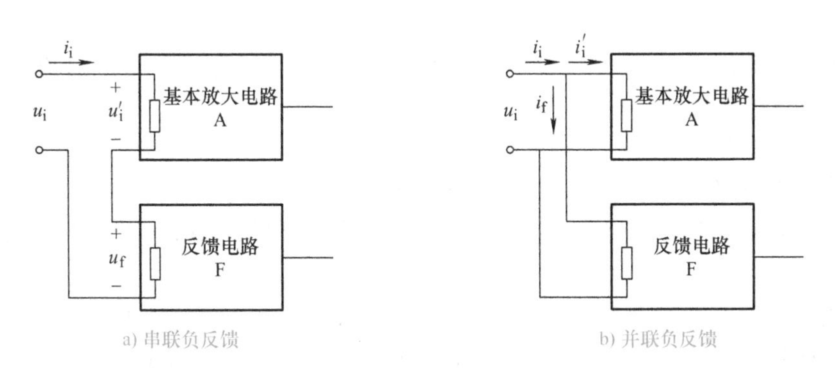

图 4-40　负反馈对输入电阻的影响

（1）对输入电阻的影响

1）串联负反馈使输入电阻增大。在串联负反馈中，反馈电压与输入电压相互抵消，使净输入电压（$u'_{i}=u_{i}-u_{f}$）减小，输入电流 i_{i}也随之减小。而输入电阻 $R_{i}=u_{i}/i_{i}$，故在输入信号 u_{i}不变的情况下，输入电流减小，也就相当于放大器的输入电阻增大了。

2）并联负反馈使输入电阻减小。在并联负反馈中，反馈电路以并联的形式接入时，对输入电流起分流作用，这时信号源向放大器提供的电流 i_{i}增大了。输入电阻 $R_{i}=u_{i}/i_{i}$，在输入信号电压不变的情况下，输入电流增大，也就相当于放大器的输入电阻减小了。

（2）对输出电阻的影响　负反馈对输出电阻的影响，与反馈电路在输出端的连接方式有关。

1）电压负反馈使输出电阻减小。电压负反馈具有稳定输出电压的作用，这时放大器相当于一个电压源，而电压源的内阻较小，所以放大器的输出电阻减小了。

2）电流负反馈使输出电阻增大。电流负反馈具有稳定输出电流的作用，这时放大器相当于一个电流源，而电流源的内阻较大，所以放大器的输出电阻增大了。

放大电路引入负反馈后，除对放大倍数、输入电阻、输出电阻产生影响之外，还能提高电路的抗干扰能力、展宽频带宽度等。

总之，在放大电路中引入负反馈是以牺牲放大倍数为代价，换取放大器各方面性能的改善。

如果在电路中引入正反馈，对放大电路的影响与之相反，虽然放大倍数增大了，但却使放大器性能变差，所以，一般放大电路中不引入正反馈，正反馈主要用于振荡电路中。

【习题】

一、填空题

1. 集成运算放大器在比例运算电路中工作在________区。

2. 利用________和________概念分析工作在线性区的集成运放电路，可以大大简化分析和计算过程。

3. 集成运放的应用主要分________和________，在分析电路工作原理时，都可以当作________运放对待。

4. 电压比较器有________比较器和________比较器。

5. 集成运放线性应用时，电路中必须引入________才能保证集成运放工作在________区，它的输出量与输入量成________关系。

6. 集成运放非线性应用时，集成电路接成________或________，工作在________区，它的输出量与输入量成________。

二、判断题（在括号内用“√”和“×”表明下列说法是否正确）

1. 集成运放电路只能应用于运算功能的电路。（ ）

2. 如果运算放大器的同相输入端 u_P 接“地”，那么反相输入端 u_N 的电压一定为零。（ ）

3. 同相输入比例运算放大器的闭环电压放大倍数一定大于或等于 1。（ ）

4. 过零比较器是输入电压和零电平进行比较，是运算放大器工作在非线性区的一种应用情况。（ ）

5. 电压比较器“虚断”的特性不再成立，“虚短”的特性依然成立。（ ）

6. 双门限电压比较器中的回差电压与参考电压有关。（ ）

7. 电压比较器能实现波形变换。（ ）

8. 集成运放电路的电源端可外接二极管防止电源极性接反。（ ）

三、选择题

1. 集成运放共模抑制比通常在（ ）dB。

A. 60　　B. 80　　C. 80 ~ 110　　D. 100

2. 理想集成运放输出电阻为（ ）。

A. 10Ω　　B. 100Ω　　C. 0Ω　　D. 1kΩ

3. 集成运算放大器是一种具有（　　）耦合放大器。

A. 高放大倍数的阻容　　　　　　B. 低放大倍数的阻容

C. 高放大倍数的直接　　　　　　D. 低放大倍数的直接

4. 在运算电路中，集成运算放大器工作在线性区域，因而要引入（　　），利用反馈网络实现各种数学运算。

A. 深度正反馈　　B. 深度负反馈　　C. 浅度正反馈　　D. 浅度负反馈

5. 单门限电压比较器中，集成运放所处的状态是（　　）。

A. 放大　　B. 饱和　　C. 闭环放大　　D. 开环放大

6. 下列不属于集成运放电路线性应用的是（　　）。

A. 加法运算电路　　B. 减法运算电路　　C. 积分电路　　D. 过零比较器

7. 集成运放电路（　　），会损坏运放。

A. 电源数值过大　　　　　　B. 输入接反

C. 输出端开路　　　　　　D. 输出端与输入端直接相连

四、综合题

1. 指出图4-41所示电路属于什么运算放大电路，若 $U_i=1\text{V}$，$R_1=1\text{k}\Omega$，$R_F=20\text{k}\Omega$，求 U_o的值。

2. 试求图4-42所示集成运放电路的输出电压 u_o。

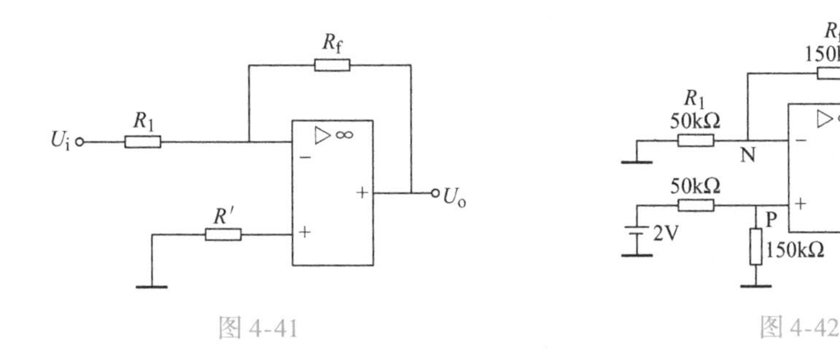

图4-41　　　　　　　　图4-42

3. 运算放大器组成的测量小电流 I_X的电流表电路如图4-43所示。输出端所接的电压表满量程为5V、500A，若要得到5mA、0.5mA、10μA三种量程，试计算 R_{F1}、R_{F2}、R_{F3}的阻值。

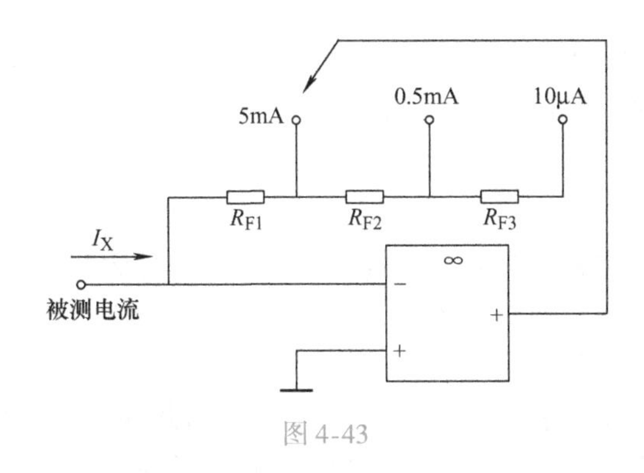

图4-43

项目五　晶闸管可控整流电路的装调

【工作情景】

电子加工中心接到一个调光台灯装调工作任务，要制作一个采用单结晶体管和晶闸管组装的调光电路。该电路可以控制功率小于45W的灯泡，调节亮度旋钮能够平滑控制灯泡的亮暗，亮度调到最暗时灯泡熄灭，性能稳定可靠。

【教学要求】

1. 掌握单结晶体管、晶闸管的功能及判别方法。
2. 掌握单相晶闸管可控整流电路的组成、工作原理和相关计算。
3. 按要求装配、焊接晶闸管调光电路。
4. 能使用示波器、万用表等仪器、仪表对电路进行调试和检测。
5. 培养独立分析、自我学习及团队合作的能力。

【设备要求】

1. 多媒体教学设备一套。
2. 每位学生自备电子电路装调工具一套。
3. 每个学习组需双踪示波器、直流稳压电源各一台。

任务一　晶闸管、单结晶体管的特性与检测

【任务目标】

1. 理解晶闸管、单结晶体管的结构、工作特性。
2. 掌握晶闸管、单结晶体管的识别和检测方法。

【任务引导】

晶闸管是在晶体管的基础上发展起来的一种大功率半导体器件。它的出现使半导体器件由弱电领域扩展到强电领域。晶闸管不仅具有硅整流器的特性，更重要的是它能以小功率信号去控制大功率系统，可作为强电与弱电的接口，高效完成对电能的变换和控制。由于晶闸管具有体积小、无触点、效率高、维护方便等优点，因此获得广泛应用。晶闸管在可控整流、逆变、调压、变频及无触点开关等方面得到了广泛的应用。

本任务要求用万用表检测晶闸管和单结晶体管，判别其质量和管脚极性。

【相关知识】

一、晶闸管

1. 晶闸管的外形、结构及符号

图 5-1a 为晶闸管的结构。晶闸管外部有三个电极，内部由 PNPN 四层半导体构成，最外层的 P 层和 N 层分别引出阳极 A 和阴极 K，中间的 P 层引出门极 G，内部有三个 PN 结。图 5-1b 为晶闸管的图形符号，文字符号为 V。图 5-2 为晶闸管的外形。

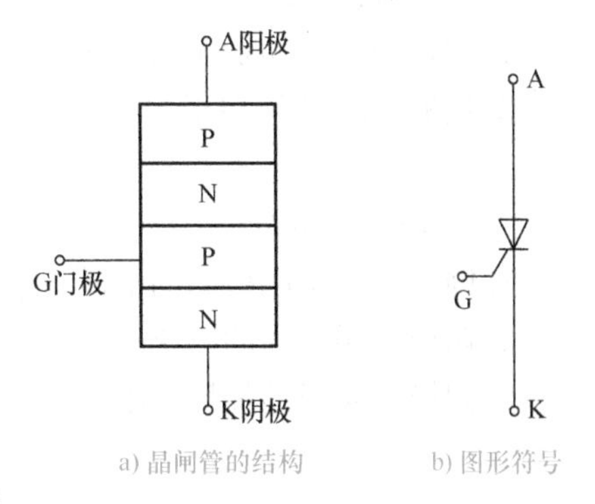

图 5-1　晶闸管的结构和图形符号

2. 晶闸管的工作特性

下面通过实验的方法说明晶闸管的工作特性。

（1）正向阻断　如图 5-3 所示，晶闸管加正向阳极电压，即阳极接电源正极，阴极接电源负极。S 断开，灯泡不亮。这说明晶闸管加正向阳极电压，但门极未加正向电压，晶闸管不能导通，这种状态称为晶闸管的正向阻断状态。

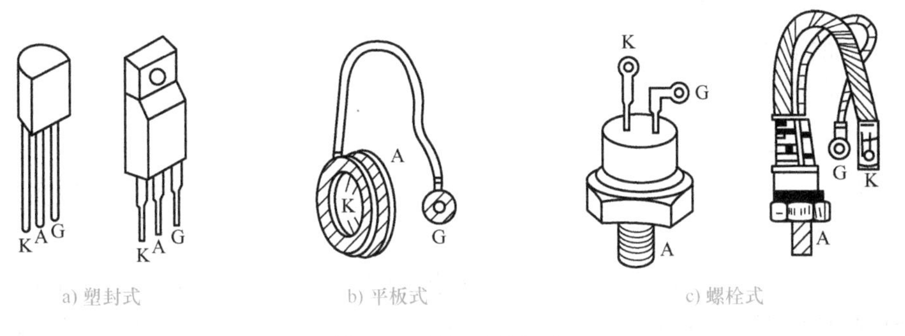

图 5-2　晶闸管的外形

（2）触发导通　如图 5-4 所示，晶闸管加正向阳极电压，且开关 S 闭合，即门极加正向电压，这时灯泡亮。这表明晶闸管导通，这种状态称为晶闸管的触发导通。晶闸管导通后，若再将开关 S 断开，灯泡仍亮。这说明晶闸管一旦导通后，门极就失去了控制作用。要使晶闸管关断，必须减小晶闸管的正向电流，使其小于维持电流，晶闸管即可关断。

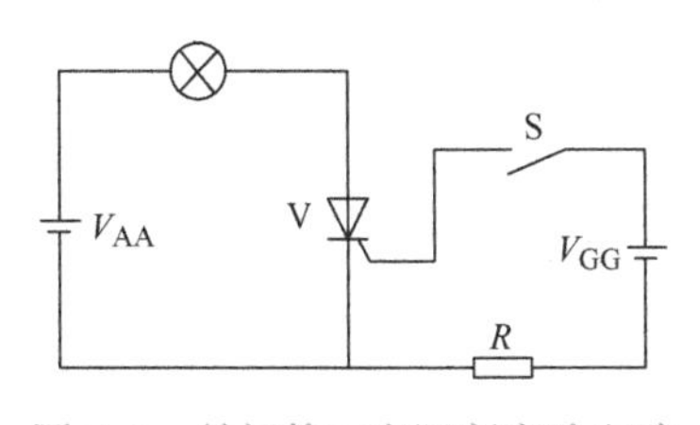

图 5-3　晶闸管正向阻断实验电路

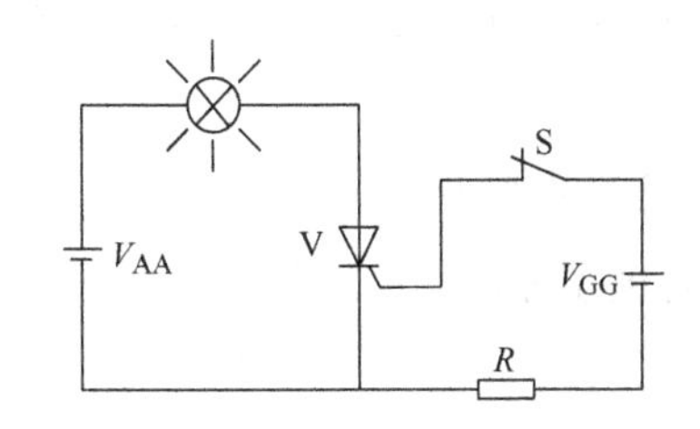

图 5-4　晶闸管触发导通实验电路

（3）反向阻断　如图 5-5 所示，晶闸管加反向阳极电压，此时不管门极加怎样的电压，灯泡始终不亮。

通过以上的实验可知，晶闸管导通和关断具有一定的条件。

(1) 晶闸管的导电特点

① 晶闸管具有单向导电特性；

② 晶闸管的导通是通过门极控制的。

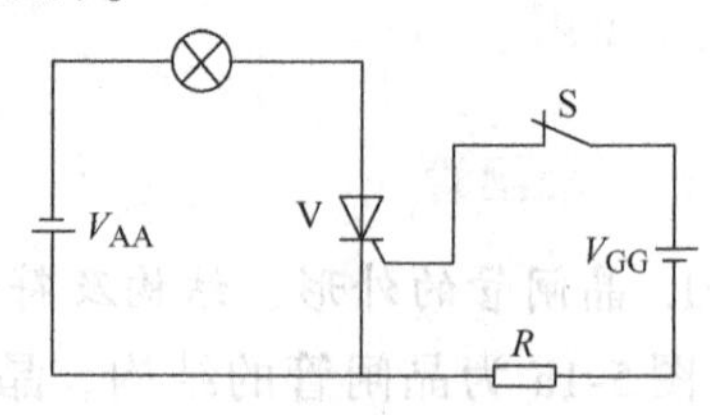

图 5-5 晶闸管反向阻断实验电路

(2) 晶闸管导通的条件

① 阳极与阴极间加正向电压；

② 门极与阴极间加正向电压，这个电压称为触发电压。

(3) 导通后的晶闸管关断的条件

① 降低阳极与阴极间的电压，使通过晶闸管的电流小于维持电流 I_H；

② 阳极与阴极间的电压减小为零；

③ 阳极与阴极间加反向电压。

结论：

1) 晶闸管一旦触发导通，就能维持导通状态，此时门极失去控制作用。要使导通的晶闸管关断，必须减小阳极电流到维持电流 I_H 以下。

2) 晶闸管具有“可控”的单向导电特性，所以晶闸管又称可控硅。

3) 由于门极所需的电压、电流比较低（电路只有几十至几百毫安），而阳极 A 与阴极 K 可承受很大的电压，通过很大的电流（电流可大到几百安培以上），因此，晶闸管可实现弱电对强电的控制。

3. 晶闸管的主要参数

(1) 断态重复峰值电压 U_{DRM}　结温为额定值时，门极断开，允许重复加在晶闸管 A、K 间的正向峰值电压。

(2) 反向重复峰值电压 U_{RRM}　结温为额定值时，门极断开，允许重复加在晶闸管 A、K 间的反向峰值电压。通常 U_{DRM} 和 U_{RRM} 两者相差不大，统称为峰值电压，俗称额定电压。

(3) 通态平均电流 $I_{T(AV)}$　在规定的环境温度和散热条件下，结温为额定值，允许通过的工频正弦半波电流的平均值。

(4) 通态平均电压 $U_{T(AV)}$　结温稳定，通过正弦半波的额定平均电流，晶闸管导通时，阳极 A 和阴极 K 间的电压平均值，习惯上称为导通时的管压降，一般为 1V 左右，此值越小越好。

(5) 维持电流 I_H　在规定环境温度下，门极断路时，晶闸管由通态到断态的临界电流。即晶闸管已导通，再从较大的通态电流降至维持通态所必需的最小电流，一般为几十毫安到几百毫安。

4. 晶闸管的型号

国产普通型晶闸管的型号有 3CT 系列和 KP 系列，各部分的含义如下：

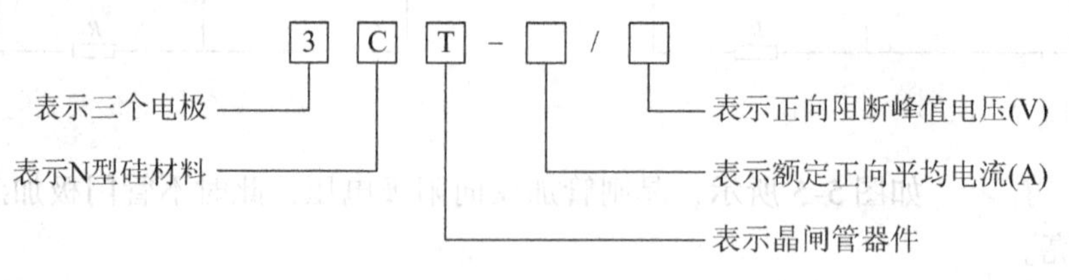

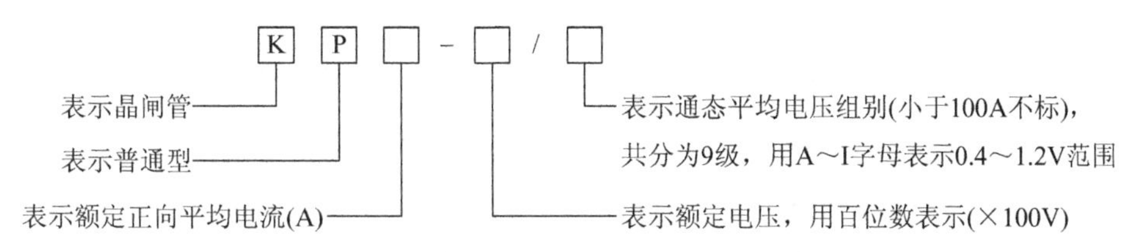

例如：3CT－5/500 表示额定电流为 5A，额定电压为 500V 的普通型晶闸管；KP200－18F 表示额定电流为 200A，额定电压为 1800V 的普通型晶闸管，正向通态平均电压工作组为 F。

5. 使用注意事项

1）在选择晶闸管额定电压、电流时，应留有足够的安全余量。

2）应有过电流、过电压保护和限制电流、电压变化的措施。

3）晶闸管的散热系统应严格遵守规定要求。

4）严禁用绝缘电阻表（习惯称兆欧表）检查晶闸管的绝缘情况。

二、单结晶体管

1. 单结晶体管的结构、符号

图 5-6a 所示为单结晶体管的结构。其内部有 1 个 PN 结，所以称为单结晶体管；有三个电极，分别是发射极 E 和第一基极 B_1、第二基极 B_2，所以又叫双基极二极管。图 5-6b 所示为单结晶体管的图形符号，其文字符号为 V。图 5-6c 所示为单结晶体管的外形。

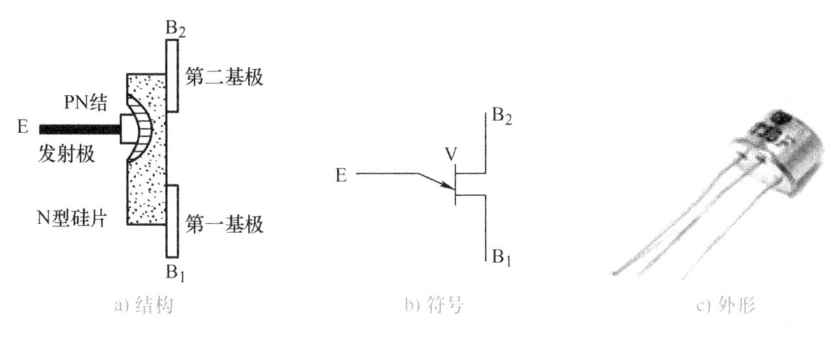

a) 结构　　b) 符号　　c) 外形

图 5-6　单结晶体管

2. 单结晶体管的伏安特性

图 5-7a 所示为单结晶体管的等效电路，图 5-7b 所示为其伏安特性曲线。

由单结晶体管的等效电路可得

$$U_A = \frac{R_{B1}}{R_{B1}+R_{B2}}U_{BB} = \frac{R_{B1}}{R_{BB}}U_{BB} = \eta U_{BB}$$

式中，η 为分压比，其值一般为 0.3～0.9。

当 $U_E < U_A$ 时，PN 结反向截止，单结晶体管截止。

当 $U_E \geqslant U_A$ 时，PN 结正向导通，I_E 显著增加，R_{B1} 迅速减小，U_E 下降——负阻特性。

管子由截止区进入负阻区的临界点——峰点，用 P 表示。

峰点电压：$$U_P = \eta U_{BB} + U_D$$

管子由负阻区进入饱和区的临界点——谷点，用 V 表示。

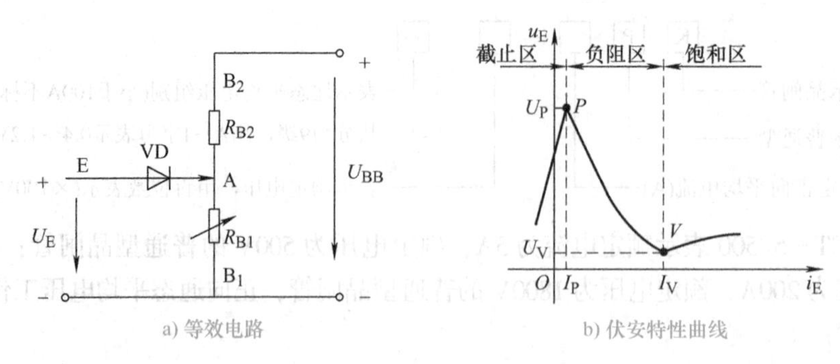

a) 等效电路　　b) 伏安特性曲线

图 5-7　单结晶体管的等效电路和伏安特性曲线

当 U_E 下降至谷点时，谷点电压为 U_V，谷点电流为 I_V。

过了 V 点后，管子又恢复正向特性，随 I_E 增大，U_E 略有增大——饱和区。

结论：

当发射极电压等于峰点电压 U_P 时，单结晶体管导通。导通后，发射极电压 U_E 减小，当发射极电压减小到谷点电压 U_V 时，管子又由导通转变为截止。

3. 单结晶体管的型号

例如：BT31、BT33、BT35 等，其中“B”表示半导体，“T”表示特种管，“3”表示 3 个电极，第 4 个数字表示耗散功率分别为 100mW、300mW、500mW。

【任务准备】

1. 制订计划

各小组在组长带领下，集体讨论，制订工作计划，合理安排工作进程。根据所学理论知识和操作技能，结合任务目标及任务引导，填写工作计划。晶闸管和单结晶体管的识别和检测工作计划如表 5-1 所示。

表 5-1　晶闸管和单结晶体管的识别和检测工作计划

工作时间	共______课时	审核：______________
任务实施步骤	1.	
	2.	
	3.	
	4.	
	5.	

晶闸管和单结晶体管的识别和检测耗材领取清单如表 5-2 所示。

表 5-2　晶闸管和单结晶体管的识别和检测耗材领取清单

领料组：		领料人：			领料时间：		
序号	名称及规格	每人数量	小组数量	是否归还	归还人签名	管理员签名	备注

【任务实施】

各小组在组长带领下按照工作计划，完成以下工作任务。

1. 元器件的检测

用万用表检测所有元器件，并将检测结果填写在表 5-3 中。

表 5-3　晶闸管和单结晶体管的识别和检测

序　　号	器 件 名 称	型　　号	结果（标示管脚极性）	质　　量
1	晶闸管	TYN412	TYN412 ① ② ③	
2	单结晶体管	BT33F	③ ② ①	

2. 工作岗位 6S 活动

工作任务完成后，各工作组关闭工作台上所有仪表的电源，拆下测量线和连接导线，归还借用的工具、仪表。组长组织组员开展工作岗位的“整理、整顿、清扫、清洁、安全、素养”6S 活动。

3. 思考与讨论

（1）晶闸管导通和关断的条件是什么？如何用万用表判别其管脚极性和质量？

（2）单结晶体管导通和截止的条件是什么？如何用万用表判别其管脚极性和质量？

【知识拓展】

晶闸管的识别与检测

一、判别管脚极性

1）螺栓式和平板式晶闸管无须测试，直接观察外形即可。

2）小电流的塑封管用万用表电阻档判别。

用万用表电阻档 $R\times 1\text{k}\Omega$ 或 $R\times 100\Omega$ 档进行的六次测量中，只有一次为低电阻，此时黑表笔所接的管脚为门极 G，红表笔所接的管脚为阴极 K，另一个管脚为阳极 A。

二、质量判别

1. 检测各极间的正、反向电阻

用万用表 $R\times 1\text{k}\Omega$ 或 $R\times 100\Omega$ 档测量阳极 A 和阴极 K 之间的正、反向电阻都很大，均应为高阻值（在几百千欧以上）；

测量门极 G 和阳极 A 之间的正向电阻和反向电阻，也均应为高阻值；

测量门极 G 与阴极 K 间的正向电阻和反向电阻应有差别，即正向电阻很小，反向电阻很大。

2. 检测触发性能

1）将万用表置于 $R\times 1\Omega$ 档，黑表笔接 A 极，红表笔接 K 极，电阻为无穷大。

2）用黑表笔在不断开阳极 A 的同时接触门极 G，加上正向触发信号，表针向右偏转到低阻值即表明单向晶闸管已经导通。

3）在不断开阳极 A 的情况下，断开黑表笔与门极 G 的接触，此时万用表指针应保持在原来的低阻值上，这表明单向晶闸管撤去触发信号后，仍将保持导通状态。

检测时，只要以上的各种情况有一种不能满足，就说明管子存在质量问题。

单结晶体管的识别与检测

一、判别管脚极性

1. 外观判别法

如图 5-8 所示，单结晶体管的管脚与外壳相通的电极一般是 B_1 极，与凸耳相靠近的电极一般是 E 极。

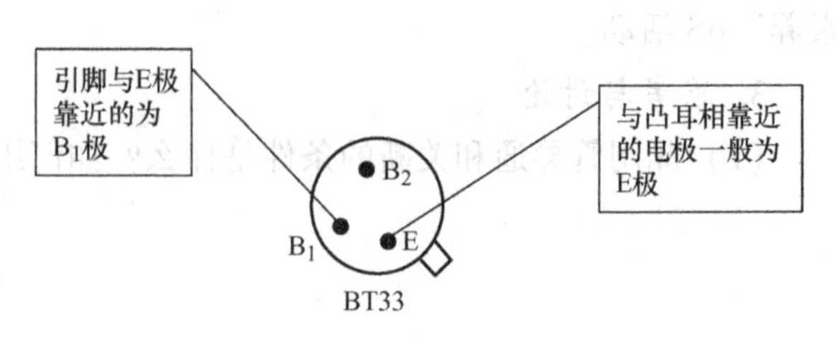

图 5-8　BT33 的外观判别

2. 万用表判别法

用万用表 $R\times 100\Omega$ 档，依次检测管子任意两个电极的正、反向电阻值，若两个电极之间的正、反向电阻相等（2 ~ 10kΩ），基本上可判定该管为单结晶体管，而该两极分别为 B_1 及 B_2，另一管脚为 E。

然后根据发射极 E 至 B_1 之间正向电阻大于 E 至 B_2 的正向电阻，可区分开 B_1、B_2（该方法不一定对所有的单结晶体管都适用）。

二、质量的检测

万用表的量程一般选用 $R\times100\Omega$ 或 $R\times1\text{k}\Omega$ 档，将黑表笔接发射极 E，红表笔依次接两个基极（B_1、B_2），正常时均应有几千欧至十几千欧的电阻值。再将红表笔接发射极 E，黑表笔依次接两个基极，正常时阻值为无穷大。

单结晶体管两个基极之间的正、反向电阻均在 2 ~ 10kΩ 范围内，若测得两基极之间的电阻值相差较大时，则说明该管已损坏。

【习题】

一、填空题

1. 晶闸管的三个电极分别是________、________、________。

2. 晶闸管导通的条件是：在阳极和阴极之间加正向电压的同时，在________和________之间也加正向电压。

3. 晶闸管的工作状态有正向________状态，正向________状态和反向________状态。

4. 某半导体器件的型号为 KP50—7，其中 KP 表示该器件的名称为________，50 表示________，7 表示________。

5. 只有当阳极电流小于________电流时，晶闸管才会由导通转为截止。

6. 单结晶体管的内部一共有________个 PN 结，外部一共有 3 个电极，它们分别是________、________和________。

7. 晶闸管是一种具有________的半导体器件。

二、判断题（在括号内用“√”和“×”表明下列说法是否正确）

1. 普通晶闸管是四层半导体结构。（　）
2. 晶闸管和晶体管都能用小电流控制电流，因此它们都具有放大作用。（　）
3. 晶闸管和二极管一样具有反向阻断能力，但没有正向阻断能力。（　）
4. 晶闸管由正向阻断状态变为导通状态所需要的最小门限电流称为维持电流。（　）
5. 晶闸管的通态平均电压越大越好。（　）

三、选择题

1. 晶闸管内部有（　）PN 结。

A. 一个　B. 二个　C. 三个　D. 四个

2. 触发导通的晶闸管，当阳极电流减小到低于维持电流以下时，晶闸管的状态是（　）。

A. 继续维持导通　B. 阳极—阴极间有正向电压，管子能继续导通

C. 转为关断　D. 不确定

3. 用万用表测试好的单向晶闸管时，A、K 极间的正、反向电阻应（　）。

A. 一大一小　B. 都很小　C. 都很大　D. 都不大

4. 额定电流为 100A 的晶闸管，允许通过电流的有效值为（　）。

A. 70.7A　B. 141A　C. 157A　D. 314A

四、简答题

1. 简述晶闸管导通的条件。
2. 晶闸管关断的条件是什么？如何实现？晶闸管阻断时其两端电压由什么决定？

任务二 晶闸管调光电路的装调

【任务目标】

1. 理解晶闸管可控整流电路的结构及工作原理。
2. 熟练使用示波器、万用表和电烙铁。
3. 掌握晶闸管调光电路的安装、调试及简单故障的排除方法。

【任务引导】

晶闸管组成的整流电路可以在交流电压不变的情况下，方便地改变直流输出电压的大小，即可控整流。可控整流是实现交流到可控直流之间的转换。晶闸管组成的可控整流电路具有体积小、质量轻、效率高以及控制灵敏等优点，目前已取代直流发电机组，用作直流拖动装置，广泛用于机床、轧钢、造纸、电解、电镀、光电、励磁等领域。

本任务是制作一个采用晶闸管和单结晶体管构成的调光电路，如图5-9所示。因该电路输出的是直流电压，故只适合对白炽灯进行调光，不适合对荧光灯调光。要求电路性能稳定可靠，调节亮度旋钮能够平滑控制灯泡的亮暗，无突然变亮或变暗现象，亮度调到最暗时灯泡熄灭。

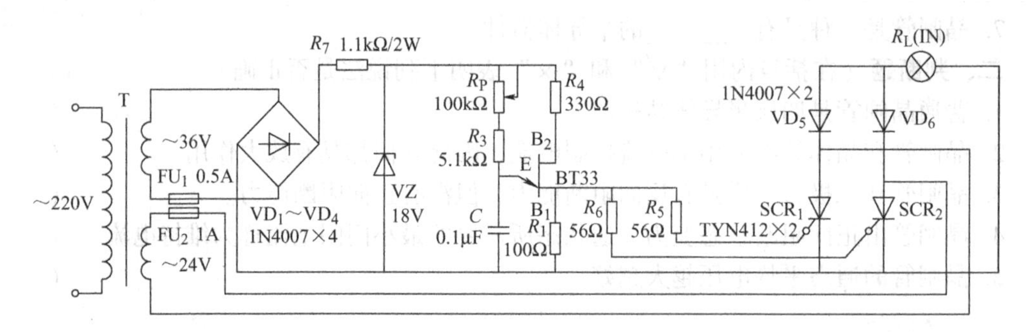

图5-9 晶闸管调光电路

【相关知识】

在变压器二次电压不变的情况下，单相半波整流电路和单相桥式整流电路的输出电压是固定不变的。在不改变变压器二次电压的情况下，如果需要大幅度地调节输出电压，该怎么办呢？一般可采用晶闸管可控整流电路实现。

一、晶闸管整流电路

晶闸管组成的整流电路可以在交流电压不变的情况下，方便地改变直流输出电压的大小，即可控整流。可控整流包括单相可控整流电路和三相可控整流电路。

1. 单相半波可控整流电路

（1）电路组成及工作原理　将单相半波整流电路中的二极管换成晶闸管即构成单相半波可控整流电路，如图5-10所示。

把晶闸管从开始承受正向阳极电压起，到被触发导通，期间所对应的电角度称为触发延迟角，用 α 表示。

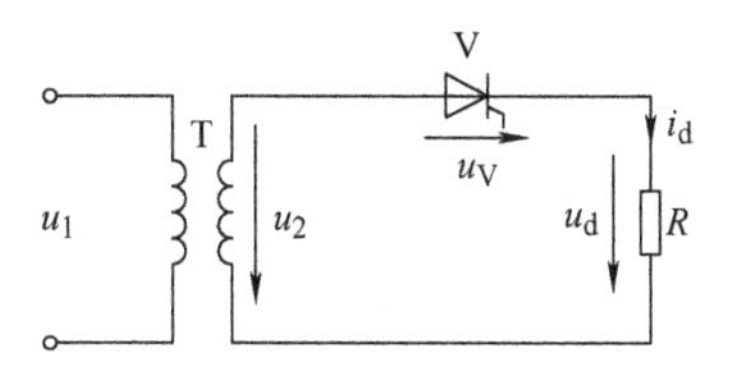

图 5-10　单相半波可控整流电路

u_2为正半周（即 $0\sim\pi$）时，晶闸管 V 承受正向电压，如果 V 的门极上没有触发脉冲，则 V 处于正向阻断状态，输出电压 $u_L=0$。

若在某时刻（触发延迟角 α），加入触发脉冲 u_g，V 导通。在 $\omega t=\alpha\sim\pi$ 期间，尽管触发脉冲 u_g已消失，但晶闸管仍保持导通，直到过零（$\omega t=\pi$）时，通过晶闸管 V 的电流小于维持电流，晶闸管自行关断。在此期间 $u_L=u_2$，极性为上正下负。

u_2为负半周（即 $\pi\sim2\pi$）时，晶闸管 V 由于承受反向电压而继续关断，直到下一个周期到来时，再施加触发脉冲 u_g，晶闸管将再次导通，如此往复，在负载上得到单一方向的直流电压。如图 5-11 所示为触发延迟角为 α 时的单相半波可控整流电路的电压波形。

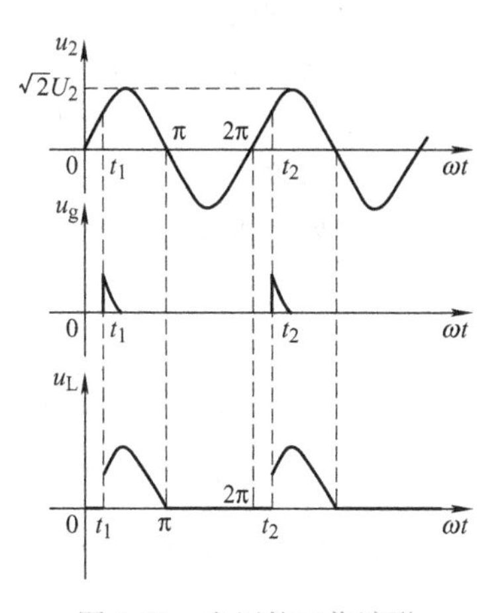

图 5-11　电压的工作波形

晶闸管在一个周期内导通的电角度称为导通角，用 θ 表示，显然 $\theta=\pi-\alpha$。

改变触发延迟角 α 的大小，即可改变输出电压 u_L的波形。α 越大，θ 越小，u_L越小。把触发延迟角 α 的变化范围称为移相范围。单相半波可控整流电路的移相范围为 0°～180°。

（2）主要参数计算　输出电压的平均值为

$$U_L=0.45U_2\frac{1+\cos\alpha}{2}$$

负载电流平均值为

$$I_L=\frac{U_L}{R_L}$$

通过晶闸管的平均电流为

$$I_T=I_L$$

晶闸管承受的最大电压为

$$U_{RM}=\sqrt{2}U_2$$

（3）电路特点　电路简单，调整方便，但输出电压脉动大，设备利用率低。

2. 单相半控桥式整流电路

（1）电路组成　将单相桥式整流电路中两只整流二极管换成两只晶闸管，就组成了单相半控（即半数为晶闸管）桥式整流电路，如图 5-12 所示。

（2）工作原理　u_2为正半周时，晶闸管 V_1 和二极管 VD_4 承受正向电压，如果这时未加触发电压，晶闸管处于正向阻断状态，输出电压 $u_o=0$。

在触发延迟角为 α 时，加入触发脉冲 u_g，晶闸管 V_1 触发导通。

在 $\omega t=\alpha\sim\pi$ 期间，尽管触发脉冲 u_g已消失，但晶闸管 V_1 仍保持导通，直至 u_2过零（$\omega t=\pi$）时，晶闸管才自行关断。在此期间 $u_o=u_2$，极性为上正下负。

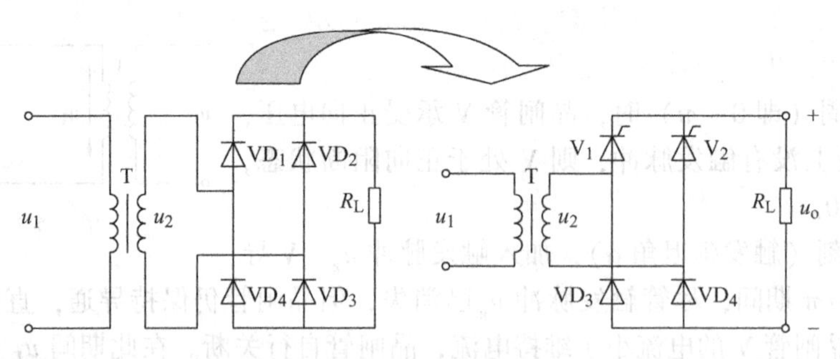

图 5-12　单相半控桥式整流电路

u_2为负半周时，晶闸管 V_2 和二极管 VD_3 承受正向电压，只要触发脉冲 u_g到来，晶闸管就导通，负载上所得的仍为上正下负电压，如此往复。图5-13 为电路中各电压的工作波形。

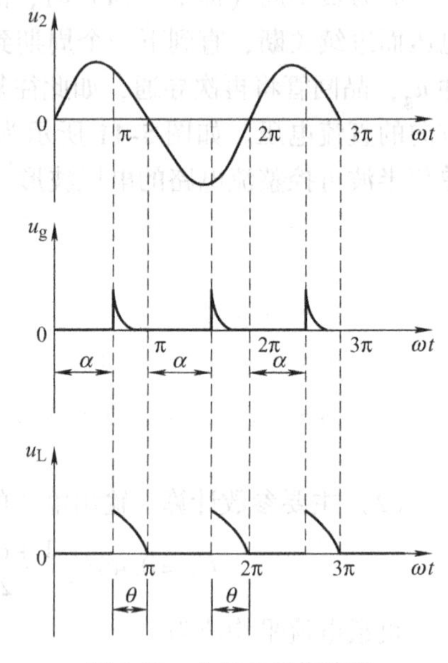

图 5-13　电压的工作波形

改变触发延迟角 α 的大小，就可以改变输出电压 u_L 的大小。单相半控桥式整流电路触发延迟角 α 的移相范围是 0°～180°。

（3）主要参数计算　输出电压的平均值为

$$U_L = 0.9U_2 \frac{1+\cos\alpha}{2}$$

负载电流平均值为

$$I_L = \frac{U_L}{R_L}$$

通过晶闸管的平均电流为

$$I_T = \frac{1}{2}I_L$$

晶闸管承受的最大电压为

$$U_{RM} = \sqrt{2}U_2$$

（4）电路特点　输出电压脉动小，设备利用率高，但所需元器件较多。

二、单结晶体管触发电路

1. 单结晶体管振荡电路

利用单结晶体管的负阻特性和 RC 的充放电特性，可以组成频率可调的振荡电路，用来产生晶闸管的触发脉冲。图 5-14a 为其电路图，图 5-14b 为其工作波形。

接通电源 U_{BB}后，电源经 R_P、R_E 给电容 C 充电，u_C按指数规律增大，当 $u_C < U_P$时，单结晶体管截止，R_1上没有电压输出。当 u_C达到峰点电压 U_P时，单结晶体管导通，其第一基极的等效电阻 R_{B1}迅速减小，电容 C 通过 R_{B1}、R_1迅速放电，在 R_1上形成脉冲电压。

随着电容 C 的放电，u_E迅速下降，当 $u_C < U_V$时，单结晶体管截止，放电结束，输出电压又降到零，完成一次振荡。电源对电容再次充电，并重复上述过程，于是在 R_1上产生一系列的尖脉冲电压。

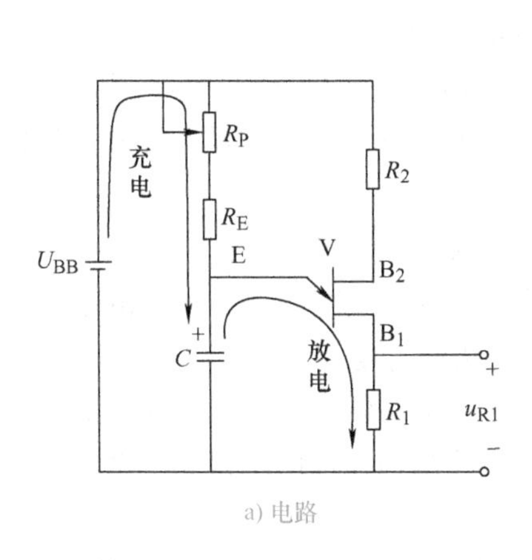

a) 电路

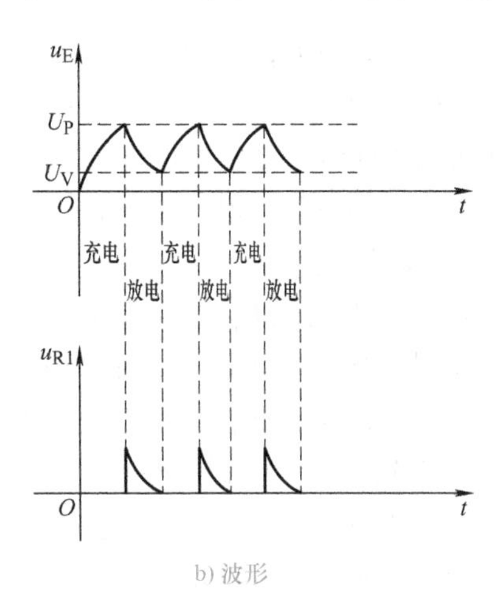

b) 波形

图 5-14　单结晶体管振荡电路及波形

改变 R_P 的阻值（或电容 C 的大小），可改变电容充电的快慢，使输出脉冲提前或移后，从而控制晶闸管的触发导通时刻。$\tau = RC$ 越大，触发脉冲越后移，触发延迟角增大，反之触发延迟角减小。

2. 单结晶体管同步触发电路

图 5-15a 为一个具有触发电路的单相半控桥式整流电路，图的上半部分是单结晶体管触发电路。

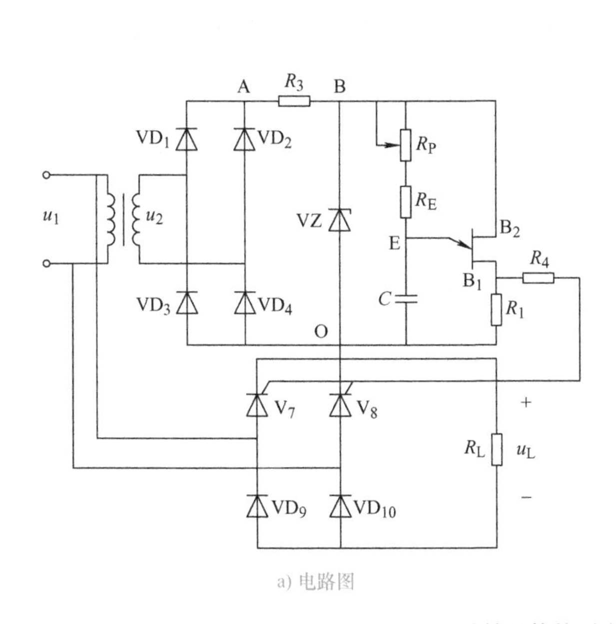

a) 电路图

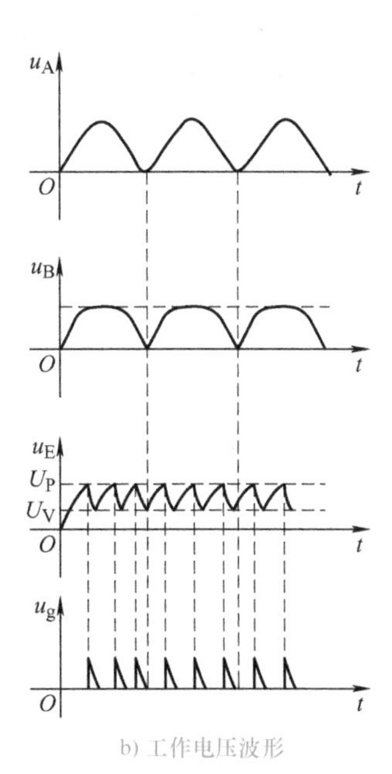

b) 工作电压波形

图 5-15　单结晶体管同步触发电路

交流电经桥式整流，得到如图 5-15b 所示的整流输出波形 u_A，再经稳压管的稳压，在稳压管两端得到如图 5-15b 所示的梯形波 u_B。此梯形波电压和交流电压同步，由于梯形波电压和交流电压同时为零，所以保证了触发电路交流电源电压的同步。该同步电压作为电源又通过 R_P、R_E向电容 C 充电，电容的端电压 u_C按指数规律上升。单结晶体管的发射极电压等于电容两端电压 u_C。

当 u_C小于峰点电压 U_P时，单结晶体管处于截止状态，输出 $u_g=0$。

当 u_C上升到等于 U_P时，单结晶体管由截止变为导通，其电阻 R_{B1}急剧减小，于是电容 C 经 $E \rightarrow B_1 \rightarrow R_1$ 迅速放电，放电电流在 R_1 上转变为尖脉冲电压 u_g。

当 u_C下降到单结晶体管的谷点电压 U_V以下时，单结晶体管截止。截止以后，电源再次经 R_P、R_E向电容 C 充电，重复上述过程。于是在电阻 R_1 上通过 R_4 得到一个又一个的脉冲电压 u_g波形，如图 5-15b 所示。

由于每半个周期内，第一个脉冲可使晶闸管触发导通，后面的脉冲均无作用，因此，只要改变每半周内的第一个脉冲产生的时间，即可改变触发延迟角的大小。若电容 C 充电较快，u_C很快达到 U_P，第一个脉冲输出的时间就提前；在实际应用中，通过改变 R_P 的大小可改变触发延迟角 α 的大小，从而达到触发脉冲移相的目的。

【任务准备】

1. 制订计划

各小组在组长带领下，集体讨论，制订工作计划，合理安排工作进程。根据所学理论知识和操作技能，结合任务目标及任务引导，填写工作计划。晶闸管调光电路的装调工作计划如表 5-4 所示。

表 5-4 晶闸管调光电路的装调工作计划

工作时间	共______课时	审核：__________
任务实施步骤	1.	
	2.	
	3.	
	4.	
	5.	

2. 准备器材

（1）仪器准备 双踪示波器、直流稳压电源。晶闸管调光电路的装调借用清单如表 5-5 所示。

表 5-5　晶闸管调光电路的装调借用清单

借用组别：		借用人：		借出时间：		
序号	名称及规格	数量	归还人签名	归还时间	管理员签名	备注

（2）仪表、工具准备 万用表、电烙铁、烙铁架、尖嘴钳、斜口钳、镊子。

（3）耗材领取　晶闸管调光电路的装调耗材领取清单如表 5-6 所示。

表 5-6　晶闸管调光电路的装调耗材领取清单

领料组：		领料人：			领料时间：		
序号	名称及规格	每人数量	小组数量	是否归还	归还人签名	管理员签名	备注

【任务实施】

各小组在组长带领下按照工作计划，完成以下工作任务。

1. 画原理图

参考图 5-9，画出晶闸管调光电路的原理图。

2. 元器件检测

1）用万用表检测晶闸管与单结晶体管的管脚极性及质量好坏，将结果填入表 5-7 中。

表 5-7　晶闸管与单结晶体管的检测

序　号	器件名称	型　号	结果（标示管脚极性）	质　量
1	晶闸管	TYN412	TYN412 ① ② ③	
2	单结晶体管	BT33F	③ ② ①	

2）用万用表检测电路的其他元器件，判别其质量及管脚极性，将检测结果记录在表5-8中。

表5-8　其他元器件的检测

序　号	元器件名称	型号或标称值	结　果	质　量
1	电阻1……	100×(1±5%)Ω	（实际电阻值）	
…	整流桥		（画图标示管脚极性）	
	整流二极管	1N4007	（画图标示管脚极性）	
	稳压二极管	18V	（画图标示管脚极性）	
	电容	0.1μF	（绝缘电阻）	
	电位器	100kΩ	（阻值调节范围）	

3. 电路装配设计

（1）元器件布局的原则　应保证电路性能指标的实现，应便于布线，应满足结构工艺的要求，有利于设备的装配、调试和维修。

（2）元器件排列的方法及要求

1）元器件的标志应易于辨认，使其可按照从左到右、从下到上的顺序读出。

2）元器件的极性不得装错。

3）安装高度应符合规定要求，同一规格的元器件应尽量安装在同一高度上。

4）安装顺序一般为先低后高，先轻后重，先易后难，先一般元器件后特殊元器件。

5）元器件在印制板上的分布应尽量均匀，疏密一致，排列整齐美观。不允许斜排、立体交叉和重叠排列。

6）一些特殊元器件的安装处理。发热元件要与印制板面保持一定距离，不允许紧贴板面安装，较大元器件的安装应采取固定（绑扎、粘、支架固定等）措施。

4. 电路装配、焊接与调试过程

待装元器件检测→引线整形→插件→调整位置→固定位置→焊接→检查→通电调试。

1）调节R_P，按表5-9的要求测试、调试电路，并记录结果。

表5-9　晶闸管调光电路的检测

序号	测试调试项目	万用表量程	测量点	测试结果
1	电源变压器输出电压	AC 50V 档	变压器二次侧输出端	
2	稳压电路的输出电压	DC 50V 档	稳压管 VZ 两端	
3	U_e的变化范围	DC 50V 档	单结管 E 极处	
4	晶闸管触发电压的变化范围	DC 2.5V 档	单结管 B_1 极处	
5	负载两端电压的变化范围	DC 50V 档	R_L（灯泡）两端	
6	增大R_P和减小R_P	（说明灯泡的变化情况）		

2）调节R_P，用示波器观察图5-16电路图中标示的A、B、C、D各点及负载R_L的波形，各工作电压的理论波形参见图5-17。

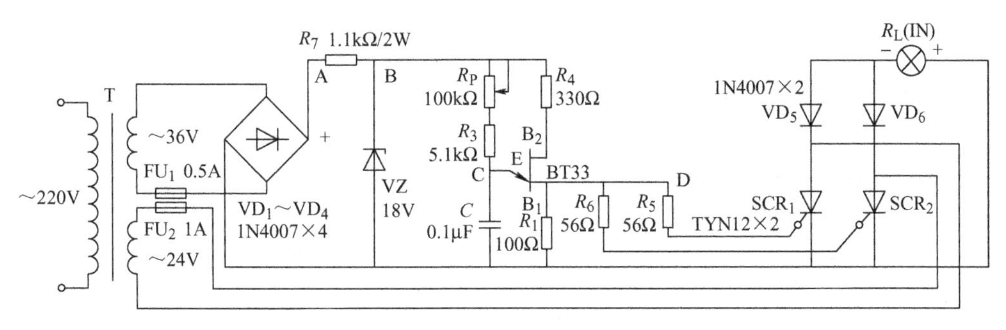

图 5-16 晶闸管调光电路

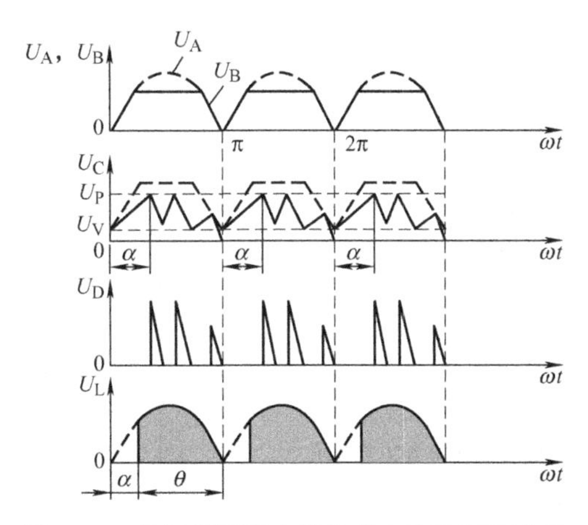

图 5-17 晶闸管调光电路各点电压的理论波形

5. 工作岗位 6S 活动

工作任务完成后，各工作组关闭工作台上所有仪器、仪表的电源，拔掉电烙铁的插头，拆下测量线和连接导线，归还借用的工具、仪器、仪表。组长组织组员开展工作岗位的“整理、整顿、清扫、清洁、安全、素养” 6S 活动。

6. 思考与讨论

（1）单结晶体管触发的可控整流电路中，主电路和触发电路为什么接在同一个变压器上？

（2）单结晶体管触发的可控整流电路中，整流后为什么加稳压管？

（3）单结晶体管触发电路的一系列触发脉冲中，为什么只有第一个起作用？如何改变触发延迟角 α？

【任务评价】

师生将任务评价结果填在表 5-10 中。

表 5-10 晶闸管调光电路的装调评价表

<table>
<tr><td colspan="2">班级：________ 小组：________
姓名：________ 学号：________</td><td colspan="5">指导教师：________
日　期：________</td></tr>
<tr><td rowspan="2">评价项目</td><td rowspan="2">评价内容</td><td colspan="3">评价方式</td><td rowspan="2">权重</td><td rowspan="2">得分小计</td></tr>
<tr><td>学生自评 15%</td><td>小组互评 25%</td><td>教师评价 60%</td></tr>
<tr><td>职业素养</td><td>1. 遵守规章制度、劳动纪律
2. 人身安全与设备安全
3. 完成工作任务的态度
4. 完成工作任务的质量及时间
5. 团队合作精神
6. 工作岗位“6S”处理</td><td></td><td></td><td></td><td>0.3</td><td></td></tr>
<tr><td>专业能力</td><td>1. 理解晶闸管可控整流电路的组成和工作原理
2. 元器件布局合理，电路板制作符合工艺要求
3. 熟悉元器件的检测、插装和焊接操作
4. 能用示波器、万用表等仪器、仪表对电路进行调试和检测</td><td></td><td></td><td></td><td>0.5</td><td></td></tr>
<tr><td>创新能力</td><td>1. 能分析晶闸管调光电路的工作原理
2. 对电路的装接和调试有独到的见解和方法
3. 熟练使用示波器研究晶闸管调光电路的工作过程及相关电压波形</td><td></td><td></td><td></td><td>0.2</td><td></td></tr>
<tr><td rowspan="2">综合评价</td><td colspan="6">总分</td></tr>
<tr><td colspan="6">教师点评</td></tr>
</table>

【Multisim 仿真】

一、仿真电路图

本任务的仿真电路如图 5-18 所示。

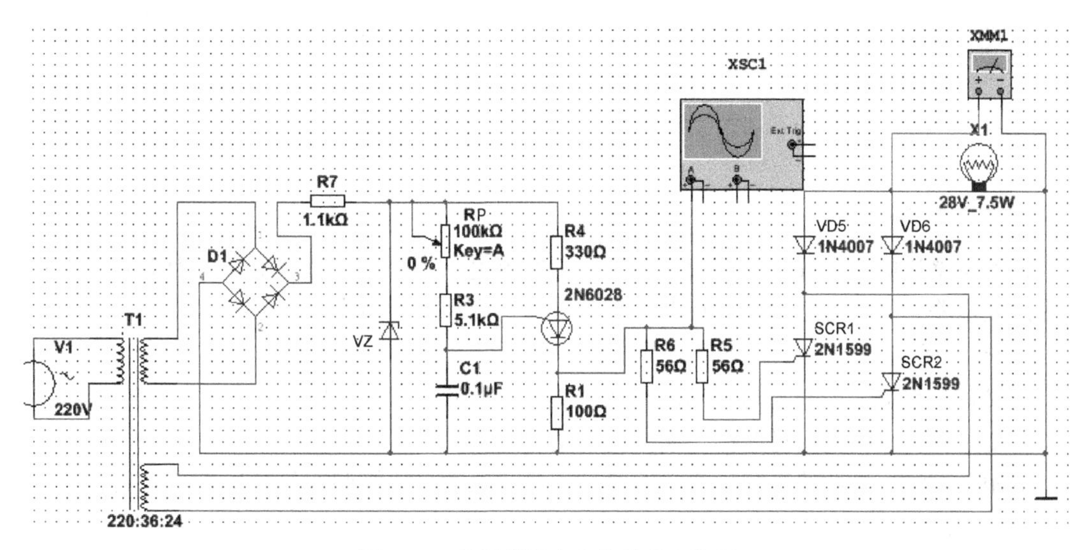

图 5-18　晶闸管调光电路仿真电路图

二、元器件清单

晶闸管调光电路仿真电路图元器件清单如表 5-11 所示。

表 5-11　晶闸管调光电路仿真电路图元器件清单

序　号	描　述	编　号	数　量
1	FWB，1B4B42	D1	1
2	ZENER，1N4745A	VZ	1
3	28V_7.5W	X1	1
4	DIODE，1N4007	VD5、VD6	2
5	SCR，2N1599	SCR1、SCR2	2
6	UJT，2N6028	2N6028	1
7	TRANSFORMER，1P2S	T1	1
8	POTENTIOMETER，100kΩ	RP	1
9	CAPACITOR，0.1μF	C1	1
10	RESISTOR，56Ω	R5、R6	2
11	AC_POWER，220 Vrms　50Hz　0°	V1	1
12	RESISTOR，330Ω	R4	1
13	RESISTOR，100Ω	R1	1
14	POWER_SOURCES，GROUND	0	1
15	RESISTOR，5.1kΩ	R3	1
16	RESISTOR，1.1kΩ	R7	1

三、仿真提示

本应用电路使用 2N6028 替代 BT33，使用 2N1599 替代 TYN412。请读者自行改变电路元器件参数，使用示波器观察波形，特别是调节电位器，改变 2N6028 的输出波形，使用万用表测量灯泡两端电压。

【知识拓展】

晶闸管的其他应用电路

一、逆变器

逆变是整流的逆过程，即把直流电转变为交流电的过程。把直流电逆变为交流电的电路称为逆变电路，又称为逆变器。逆变可分为有源逆变和无源逆变。

1. 有源逆变

定义：将直流电逆变为与电网同频率的交流电，并返送回电网。

逆变过程：直流电→逆变器→交流电→交流电网。

应用：直流可逆调速系统、交流线绕转子异步电动机串级调速和高压直流输电等。

2. 无源逆变

定义：将直流电逆变为某一频率的交流电，并直接供给交流负载。

逆变过程：直流电→逆变器→交流电→负载。

应用：当需要直流稳压电源为交流负载供电时，如变频器、不间断电源、感应加热电源等。

二、变频器

变频就是将某一频率的电源转换成另一频率（或频率可调）的电源。能够实现变频的电路称为变频器。变频器分为直接变频器（交—交变频器）和间接变频器（交—直—交变频器），如图 5-19 所示。

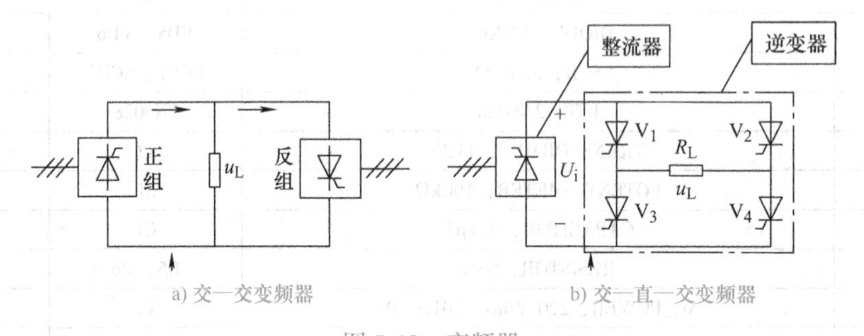

图 5-19　变频器

三、单相交流调压器

图 5-20 为单相交流调压器的电路图及工作波形。

u_i为正半周时，在 t_1（$\omega t_1=\alpha$）时刻将触发信号加到 V_2 的门极，V_2 导通，当 u_i 过零时，V_2 自行关断。u_i为负半周时，在 t_2（$\omega t_2=\pi+\alpha$）时刻将触发信号加到 V_1 的门极，V_1

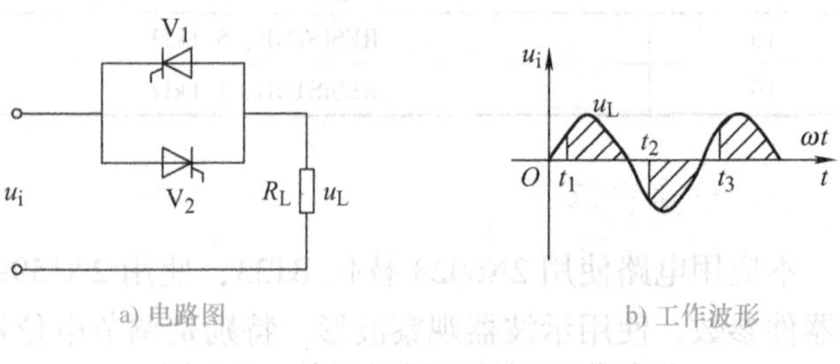

图 5-20　单相交流调压器及工作波形

导通，当 u_i 过零时，V_1 自行关断。调节触发延迟角 α，可改变输出电压的高低。

交流调压器广泛应用于电动机的调压、调速与正反转控制，以及机场、摄影、舞台灯的调光和加热炉的温度控制等。

【习题】

一、填空题

1. 单结晶体管的同步触发电路中，每半个周期内，单结晶体管会产生________脉冲，但只有________脉冲起作用，它加到晶闸管的________极上，使承受________的晶闸________管导通。

2. 当单结晶体管的发射极电压高于________电压时就导通；低于________电压时就截止。

3. 晶闸管整流电路与晶体二极管整流电路的最大区别是：晶闸管整流电路的输出是________________，而晶体二极管整流电路的输出是________________。

4. 对于电感性负载单相半控桥式整流电路，若要求晶闸管在负半周内不导通，可在电路中接________。

5. 电阻性负载单相半控桥式整流电路的最大导通角是________，移相范围是________。

6. 晶闸管过电压保护通常采用________和________保护。

二、判断题（在括号内用“√”和“×”表明下列说法是否正确）

1. 单相半波可控整流电路中，触发延迟角越大，负载上得到的直流电压平均值也越大。（　）

2. 单结晶体管触发电路输出尖脉冲。（　）

3. 单结晶体管触发电路一般用于三相桥式可控整流电路。（　）

4. 晶闸管过电流保护电路中用快速熔断器来防止瞬间的电流尖锋损坏器件。（　）

5. 晶闸管整流一般用并联压敏电阻的方法实现过电压保护。（　）

三、选择题

1. 晶闸管整流电路输出电压的改变是通过（　）实现的。

A. 调节触发电压的大小　　B. 调节触发电流的大小

C. 调节阳极电压大小　　D. 调节触发延迟角

2. 晶闸管可控整流电路中的触发延迟角 α 减小，则输出的电压平均值会（　）。

A. 不变　　B. 增大　　C. 减小　　D. 不一定

3. 单相半波可控整流电路输出直流电压的平均值等于整流前交流电压的（　）倍。

A. 1　　B. 0.5　　C. 0.45　　D. 0.9

4. 单相半波可控整流电阻性负载电路中，触发延迟角 α 的最大移相范围是（　）。

A. 0°~90°　　B. 0°~120°　　C. 0°~150°　　D. 0°~180°

5. 为防止晶闸管电流上升速度过快，可采取（　）的措施。

A. 串接一个扼流圈　　B. 并接大电容

C. 串接大电阻　　D. 并接小电阻

6. 单结晶体管振荡电路是利用单结晶体管（　）的工作特性而设计的。

A. 截止区　　B. 饱和区　　C. 负阻区　　D. 任意区域

四、综合题

1. 电阻性负载单相半控桥式整流电路最大输出电压为110V，输出电流为50A。求：（1）交流电源电压的有效值U_2；（2）当$\alpha = 60°$时的输出电压。

2. 单相半控桥式整流电路带电阻性负载，若其中一只晶闸管的阳、阴极之间被烧断，结果会怎样？若这只晶闸管的阳、阴极之间被烧成短路，结果又会怎样？

3. 单结晶体管触发电路中，削波稳压管两端并接一只大电容，可控整流电路还能正常工作吗？为什么？

项目六　门电路的装调

【工作情景】

在数字电路设计或检测中经常用到逻辑笔，功能强大的逻辑笔不仅能检测信号电平的高低，还能检测信号的频率和周期等。电子加工中心接到制作逻辑笔的任务，要求该逻辑笔能方便地检测数字电路中各种逻辑电平，该逻辑笔体积小巧，使用灵活方便。

【教学要求】

1. 掌握常用逻辑门电路的功能及表达方式。
2. 能分析一般逻辑电路的功能。
3. 能用门电路设计简单的逻辑电路。
4. 按要求装配、焊接逻辑电平检测电路。
5. 能使用万用表对电路进行调试和检测。
6. 培养独立分析、自我学习及团队合作的能力。

【设备要求】

1. 多媒体教学设备一套。
2. 每位学生自备电子电路装调工具一套。
3. 每个学习组需直流稳压电源一台。

任务　逻辑电平检测电路的装调

【任务目标】

1. 掌握常用逻辑门电路的功能、逻辑符号、逻辑表达式和真值表。
2. 掌握逻辑函数的各种表达方式并能进行化简。
3. 掌握逻辑门电路的识别与检测。

【任务引导】

数字电路用来产生、放大和处理各种数字信号（指在时间上和幅度上离散取值的信号）。我们日常接触的计算机、手机、数码相机、数字电视等各种数码电器的音频信号和视频信号都是采用数字信号。

门电路是组成数字电路的基本单元电路，逻辑代数是分析和设计数字电路的主要工具，组合逻辑电路是数字电路的两大应用电路之一。

本任务是利用门电路构成一个简易的逻辑电平检测电路（逻辑笔），如图6-1所示。

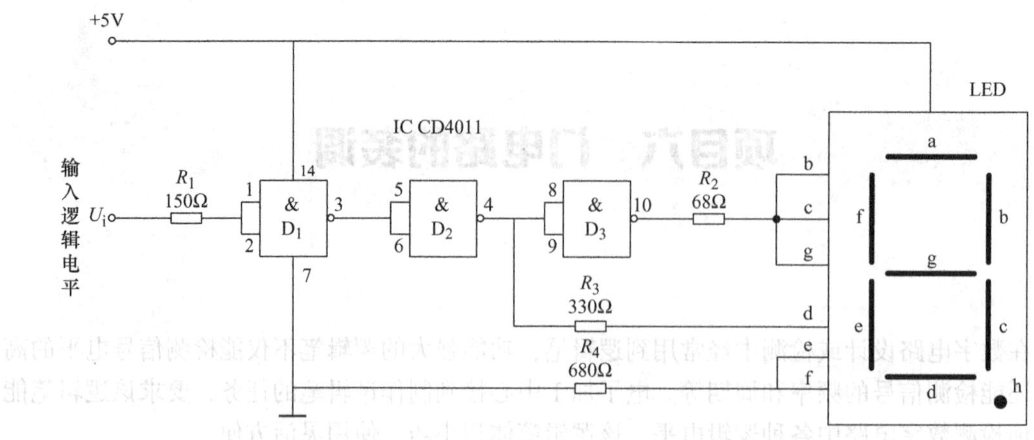

图 6-1　逻辑电平检测电路

【相关知识】

一、常用的逻辑门电路

门电路就是像“门”一样，按照一定的条件“开”和“关”的电路。当条件满足时，门电路的输入信号就可以通过“门”而输出；当条件不满足时，信号就不能通过“门”。

门电路的输入和输出之间存在一定的因果关系，即逻辑关系，所以门电路又称为逻辑门电路。逻辑门电路是组成数字电路的基本单元电路。

在逻辑关系的描述中，通常只用到两种相反的工作状态，这两种状态一般用“1”和“0”表示。如开关的通断（1 表示通，0 表示断）、电位的高低（1 表示电位高，0 表示电位低）、脉冲的有无（1 表示有脉冲，0 表示无脉冲）等。这里的“1”和“0”不是表示数值的大小，而是表示事物相互对立的两种状态。

在逻辑电路中，存在两种逻辑体制：

正逻辑：“1”——高电平，“0”——低电平。

负逻辑：“1”——低电平，“0”——高电平。

本书的讨论都采用正逻辑。

门电路主要分为分立元件门电路和集成门电路两大类，分立元件门电路是学习门电路的基础。

1. 与门电路

（1）与逻辑关系　如图 6-2 所示，只有当开关 *A*、*B* 同时接通时，灯 *Y* 才亮；否则 *Y* 不会亮。这个例子说明，要使灯 *Y* 亮（结果），开关 *A*、*B* 必须同时接通（条件全部具备），这种逻辑关系称为“与”。

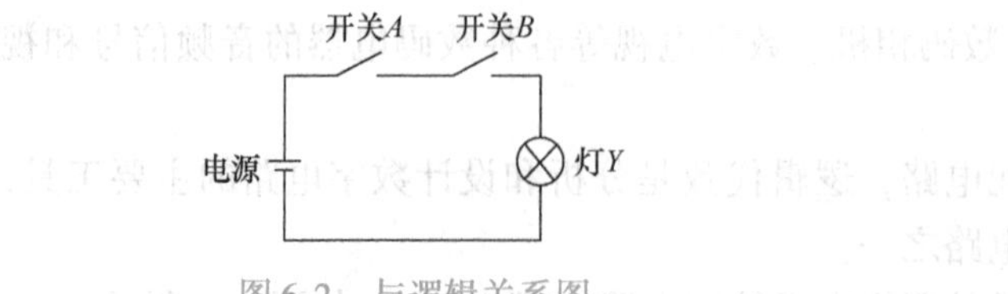

图 6-2　与逻辑关系图

表 6-1　与逻辑真值表

A	*B*	*Y*
0	0	0
0	1	0
1	0	0
1	1	1

A、B 表示条件（开关的状态），Y 表示结果（灯的状态）。若用符号“1”表示开关通和灯亮，“0”表示开关断和灯灭，可得表 6-1。这种用“1”“0”表示条件的所有组合和对应结果的表格称为“真值表”。

表 6-1 中，A、B 表示逻辑条件，又称为“逻辑变量”，Y 表示逻辑结果。如果我们把结果与变量之间的关系用函数式子表示，就得到与逻辑的逻辑函数表达式为

$$Y = A \cdot B$$

式中，“·”读作“与”，上式读作 Y 等于 A 与 B，也可写作 $Y = AB$。

逻辑与又称逻辑乘，这是因为它和数学上乘法的运算规律相同，即

$$0 \cdot 0 = 0 \quad 0 \cdot 1 = 0 \quad 1 \cdot 0 = 0 \quad 1 \cdot 1 = 1$$

实现与运算的电路称为“与”门，这种逻辑关系也可用电路符号表示，如图 6-3 所示，它既用于表示逻辑运算，也用于表示相应的门电路。

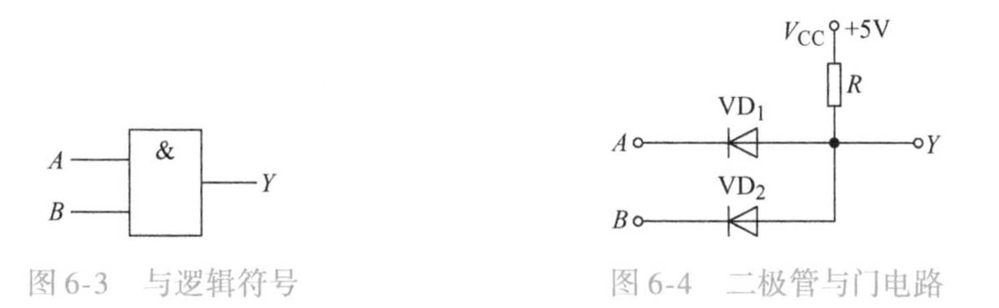

图 6-3　与逻辑符号　　图 6-4　二极管与门电路

（2）二极管与门电路　实现与逻辑关系的电路称为与门。二极管具有导通和截止两种状态，常作为开关使用。利用二极管的开关特性可构成二极管与门。由二极管组成的与门电路如图 6-4 所示。该电路有两个输入端 A、B，一个输出端 Y。设“0”表示低电平（<0.35V），“1”表示高电平（>2.4V）。

功能分析：

1）当输入端 $U_A = U_B = 0$V 时，VD_1、VD_2 均导通，输出 $U_Y = 0.7$V。

2）当 $U_A = 0$V、$U_B = 3$V 时，因 VD_1 两端的正向电压高，所以优先导通，VD_2 截止，$U_Y = 0.7$V。

3）当 $U_A = 3$V、$U_B = 0$V 时，因 VD_2 两端的正向电压高，所以优先导通，VD_1 截止，$U_Y = 0.7$V。

4）当 $U_A = U_B = 3$V 时，VD_1、VD_2 均导通，输出 $U_Y = 3.7$V。

通过以上分析可知，该电路实现的是“与”逻辑关系，只有当输入全是高电平（条件都具备）时，输出才是高电平（事情才能发生），否则输出为低电平（条件不具备或只具备一个，事情就不发生）。

由此可总结出与门的逻辑功能为“有 0 出 0，全 1 出 1”。

2. 或门电路

（1）或逻辑关系　如图 6-5 所示电路，只要开关 A 和 B 中任意一个接通，灯 Y 就能亮；只有当两个开关都断开时，灯 Y 才灭。这个例子说明，要使灯 Y 亮（结果），开关 A 和 B 就必须有一个或几个接通（只要一个或一个以上条件具备），这种逻辑关系称为“或”。

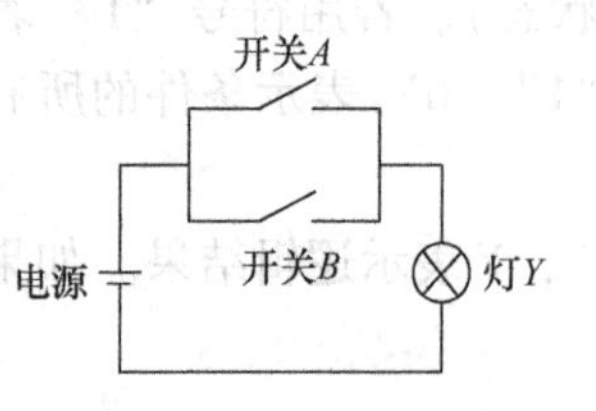

图 6-5　或逻辑关系图

表 6-2　或逻辑真值表

A	B	Y
0	0	0
0	1	1
1	0	1
1	1	1

A、B 表示条件（开关的状态），Y 表示结果（灯的状态）。若用符号“1”表示开关通和灯亮，“0”表示开关断和灯灭，可得表 6-2 所示的真值表。

这种逻辑关系也可用逻辑表达式表示为

$$Y = A + B$$

式中，“+”读作“或”，上式读作 Y 等于 A 或 B。

逻辑或又称为逻辑加，这是因为它和数学上的加法运算规律相似，即

$$0+0=0 \quad 0+1=1 \quad 1+0=1 \quad 1+1=1$$

实现或运算的电路称为或门，其逻辑符号如图 6-6 所示。

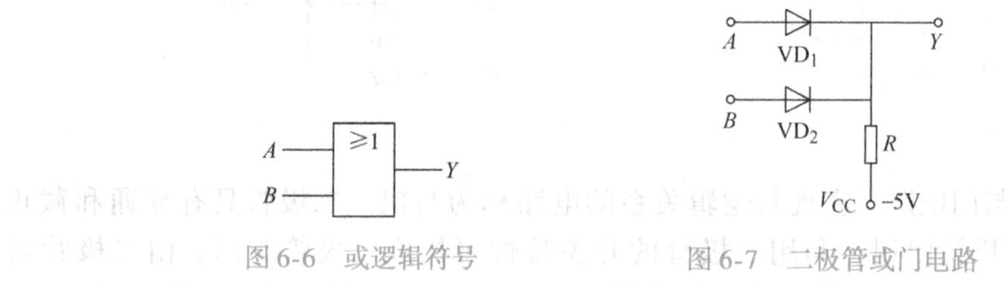

图 6-6　或逻辑符号　　图 6-7　二极管或门电路

（2）二极管或门电路　实现或逻辑关系的电路称为或门。图 6-7 所示电路为有两个输入端的二极管“或”门电路。设“0”表示低电平，“1”表示高电平。

功能分析：

1）当输入端 $U_A = U_B = 0V$ 时，VD_1、VD_2 均导通，输出 $U_Y = 0 - 0.7V = -0.7V$。

2）当 $U_A = 0V$、$U_B = 3V$ 时，因 VD_2 两端的正向电压高，所以优先导通，VD_1 截止，$U_Y = 3V - 0.7V = 2.3V$。

3）当 $U_A = 3V$、$U_B = 0V$ 时，因 VD_1 两端的正向电压高，所以优先导通，VD_2 截止，$U_Y = 3V - 0.7V = 2.3V$。

4）当 $U_A = U_B = 3V$ 时，VD_1、VD_2 均导通，输出 $U_Y = 2.3V$。

通过以上分析可知，该电路实现的是“或”逻辑关系，只要输入有一个是高电平（至少有一个条件具备或全部条件都具备）时，输出就为高电平（事情就能发生），否则输出为低电平（条件都不具备，事情就不发生）。

由此可总结出或门的逻辑功能为“有 1 出 1，全 0 出 0”。

与门、或门的输入端可以不止两个，但逻辑关系是一致的。

3. 非门电路

（1）非逻辑关系　在图 6-8 中，开关 A 与灯 Y 关联，当开关 A 断开时，灯 Y 亮；当开关接通时，灯 Y 灭。这个例子说明，要使灯 Y 亮（结果），开关 A 总是呈相反的状态。这种

逻辑关系称为“非”。

A 表示条件（开关的状态），*Y* 表示结果（灯的状态）。若用符号“1”表示开关通和灯亮，“0”表示开关断和灯灭，可得表6-3所示的真值表。

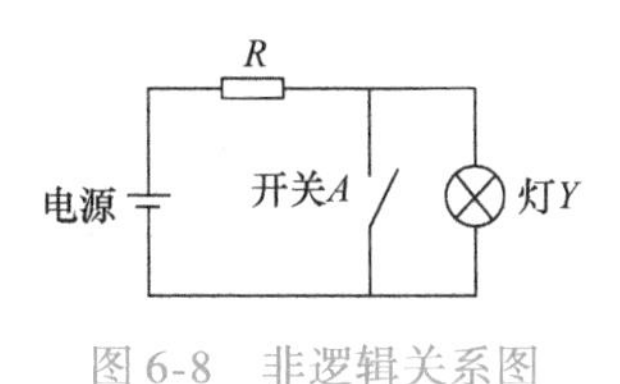

图6-8　非逻辑关系图

表6-3　非逻辑真值表

A	Y
0	1
1	0

这种逻辑关系的逻辑表达式为

$$Y=\overline{A}$$

式中，“¯”读作“非”或“反”；$\overline{A}$ 读作“*A* 非”或“*A* 反”。

实现非运算的电路称为非门，其逻辑符号如图6-9所示。

(2) 晶体管非门电路　如图6-10所示为晶体管非门电路。图中，晶体管工作在饱和或截止两种状态。当晶体管发射结承受正向电压时，晶体管饱和导通，这时 $U_{CE}=U_{CES}\approx 0.2V$；当发射结承受反向电压时，晶体管截止，晶体管c极和e极相当于开路。

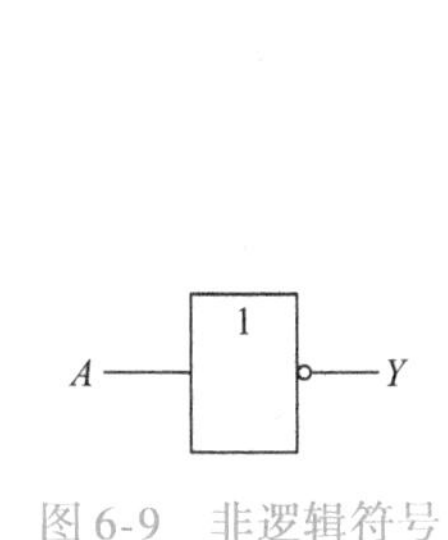

图6-9　非逻辑符号

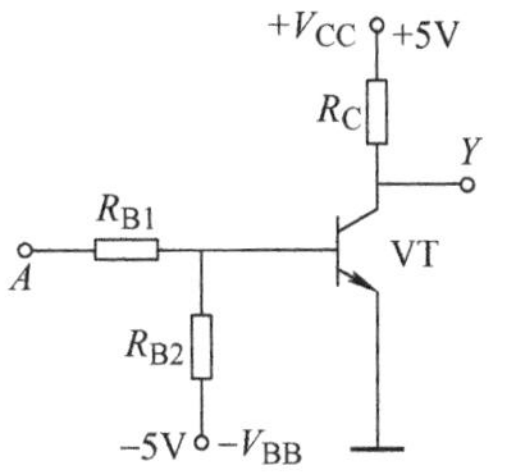

图6-10　晶体管非门电路

功能分析：

当 *A* 端为低电平时，晶体管截止，输出 $U_Y=5V$，为高电平；反之，当 *A* 端为高电平时，晶体管饱和，输出 $U_Y\approx 0.2V$，为低电平。

通过以上分析可知，该电路实现的是非逻辑关系，当输入为低电平（条件不具备）时，输出就为高电平（事情就发生），否则输出为低电平（条件具备，事情就不会发生）。

非门的逻辑功能为“有0出1，有1出0”。

4. 复合逻辑门电路

上式三种门电路是最基本的逻辑门，将这三种门电路进行适当的组合就能构成各种复合门电路，如与非门、或非门、异或门、同或门等。

(1) 与非门　在与门之后接一个非门，就构成了与非门，其逻辑结构和逻辑符号如图6-11所示。

与非门的逻辑表达式为 $Y=\overline{AB}$，其真值表如表6-4所示。

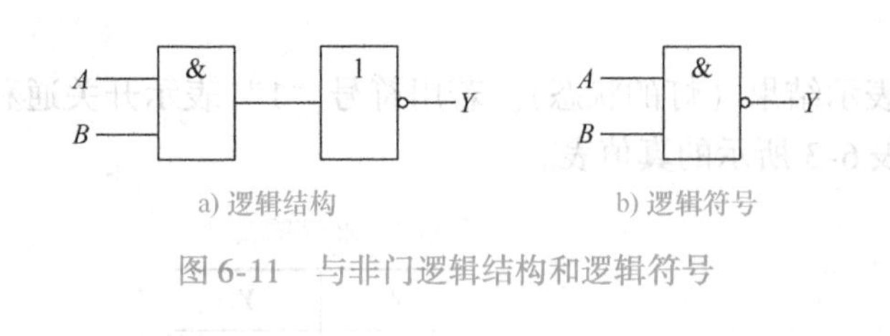

图 6-11　与非门逻辑结构和逻辑符号

表 6-4　与非门真值表

A	B	Y
0	0	1
0	1	1
1	0	1
1	1	0

由真值表可知，与非门的逻辑功能为“有 0 出 1，全 1 出 0”。

(2) 或非门　在或门之后接一个非门，就构成了或非门，其逻辑结构和逻辑符号如图 6-12 所示。

或非门的逻辑表达式为 $Y=\overline{A+B}$，其真值表如表 6-5 所示。

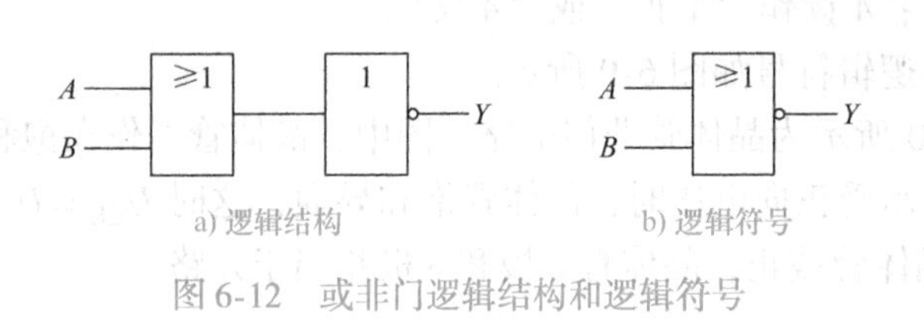

图 6-12　或非门逻辑结构和逻辑符号

表 6-5　或非门真值表

A	B	Y
0	0	1
0	1	0
1	0	0
1	1	0

由真值表可知，或非门的逻辑功能为“有 1 出 0，全 0 出 1”。

(3) 异或门　异或门由两个与门、两个非门及一个或门组合而成，其逻辑结构和逻辑符号如图 6-13 所示。

异或门的逻辑表达式为 $Y=A\overline{B}+\overline{A}B=A\oplus B$，其真值表如表 6-6 所示。

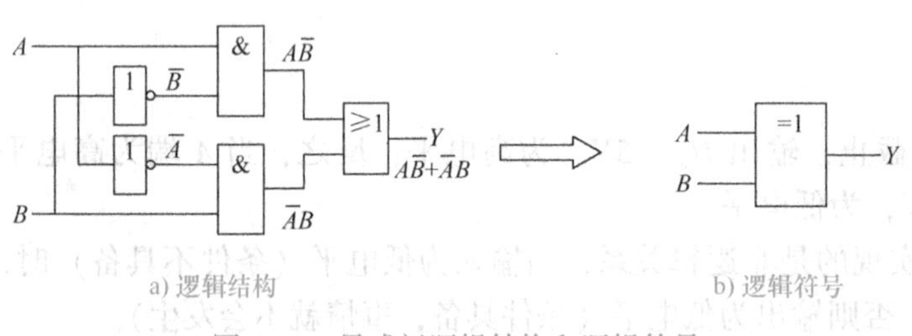

图 6-13　异或门逻辑结构和逻辑符号

表 6-6　异或门真值表

A	B	Y
0	0	0
0	1	1
1	0	1
1	1	0

由真值表可知，异或门的逻辑功能为“相同出 0，不同出 1”。

二、逻辑代数基础

1. 逻辑代数

逻辑代数又叫布尔代数或开关代数，是研究逻辑电路的数学工具。它与普通代数类似，只不过逻辑代数的变量只有两种取值：“0”和“1”，这里的“0”和“1”仅代表两种相反的逻辑状态，没有数值大小的含义，因而逻辑代数的运算规律也与普通代数有差别。

在逻辑代数中，用英文字母表示的变量称为逻辑变量。逻辑变量有原变量和反变量之分，字母上面无反（非）号的称为原变量（如A），有反（非）号的称为反变量（如$\overline{A}$）。

如果输入逻辑变量A、B、C、…的取值确定之后，输出逻辑变量Y的值也被唯一确定，则称Y是A、B、C、…的逻辑函数，并记作$Y=F(A, B, C)$。

逻辑代数的基本公式和基本定律如表6-7所示。

表6-7　逻辑代数的基本公式和基本定律

基本公式	$A\cdot 0=0$	$A+0=A$
	$A\cdot 1=A$	$A+1=1$
交换律	$A\cdot B=B\cdot A$	$A+B=B+A$
结合律	$A\cdot B\cdot C=(A\cdot B)\cdot C=A\cdot(B\cdot C)$	$A+B+C=(A+B)+C=A+(B+C)$
分配律	$A\cdot(B+C)=A\cdot B+A\cdot C$	$A+BC=(A+B)(A+C)$
重叠律	$A\cdot A=A$	$A+A=A$
互补律	$A\cdot\overline{A}=0$	$A+\overline{A}=1$
非非律	$\overline{\overline{A}}=A$	
反演律	$\overline{A\cdot B}=\overline{A}+\overline{B}$	$\overline{A+B}=\overline{A}\cdot\overline{B}$
吸收律	$A+A\cdot B=A$	$A+\overline{A}B=A+B$
冗余律	$AB+\overline{A}C+BC=AB+\overline{A}C$	

利用以上所列的基本公式和基本定律，可以将逻辑函数表达式化简，从而使逻辑电路中的门电路个数减少，降低成本，提高电路工作的可靠性。

2. 逻辑函数的化简

进行逻辑函数的化简，一般讲的就是要求得到某个逻辑函数的最简“与—或”表达式，即符合“乘积项的项数最少；每个乘积项中包含的变量个数最少”这两个条件。

逻辑函数的化简是分析和设计数字电路时不可缺少的步骤。常用的化简方法有公式化简法（代数法）和卡诺图化简法，这里只介绍公式化简法。

公式化简法是利用基本公式和定律化简逻辑函数的方法。利用公式化简时，常采用以下几种方法。

（1）吸收法　利用吸收律$A+AB=A$消去多余的乘积项AB。

例：化简$Y=\overline{A}B+\overline{A}BCD=\overline{A}B$

（2）消去法　利用吸收律$A+\overline{A}B=A+B$消去多余因子$\overline{A}$。

例：化简

$$Y=A\overline{B}+AC+B\overline{C}=A(\overline{B}+C)+B\overline{C}$$
$$=A\cdot\overline{B\overline{C}}+B\overline{C}=A+B\overline{C}$$

（3）并项法　利用$A+\overline{A}$的关系，将两项合并为一项，并消去多余的一个变量。

例：化简

$$Y=ABC+A\overline{B}C+A\overline{B}\,\overline{C}+AB\overline{C}$$
$$=AC(B+\overline{B})+A\overline{C}(B+\overline{B})=AC+A\overline{C}=A$$

（4）配项法　利用 $A+\overline{A}=1$，可在函数某一项中乘以 $A+\overline{A}$ 展开后消去更多的项。

例：化简

$$Y=AB+\overline{A}\,\overline{C}+B\overline{C}=AB+\overline{A}\,\overline{C}+B\overline{C}(A+\overline{A})$$
$$=AB+AB\overline{C}+\overline{A}\,\overline{C}+\overline{A}B\overline{C}=AB+\overline{A}\,\overline{C}$$

3. 逻辑函数的表达方式及其相互转换

（1）逻辑函数的表达方式　逻辑函数的表达方式有逻辑函数式、真值表、逻辑图、波形图等。

1）逻辑函数式：用逻辑运算符号来表示输入、输出的关系。

例：$Y=AB+BC+CA$

优点：书写简洁方便，易用公式和定理进行运算、变换。

缺点：逻辑函数较复杂时，难以直接从变量取值看出函数的值。

2）真值表：将输入变量不同取值组合与函数值的对应关系列成表格（具有唯一性）。

例（见表6-8）：

优点：直观明了，便于将实际逻辑问题抽象成数学表达式。

缺点：难以用公式和定理进行运算和变换；变量较多时，列函数真值表较烦琐。

3）逻辑图：由基本门或复合门等逻辑符号及它们的连线构成的图。

例（见图6-14）：

表6-8　真值表

A	B	C	Y
0	0	0	0
0	0	1	0
0	1	0	0
0	1	1	1
1	0	0	0
1	0	1	1
1	1	0	1
1	1	1	1

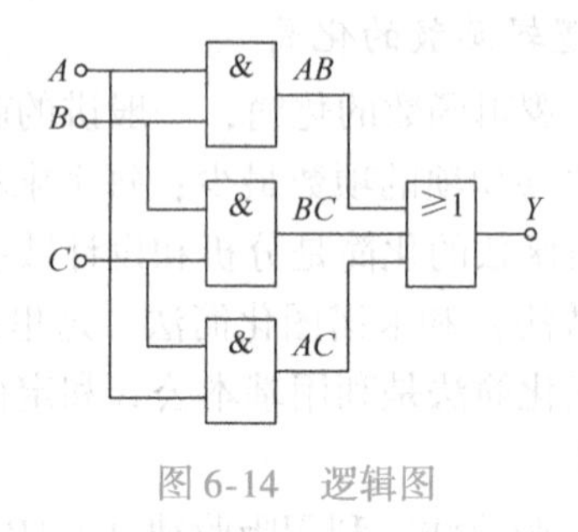

图6-14　逻辑图

优点：最接近实际电路。

缺点：不能进行运算和变换，所表示的逻辑关系不直观。

4）波形图：反映输入和输出波形变化的图形，又叫时序图。

例（见图6-15）：

优点：形象直观地表示了变量取值与函数值在时间上的对应关系。

缺点：难以用公式和定理进行运算和变换，当变量个数增多时，画图较麻烦。

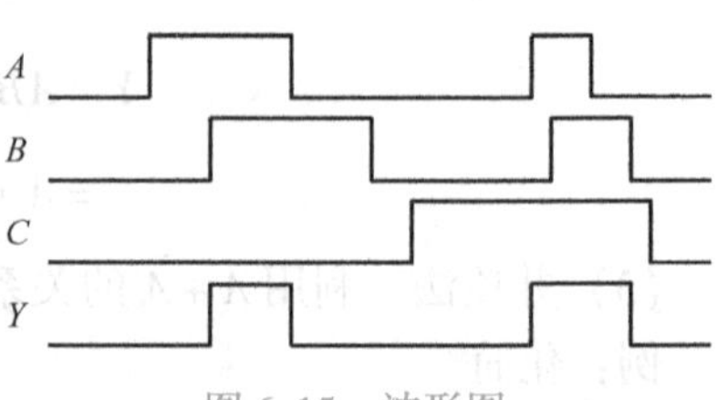

图6-15　波形图

（2）逻辑图与逻辑函数式的互换

1）由逻辑图写出逻辑函数式。方法：从输入端着手，逐级写出各级输出端的函数式，最后得到该逻辑图所表达的逻辑函数。

例：写出图 6-16 所示逻辑图的逻辑函数表达式。

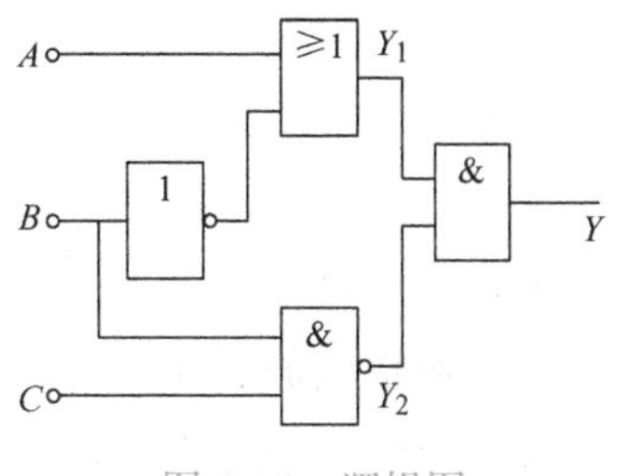

图 6-16 逻辑图

解：

$$Y_1 = A + \overline{B}$$

$$Y_2 = \overline{BC}$$

$$Y = Y_1 Y_2 = (A + \overline{B})(\overline{BC})$$

2）由逻辑函数式写出逻辑图。方法：将表达式中的“与”“或”和“非”等基本逻辑运算用相应的逻辑符号表示，并将它们按运算的先后顺序连接起来。

例：画出 $Y = (A + B)\overline{AB}$ 的逻辑图。

解：逻辑图如图 6-17 所示。

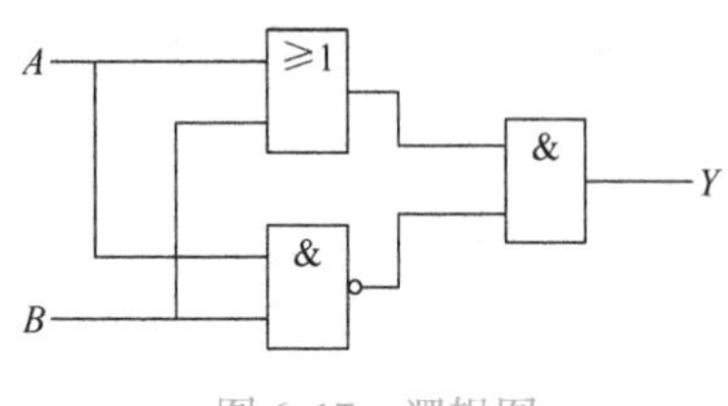

图 6-17 逻辑图

（3）逻辑函数式与真值表的互换

1）由逻辑函数式列真值表。方法：将输入变量的各种可能取值代入表达式，求相应的函数值，并将输入变量值与函数值一一对应地列成表格，即得到该函数的真值表。

例：列出逻辑函数 $Y = \overline{AB} \cdot \overline{B + C}$ 的真值表。

解：

$$Y = \overline{AB} \cdot \overline{B+C} = \overline{0 \cdot 0} \cdot \overline{0+0} = 1 \cdot 1 = 1$$

$$Y = \overline{AB} \cdot \overline{B+C} = \overline{0 \cdot 0} \cdot \overline{0+1} = 1 \cdot 0 = 0$$

$$Y = \overline{AB} \cdot \overline{B+C} = \overline{0 \cdot 1} \cdot \overline{1+0} = 1 \cdot 0 = 0$$

$$Y = \overline{AB} \cdot \overline{B+C} = \overline{0 \cdot 1} \cdot \overline{1+1} = 1 \cdot 0 = 0$$

$$Y = \overline{AB} \cdot \overline{B+C} = \overline{1 \cdot 0} \cdot \overline{0+0} = 1 \cdot 1 = 1$$

$$Y = \overline{AB} \cdot \overline{B+C} = \overline{1 \cdot 0} \cdot \overline{0+1} = 1 \cdot 0 = 0$$

$$Y = \overline{AB} \cdot \overline{B+C} = \overline{1 \cdot 1} \cdot \overline{1+0} = 0 \cdot 0 = 0$$

$$Y = \overline{AB} \cdot \overline{B+C} = \overline{1 \cdot 1} \cdot \overline{1+1} = 0 \cdot 0 = 0$$

由此可得真值表如表 6-9 所示。

表 6-9 真值表

A	B	C	Y
0	0	0	1
0	0	1	0
0	1	0	0
0	1	1	0
1	0	0	1
1	0	1	0
1	1	0	0
1	1	1	0

2）由真值表写逻辑函数式。方法：将表中使函数值为1的所有输入变量组合找出来，将这些输入变量组合分别写成乘积项（变量取值为1的，写成原变量；变量取值为0的，写成反变量），将这些乘积项作逻辑加。

例：写出真值表中所表达的逻辑函数式。

解：逻辑函数式为 $Y=\overline{A}\,\overline{B}+AB$

分析逻辑功能：当输入相同时，输出为1；当输入不同时，输出为0。即相同出1，不同出0。这种逻辑关系称为“同或”，相应的电路称为“同或门”。

逻辑表达式可写为 $Y=A\odot B$

同或门逻辑符号如图6-18所示。

同或门真值表如表6-10所示。

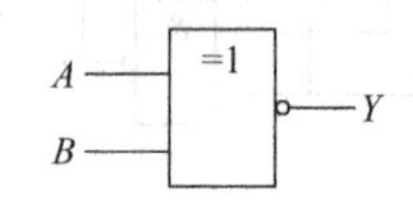

图6-18 同或门逻辑符号

表6-10 同或门真值表

A	B	Y
0	0	1
0	1	0
1	0	0
1	1	1

三、半导体数码管

在数字逻辑电路中，往往需要显示数码、字符等结果，最常见的显示器件就是数码管。数码管按材料构成可分为荧光数码管、半导体数码管（LED）和液晶数码管（LCD）。

半导体数码管是一种半导体发光器件，其基本单元是发光二极管，如图6-19所示。半导体数码管按段数可分为七段数码管和八段数码管。七段数码管是由七个发光二极管按“日”字排列的，八段数码管比七段数码管多一个发光二极管（即多一个小数点显示）。数码管按能显示多少个“8”可分为1位、2位、4位等规格。

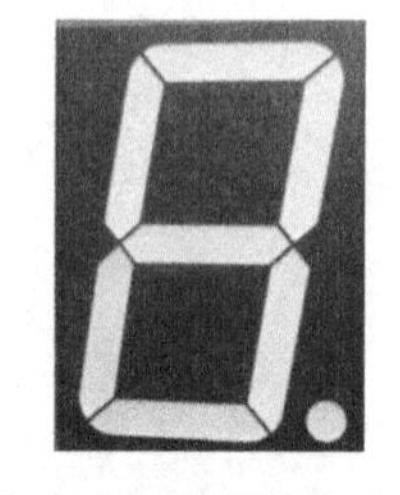

图6-19 数码管实物图

数码管中发光二极管的连接方式分为共阴极接法和共阳极接法，如图6-20所示。共阳极数码管中所有发光二极管的阳极接在一起形成公共阳极，使用时将公共阳极接到正电源（高电平）。当某一字段的阴极接低电平时，相应字段点亮；当某一字段的阴极接高电平时，相应字段熄灭。共阴极数码管中所有发光二极管的阴极接在一起形成公共阴极，使用时将公共阴极接到负电源（低电平）。当某一字段的

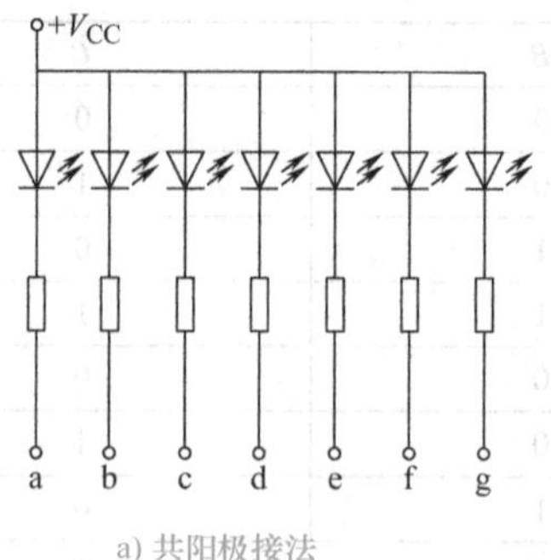

a）共阳极接法

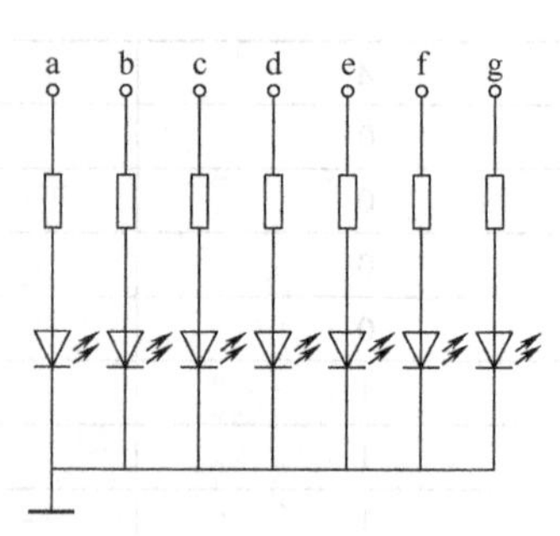

b）共阴极接法

图6-20 半导体数码管的连接方式

阳极接高电平时，相应字段点亮；当某一字段的阳极接低电平时，相应字段熄灭。为防止电路中电流过大而烧坏发光二极管，在每一个二极管的支路中都串联了一个限流电阻。图 6-21 所示为共阳极数码管管脚图。

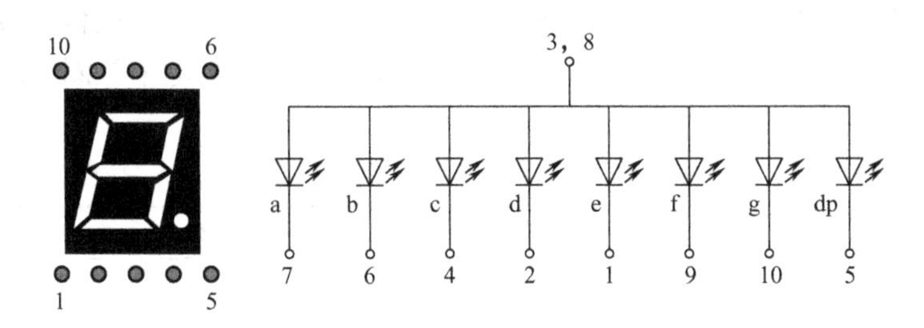

图 6-21　共阳极数码管管脚图

四、门电路的应用举例——逻辑电平检测电路

CD4011 是 CMOS 与非门数字集成电路，其内部有四个相互独立的与非门，每个与非门都有两个输入端，其引脚排列如图 6-22 所示。利用其逻辑功能，外加数码管和少量外围元器件可设计一个简易的逻辑电平检测电路，如图 6-23 所示。电路结构简单，性能稳定。

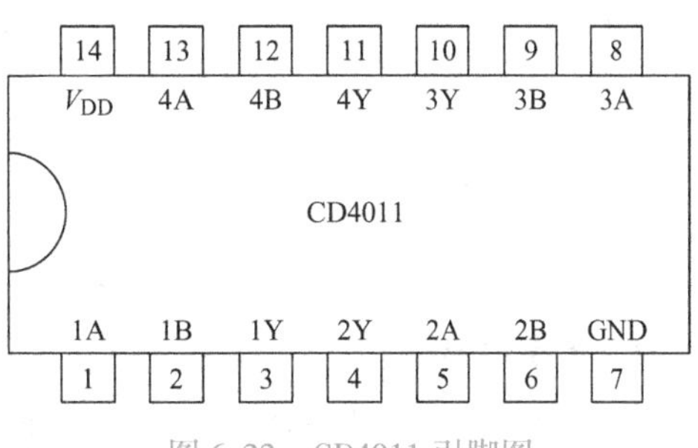

图 6-22　CD4011 引脚图

假设检测信号为高电平，经 R_1 送至 D_1 的并联输入端，D_1 输出低电平，低电平送入 D_2 的并联输入端，从 D_2 输出的高电平分为两路：一路经 R_3 连接至共阳极数码管 d 段，高电平使得 d 段不点亮；另一路送至 D_3 并联输入端，D_3 输出的低电平经 R_2 连接至数码管 b、c、g 段，这几段正常点亮。数码管 e、f 段经 R_4 保持接地，故一直点亮，最终显示 H。

检测信号为低电平时电路的工作原理由读者自行分析。

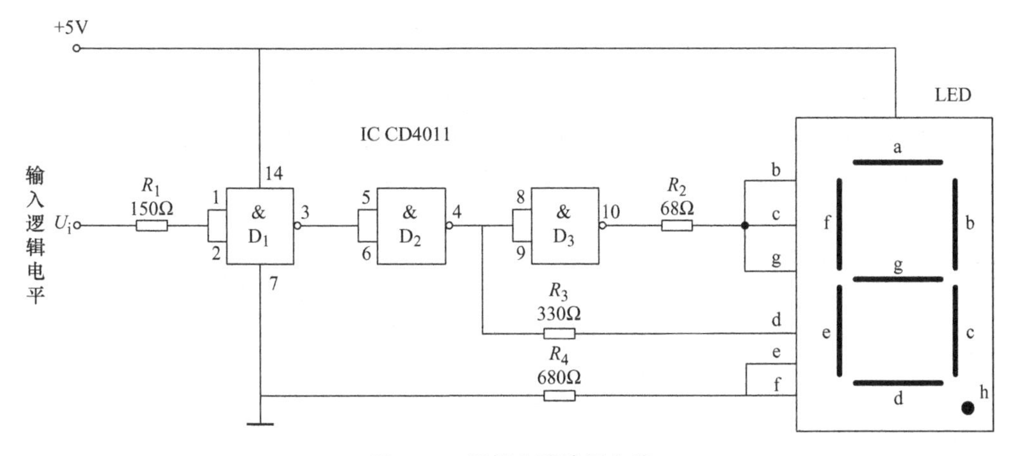

图 6-23　逻辑电平检测电路

【任务准备】

1. 制订计划

各小组在组长带领下，集体讨论，制订工作计划，合理安排工作进程。根据所学理论知识和操作技能，结合任务目标及任务引导，填写工作计划。逻辑电平检测电路的装调工作计划如表6-11所示。

表6-11 逻辑电平检测电路的装调工作计划

工作时间	共______课时	审核：________
任务实施步骤	1.	
	2.	
	3.	
	4.	
	5.	

2. 准备器材

（1）仪器准备　直流稳压电源。逻辑电平检测电路的装调借用清单如表6-12所示。

表6-12 逻辑电平检测电路的装调借用清单

借用组别：		借用人：			借出时间：	
序号	名称及规格	数量	归还人签名	归还时间	管理员签名	备注

（2）仪表、工具准备 万用表、电烙铁、烙铁架、尖嘴钳、斜口钳、镊子。

（3）耗材领取　逻辑电平检测电路的装调耗材领取清单如表6-13所示。

表6-13 逻辑电平检测电路的装调耗材领取清单

领料组：		领料人：			领料时间：		
序号	名称及规格	每人数量	小组数量	是否归还	归还人签名	管理员签名	备注

【任务实施】

各小组在组长带领下按照工作计划，完成以下工作任务。

1. 画原理图

参考图6-23，画出逻辑电平检测电路的原理图。

2. 元器件检测

用万用表检测电路中各个元器件的质量，将结果填入表6-14中。

表6-14　逻辑电平检测电路元器件的检测

序　号	元器件名称	型号或标称值	结　果	质　量
1	IC			
2	七段数码显示管			
3	R_1			
4	R_2			
5	R_3			
6	R_4			

3. 电路装配设计

（1）元器件布局的原则　应保证电路性能指标的实现，应便于布线，应满足结构工艺的要求，有利于设备的装配、调试和维修。

（2）元器件排列的方法及要求

1）元器件的标志应易于辨认，使其可按照从左到右、从下到上的顺序读出。

2）元器件的极性不得装错。

3）安装高度应符合规定要求，同一规格的元器件应尽量安装在同一高度上。

4）安装顺序一般为先低后高，先轻后重，先易后难，先一般元器件后特殊元器件。

5）元器件在印制板上的分布应尽量均匀，疏密一致，排列整齐美观。不允许斜排、立体交叉和重叠排列。

6）一些特殊元器件的安装处理。发热元件要与印制板面保持一定距离，不允许紧贴板面安装，较大元器件的安装应采取固定（绑扎、粘、支架固定等）措施。

4. 电路装配、焊接与调试过程

待装元器件检测→引线整形→插件→调整位置→固定位置→焊接→检查→通电调试。

用万用表检测电路的电源是否有短路问题，待确认无误后，按表6-15的要求测试电路，并记录结果。

表6-15　逻辑电平检测电路的测试

序号	检 测 项 目	U_i为高电平时/V	U_i为低电平时/V
1	D_1 输出电平		
2	D_2 输出电平		
3	D_3 输出电平		
4	b段数码管电平		
5	c段数码管电平		
6	d段数码管电平		

（续）

序号	检 测 项 目	U_i为高电平时/V	U_i为低电平时/V
7	e段数码管电平		
8	f段数码管电平		
9	g段数码管电平		
10	七段数码管 显示字符		

5. 工作岗位6S活动

工作任务完成后，各工作组关闭工作台上所有仪器、仪表的电源，拔掉电烙铁的插头，拆下测量线和连接导线，归还借用的工具、仪器、仪表。组长组织组员开展工作岗位的“整理、整顿、清扫、清洁、安全、素养”6S活动。

6. 思考与讨论

（1）在逻辑电平检测电路中，与非门 D_1、D_2、D_3 的两个输入端接在一起的目的是什么？

（2）电路通电时，无论输入高电平还是低电平，七段数码管都不显示，是何原因？

【任务评价】

师生将任务评价结果填在表6-16中。

表6-16 逻辑电平检测电路的装调评价表

班级：＿＿＿＿ 小组：＿＿＿＿ 姓名：＿＿＿＿ 学号：＿＿＿＿		指导教师：＿＿＿＿ 日　期：＿＿＿＿				
评价项目	评价内容	评价方式			权重	得分小计
		学生自评 15%	小组互评 25%	教师评价 60%		
职业素养	1. 遵守规章制度、劳动纪律 2. 人身安全与设备安全 3. 完成工作任务的态度 4. 完成工作任务的质量及时间 5. 团队合作精神 6. 工作岗位“6S”处理				0.3	
专业能力	1. 理解逻辑电平检测电路的组成和工作原理 2. 元器件布局合理，电路板制作符合工艺要求 3. 熟悉元器件的检测、插装和焊接操作 4. 能用万用表等仪表对电路进行调试和检测				0.5	
创新能力	1. 能分析门电路的工作原理 2. 对电路的装接和调试有独到的见解和方法 3. 熟练使用万用表等工具研究逻辑电平检测电路的工作过程				0.2	
综合评价	总分					
	教师点评					

【Multisim 仿真】

一、仿真电路图

本任务的仿真电路如图 6-24 所示。

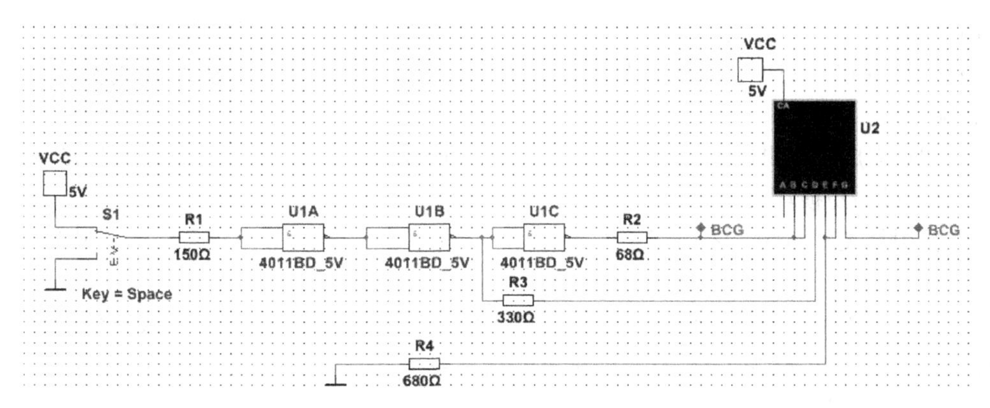

图 6-24　逻辑电平检测电路仿真电路图

二、元器件清单

逻辑电平检测电路仿真电路元器件清单如表 6-17 所示。

表 6-17　逻辑电平检测电路仿真电路元器件清单

序　号	描　述	编　号	数　量
1	CMOS_5V，4011BD_5V	U1	1
2	SPDT	S1	1
3	RESISTOR，150Ω	R1	1
4	RESISTOR，68Ω	R2	1
5	SEVEN_SEG_COM_A	U2	1
6	POWER_SOURCES，VCC	VCC	1
7	POWER_SOURCES，GROUND	0	1
8	RESISTOR，330Ω	R3	1
9	RESISTOR，680Ω	R4	1

三、仿真提示

请读者注意数码管的特性，合理选择限流电阻，同时注意 4011 是多单元集成芯片，U1A、U1B、U1C 是该芯片的不同部件，这一点请读者务必注意。在电路设计时，使用了网络标号，这样可以使电路更加简洁美观。

【知识拓展】

门电路的使用常识

一、对门电路中闲置输入端的处理

门电路中多余不用的输入端一般不要悬空，因为干扰信号易从这些悬空端引入，使电路工作不稳定。

对于与门、与非门，多余输入端一般接高电平；对于或门、或非门，多余输入端一般接低电平或接地。如果电路的工作速度不高，功耗也不需要特别考虑时，也可将多余端与使用端并接。

二、安装、调试时的注意事项

1）安装时要注意集成块外引脚的排列顺序，不要从外引脚根部弯曲，以防折断。

2）焊接时宜用25W电烙铁，且焊接时间应小于3s。焊后要用酒精将周围擦干净，以防焊剂腐蚀引线。

3）TTL集成块的供电电压最好稳定在+5V，即使有波动一般也应保证在4.75～5.25V之间，电压过高易损坏集成块。

4）接引线要尽量短，若引线不能减短时，要加屏蔽措施或采用绞合线，以防外界电磁干扰。

5）要做好CMOS输入电路的过电流保护措施。CMOS电路输入端往往接有保护二极管，其导通时电流容限一般为1mA左右，在可能出现过大瞬态输入电流（超过10mA）时，应串接输入保护电阻。

6）电源电压极性不能接反，防止输出短路。

小功率数码管极性简易判别法

半导体数码管有共阳极和共阴极之分，利用指针式万用表可以快速地分辨出数码管的极性。

将万用表打在电阻档，一般为$R\times100\Omega$档，将黑表笔接数码管的公共端，红表笔接其他端子，如字段亮，说明数码管是共阳极的。反之，将红表笔接数码管的公共端，黑表笔接其他端子，如字段亮，说明数码管是共阴极的。

【习题】

一、填空题

1. 逻辑代数中的三种基本运算是________、________、________。

2. 由二值变量所构成的因果关系称为________关系。能够反映和处理________关系的数学工具称为逻辑代数。

3. 数字电路的三种基本逻辑门电路分别是________、________、________。

4. 在正逻辑的约定下，“1”表示________电平，“0”表示________电平。

5. CT74标准系列属于________数字集成电路，CC4000系列属于________数字集成电路。

6. 常用的显示器件有荧光数码管、________、________等。

7. 最简与或表达式是指在表达式中________________最少，且________也最少。

二、判断题（在括号内用“√”和“×”表明下列说法是否正确）

1. 逻辑变量的取值，1比0大。（　）

2. 与门的逻辑功能是“有1出1，全0出0”。（　）

3. 异或门的逻辑功能是“相同出0，不同出1”。（　）

4. 常用的门电路中，判断两个输入信号是否相同的门电路是“与非”门。（　　）
5. CMOS 门电路输入端不能悬空，否则容易击穿损坏。（　　）
6. 常用的化简方法有代数法和卡诺图法。（　　）

三、选择题

1. CMOS“或非”门的逻辑表达式为（　　）。

A. $Y=\overline{A}$　　B. $Y=A+B$　　C. $Y=\overline{AB}$　　D. $Y=\overline{A+B}$

2. 集成与非门的多余引脚（　　）时，与非门被封锁。

A. 悬空　　B. 接高电平　　C. 接低电平　　D. 并接

3. TTL 同或门和 CMOS 同或门比较，它们的逻辑功能一样吗？（　　）

A. 一样　　B. 不一样

C. 有时一样，有时不一样　　D. 不确定

4. 集成或非门的多余引脚（　　）时，或非门被封锁。

A. 悬空　　B. 接高电平　　C. 接低电平　　D. 并接

5. TTL 与非门输入端全部接地（低电平）时，输出（　　）。

A. 零电平　　B. 低电平

C. 高电平　　D. 可能是低电平，也可能是高电平

6. 一只四输入端或非门，使其输出为 1 的输入变量取值组合有（　　）种。

A. 15　　B. 8　　C. 7　　D. 1

7. 函数 $F=AB+BC$，使 $F=1$ 的输入 ABC 组合为（　　）

A. $ABC=000$　　B. $ABC=010$　　C. $ABC=101$　　D. $ABC=110$

8. 具有“有 1 出 0、全 0 出 1”功能的逻辑门是（　　）。

A. 与非门　　B. 或非门　　C. 异或门　　D. 同或门

9. 一个四输入的与非门，使其输出为 0 的输入变量取值组合有（　　）。

A. 15 种　　B. 1 种　　C. 3 种　　D. 7 种

10. 以下表达式中符合逻辑运算法则的是（　　）。

A. $C\cdot C=C^2$　　B. $1+1=10$　　C. $0<1$　　D. $A+1=1$

四、综合题

1. 如果 $A=1$，$B=0$，求逻辑表达式 $Y=\overline{A}+\overline{B}+AB$ 的值。

2. 用公式化简法化简下列逻辑函数。

（1）$Y=A\overline{C}+\overline{A}B+BC$

（2）$Y=\overline{A}\,\overline{B}C+\overline{A}BC+AB\overline{C}+\overline{A}\,\overline{B}\,\overline{C}+ABC$

（3）$Y=A\overline{B}+B\overline{C}D+\overline{C}\,\overline{D}+AB\overline{C}+A\overline{C}D$

（4）$Y=\overline{A}\,\overline{B}+\overline{B}\,\overline{C}+AC+\overline{B}C$

3. 写出图 6-25 所示电路的逻辑表达式，并化为最简式。

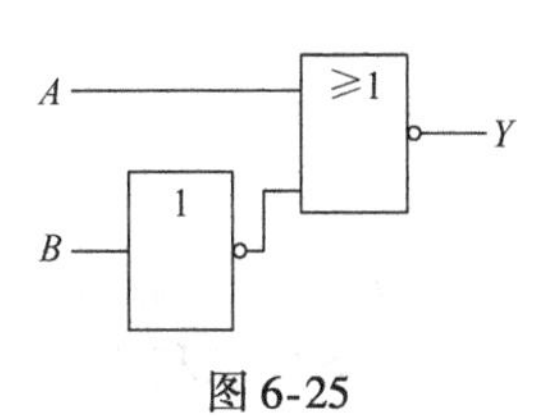

图 6-25

项目七　组合逻辑电路的装调

【工作情景】

抢答器是一种常用的数字电子电路，在各种竞赛、抢答场合中，它能迅速、客观地分辨出最先获得发言权的选手。学校团委委托电子加工中心制作一个抢答器，用于各种学生抢答竞赛。要求具备4路抢答按钮，用数码管显示，最先按下的一路数字编号显示在数码管上，要求设有主持人控制开关，能方便地控制抢答开始。

【教学要求】

1. 掌握编码器和译码器的电路形式和功能。
2. 按要求装配、焊接抢答器电路。
3. 能使用万用表对电路进行调试和检测。
4. 培养独立分析、自我学习及团队合作的能力。

【设备要求】

1. 多媒体教学设备一套。
2. 每位学生自备电子电路装调工具一套。
3. 每个学习组需直流稳压电源一台。

任务　抢答器电路的装调

【任务目标】

1. 理解组合逻辑电路的功能和特点，掌握组合逻辑电路的设计和分析方法。
2. 掌握二进制数—十进制数之间的转换及8421BCD编码。
3. 理解编码器、译码器等组合逻辑部件的功能及工作原理。

【任务引导】

组合逻辑电路是数字逻辑电路中的一种类型，它是由若干个基本逻辑门电路和复合逻辑门电路组成的。组合逻辑电路的输入端可以有一个或多个输入变量，输出端也可以有一个或多个逻辑函数，是一种非记忆性逻辑电路。常见的组合逻辑电路有编码器、译码器、加法器、比较器、数据选择/分配器等，在数字系统中用途十分广泛。

本任务要求利用编码器、译码器和数码管组成抢答器电路。抢答器具有数据锁存和显示的功能，同时要封锁输入电路，禁止其他选手抢答。优先抢答选手的编号一直保持到主持人将系统清零为止。

【相关知识】

一、组合逻辑电路的设计、分析方法

1. 组合逻辑电路的特点

数字逻辑电路分为组合逻辑电路和时序逻辑电路两大类。

组合逻辑电路的主要特点为：在任一时刻电路的输出状态仅仅取决于该时刻电路的输入状态，而与电路原来的状态无关。从电路的形式上看，没有从输出端引回到输入端的反馈线，信号的流向仅只有从输入端到输出端一个方向。

2. 组合逻辑电路的设计

组合逻辑电路的设计是指根据给定的功能要求，画出实现该功能的逻辑电路，其设计步骤如图 7-1 所示。

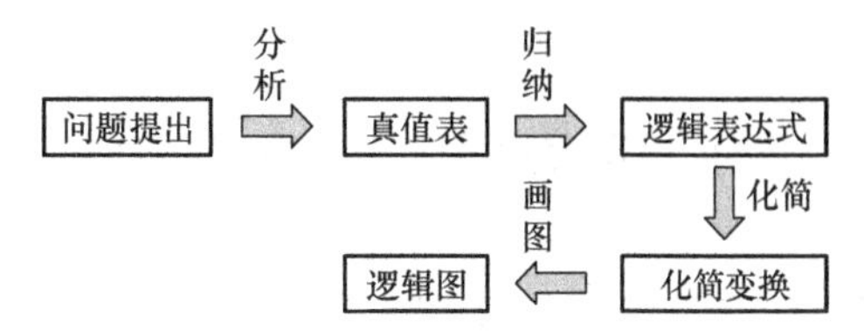

图 7-1　组合逻辑电路的设计步骤

例 7-1　在举重比赛中，有一名主裁判，两名副裁判。当两名以上裁判（必须包括主裁判在内）认为运动员举上杠铃合格时，就按动电钮，使裁决合格的信号灯亮。试用与非门设计该电路。

解：设主裁判为变量 A，副裁判分别为变量 B 和 C；按电钮为 1，不按为 0；表示成功与否的灯为 Y，灯亮为 1，灯灭为 0。

（1）根据逻辑要求列出真值表，如表 7-1 所示。

（2）由真值表写出表达式：$Y = A\overline{B}C + AB\overline{C} + ABC$

表 7-1　例 7-1 的真值表

A	B	C	Y	A	B	C	Y
0	0	0	0	1	0	0	0
0	0	1	0	1	0	1	1
0	1	0	0	1	1	0	1
0	1	1	0	1	1	1	1

（3）化简：

$$
\begin{aligned}
Y &= A\overline{B}C + AB\overline{C} + ABC \\
&= A\overline{B}C + AB(\overline{C} + C) = A\overline{B}C + AB \\
&= A(\overline{B}C + B) = A(C + B) = AC + AB \\
&= \overline{\overline{AC + AB}} = \overline{\overline{AB} \cdot \overline{AC}}
\end{aligned}
$$

说明：$AC + AB$ 已经是最简与或表达式了，但题目要求使用“与非门”设计该电路，所以运用反演律变换成$\overline{\overline{AB} \cdot \overline{AC}}$形式。

（4）画出逻辑电路图，如图 7-2 所示。

3. 组合逻辑电路的分析方法

分析组合逻辑电路，即由已知的逻辑图，写出输出逻辑函数表达式，并化简，列出真值表，最后分析电路的逻辑功能，具体步骤如图 7-3 所示。

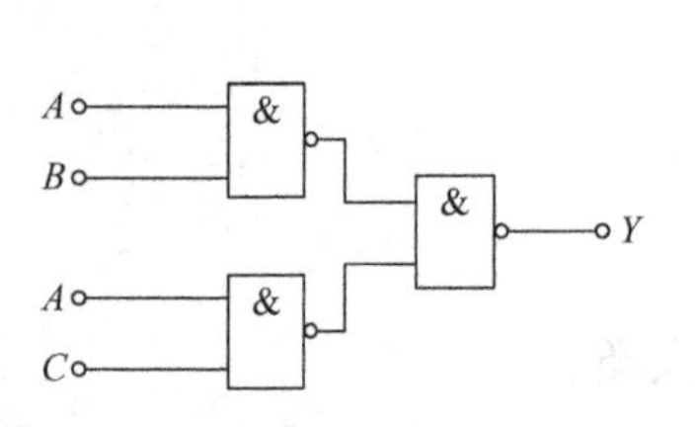

图 7-2　举重比赛裁判电路

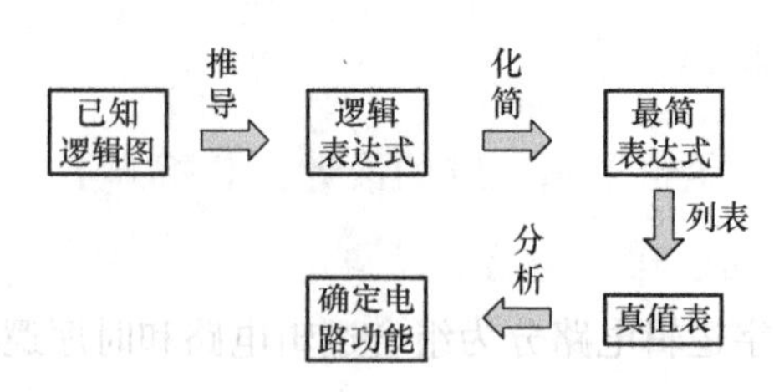

图 7-3　组合逻辑电路的分析步骤

例 7-2　分析图 7-4 所示组合逻辑电路的逻辑功能。

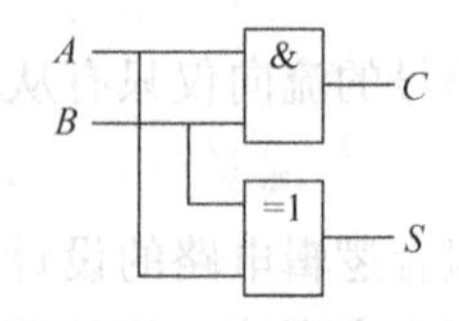

图 7-4　例 7-2 的组合逻辑电路

解：（1）由图写出输出 C 和 S 的逻辑表达式为

$$C = AB$$

$$S = A \oplus B$$

（2）根据表达式列出真值表，如表 7-2 所示。

表 7-2　例 7-2 的真值表

输入变量		输出函数	
A	B	S	C
0	0	0	0
0	1	1	0
1	0	1	0
1	1	0	1

（3）功能判断。把 A、B 看成两个一位二进制数时，S 就是它们的和，C 则是二者相加所得的进位，因此，该电路为一个加法器，因为没考虑低位的进位，所以称为半加器。

二、数制与码制

1. 数制及其相互转换

人们在表示数时，仅用一位数码往往不够用，必须用进位计数的方法组成多位数码。多位数码每一位的构成以及从低位到高位的进位规则称为进位计数制，简称数制。在人们的日常生活中，会用到多种数制。那么，各种进制有什么特点？同一个数又如何用不同进制来表示呢？

（1）十进制　十进制的特点如下：

1）基数是 10，包括了 0 ~ 9 十个数码。

2）进位规则：逢十进一（即 9 + 1 = 10）。

3）位权（权）：以 10 为底的幂。

4）任意一个十进制数，都可写成按权展开式。

十进制的按权展开式为

$$\begin{aligned}(N)_{10} &= (K_{n-1}\cdots K_1 K_0 K_{-1}\cdots K_{-m})_{10} \\ &= K_{n-1}10^{n-1} + \cdots + K_1 10^1 + K_0 10^0 + K_{-1}10^{-1} + \cdots + K_{-m}10^{-m} \\ &= \sum_{i=-m}^{n-1} K_i 10^i\end{aligned}$$

例 7-3　写出（369）$_{10}$的按权展开式。

解：$(369)_{10} = 3\times10^2 + 6\times10^1 + 9\times10^0$

$$\underset{\text{权}}{\downarrow}\qquad\underset{\text{权}}{\downarrow}\qquad\underset{\text{权}}{\downarrow}$$

（2）二进制　二进制的特点如下：

1）基数是 2，只有 0 和 1 两个数码。

2）进位规则：逢二进一（即 1 + 1 = 10）。

3）位权（权）：以 2 为底的幂。

4）任意一个二进制数，都可写成按权展开式。

二进制的按权展开式为

$$\begin{aligned}(N)_2 &= (K_{n-1}\cdots K_1K_0K_{-1}\cdots K_{-m})_2\\ &= K_{n-1}2^{n-1} + \cdots + K_12^1 + K_02^0 + K_{-1}2^{-1} + \cdots + K_{-m}2^{-m}\\ &= \sum_{i=-m}^{n-1}K_i2^i\end{aligned}$$

例 7-4　写出（1101）$_2$ 的按权展开式。

解：$(1101)_2 = 1\times2^3 + 1\times2^2 + 0\times2^1 + 1\times2^0$

$$\underset{\text{权}}{\downarrow}\qquad\underset{\text{权}}{\downarrow}\qquad\underset{\text{权}}{\downarrow}\qquad\underset{\text{权}}{\downarrow}$$

二进制的四则运算规则如下：

加法：0 + 0 = 0，0 + 1 = 1，1 + 0 = 1，1 + 1 = 10

减法：0 − 0 = 0，1 − 0 = 1，1 − 1 = 0，10 − 1 = 1

乘法：0 × 0 = 0，0 × 1 = 0，1 × 0 = 0，1 × 1 = 1

除法：0 ÷ 1 = 0，1 ÷ 1 = 1

（3）两种数制之间的相互转换

1）二进制数转换成十进制数。方法：乘权相加法——将二进制数按权展开，然后将各项按十进制运算规律相加，其中，数码为零的，可以不写。

例：$(1000110)_2 = 1\times2^6 + 1\times2^2 + 1\times2^1 = (70)_{10}$

2）十进制数转换成二进制数。方法：整数部分是“除以 2 取余倒排法”——把十进制数逐次除以 2，并依次记下余数，一直除到商为 0，将每次所得余数进行倒序排列，最先得到的余数为最低位，最后得到的余数为最高位，这样就得到与该十进制数等值的二进制数。

例：$(25)_{10} = (11001)_2$ 的转换过程：

除数	被除数	余数
2	25	……余1……K_0
2	12	……余0……K_1
2	6	……余0……K_2
2	3	……余1……K_3
2	1	……余1……K_4
	0	

（箭头自 K_4 指向 K_0，由下向上）

2. 码制

在生活中，数码不仅可以表示大小，还可以表示不同的对象（或信息），如文字、符号等。对于后一种情况的数码被称为代码。

例如：邮政编码、汽车牌照、房间号码等，它们没有大小的含义。

码制：为了便于记忆和处理（如查询），在编制代码时总要遵循一定的规则，这些规则就称为码制。

在数字电路或计算机系统中，十进制数除了转换成二进制数参加运算外，还可以将十进制的0~9十个数码分别用二进制的0和1两个数码表示，这就需要对二进制数码进行编码。按照不同编码规则，就形成不同的码制。

（1）自然二进制代码　自然二进制代码就是用一定位的二进制数来表示十进制数，表7-3为16以内的十进制数与二进制数之间的关系。

表7-3　十进制数与二进制数之间的对应关系

十进制数	二进制数	十进制数	二进制数
0	0	8	1000
1	1	9	1001
2	10	10	1010
3	11	11	1011
4	100	12	1100
5	101	13	1101
6	110	14	1110
7	111	15	1111

由表7-3可以看出，根据十进制数的大小不同，我们可以用不同位数的二进制数来表示十进制数。十进制数越大，所需的二进制数的位数就越多。反之，二进制数的位数就决定了能表示出的代码个数，如三位二进制代码最多可以表示$2^3=8$个代码（或目标、对象）。

（2）8421BCD码（Binary Coded Decimal）　8421BCD码用四位二进制数码表示一位十进制数，它是一种有权码，即从高位到低位的各位二进制代码的权分别是$2^3=8$、$2^2=4$、$2^1=2$、$2^0=1$，不足4位的前面补0。

例7-5　$(276)_{10}=(?)_{8421BCD}$

解：

$$\begin{array}{ccc} 2 & 7 & 6 \\ \downarrow & \downarrow & \downarrow \\ 0010 & 0111 & 0110 \end{array}$$

$(276)_{10}=(001001110110)_{8421BCD}$

十进制数的10个8421BCD码如表7-4所示。8421BCD码与前面所述的十进制数转换成的二进制代码不同，更便于数字系统处理，因此使用较广。

表 7-4　8421BCD 码及其所代表的十进制数

十进制数	8421BCD 码	十进制数	8421BCD 码
0	0000	5	0101
1	0001	6	0110
2	0010	7	0111
3	0011	8	1000
4	0100	9	1001

注意区别：

十进制数转换为二进制数：$(396)_{10}=(110001100)_2$；

十进制数用 8421BCD 码表示为$(396)_{10}=(0011\ 1001\ 0110)_{8421BCD}$。

三、常用组合逻辑电路

编码器和译码器是常用的组合逻辑电路。编码就是用二进制代码表示特定对象的过程，编码器就是能够实现编码功能的数字电路。其输入为被编信号，输出为二进制代码。例如，常用的 PC 的键盘下面就连接了编码器，当有键被按下时，编码器就自动产生一个计算机能识别的二进制代码，以便于计算机进行相应的处理。

译码是编码的逆过程，就是将给定的代码翻译成特定的信号（对象），译码器就是能实现译码功能的数字电路，可用于驱动显示电路或控制其他部件工作等。

1. 编码器

按输出代码种类的不同，编码器可以分为二进制编码器和二—十进制编码器。

（1）二进制编码器　图 7-5 所示为一个三位二进制编码器的逻辑电路图，它是用三位二进制代码对 8 个对象（$2^3=8$）进行编码，由于输入有 8 个逻辑变量，输出有 3 个逻辑函数，所以又称为 8 线—3 线编码器。

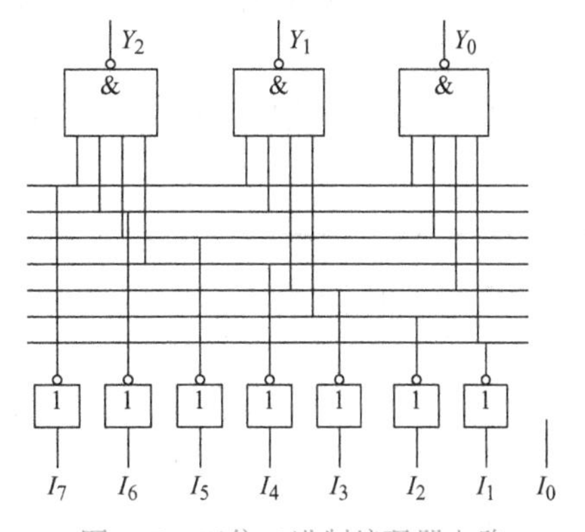

图 7-5　三位二进制编码器电路

根据前述的组合逻辑电路的分析方法，首先由逻辑图可以写出该编码器的输出逻辑函数式：

$$Y_2=\overline{\overline{I_4}\cdot\overline{I_5}\cdot\overline{I_6}\cdot\overline{I_7}}=I_4+I_5+I_6+I_7$$

同理：

$$Y_1=I_2+I_3+I_6+I_7$$

$$Y_0=I_1+I_3+I_5+I_7$$

由逻辑表达式可以列出该编码器的真值表，如表 7-5 所示。

表 7-5　三位二进制编码器的真值表

输入（8 个）								输出（3 个）		
I_0	I_1	I_2	I_3	I_4	I_5	I_6	I_7	Y_2	Y_1	Y_0
1	0	0	0	0	0	0	0	0	0	0
0	1	0	0	0	0	0	0	0	0	1
0	0	1	0	0	0	0	0	0	1	0
0	0	0	1	0	0	0	0	0	1	1

（续）

输入（8 个）								输出（3 个）		
I_0	I_1	I_2	I_3	I_4	I_5	I_6	I_7	Y_2	Y_1	Y_0
0	0	0	0	1	0	0	0	1	0	0
0	0	0	0	0	1	0	0	1	0	1
0	0	0	0	0	0	1	0	1	1	0
0	0	0	0	0	0	0	1	1	1	1

由表 7-5 可知电路的逻辑功能：任何一个输入端接低电平时，三个输出端有一组对应的二进制代码输出。该电路的输入采用原变量，因此对高电平有效。值得注意的是，电路在任何时刻只允许一个输入端有信号输入。

那么，当有多个输入端同时有信号输入时，怎么办？这时，实际应用中常将集成电路设计成优先编码的方式，即允许同时有几个输入端出现有效信号，但电路只对其中优先级别最高的信号进行编码。图 7-6 为 8 线—3 线优先编码器 74LS148 的引脚图，表 7-6 是它的功能真值表。

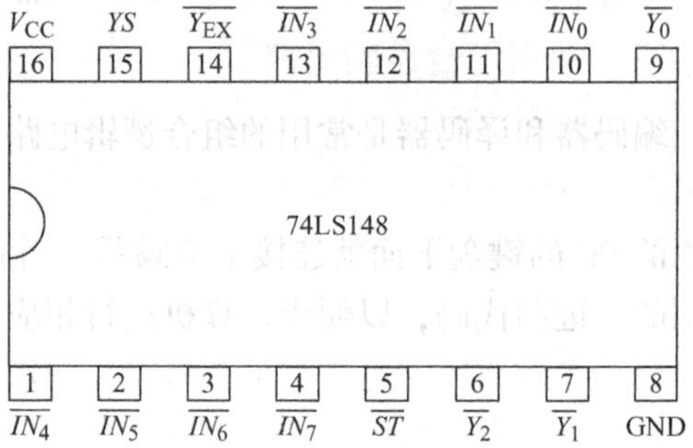

图 7-6　8 线—3 线优先编码器 74LS148 的引脚图

各引脚功能：

1～4、10～13：编码输入端，输入采用反变量，则电路对低电平有效；

6、7、9：编码输出端；　　16：电源；

8：地；　　5：使能输入端；

14：优先标志输出端；　　15：使能输出端。

表 7-6　8 线—3 线优先编码器 74LS148 的功能真值表

输　入									输　出				
$\overline{ST}$	$\overline{IN_0}$	$\overline{IN_1}$	$\overline{IN_2}$	$\overline{IN_3}$	$\overline{IN_4}$	$\overline{IN_5}$	$\overline{IN_6}$	$\overline{IN_7}$	$\overline{Y_2}$	$\overline{Y_1}$	$\overline{Y_0}$	$\overline{Y_{EX}}$	YS
1	×	×	×	×	×	×	×	×	1	1	1	1	1
0	×	×	×	×	×	×	×	0	0	0	0	0	0
0	×	×	×	×	×	×	0	1	0	0	1	0	1
0	×	×	×	×	×	0	1	1	0	1	0	0	1
0	×	×	×	×	0	1	1	1	0	1	1	0	1
0	×	×	×	0	1	1	1	1	1	0	0	0	1
0	×	×	0	1	1	1	1	1	1	0	1	0	1
0	×	0	1	1	1	1	1	1	1	1	0	0	1
0	0	1	1	1	1	1	1	1	1	1	1	0	1
0	1	1	1	1	1	1	1	1	1	1	1	1	0

由真值表可以看出优先顺序：$\overline{IN_7}$为最高优先，当$\overline{IN_7}=0$时，不管其他输入端是 0 还是 1，输出总对应着$\overline{IN_7}$编码。输入端的优先顺序从$\overline{IN_7}$起，依次为$\overline{IN_6}$、$\overline{IN_5}$、$\overline{IN_4}$、$\overline{IN_3}$、$\overline{IN_2}$、$\overline{IN_1}$、

$\overline{IN_0}$。该电路的功能为：当使能输入端$\overline{ST}$为低电平时允许编码器工作；若输入端有多个为低电平，则只对其最高位编码，在输出端对应输出自然三位二进制代码的反码，此时，使能输出端 YS 为高电平，优先标志端$\overline{Y_{EX}}$为低电平；而当$\overline{ST}$为高电平时，电路禁止编码工作。

（2）二—十进制编码器　将十进制数0～9共十个对象用 BCD 码来表示的电路称为二—十进制编码器。其中最常用的是8421BCD 编码器，也称为10 线—4 线编码器。它的逻辑电路图如图7-7 所示，其真值表如表7-7 所示。

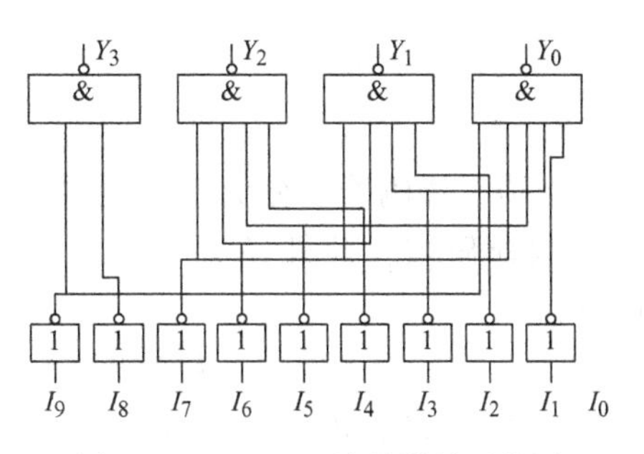

图 7-7　8421BCD 编码器的逻辑图

表 7-7　8421BCD 编码器的真值表

序号	输入（十进制数）										输出（BCD 码）			
	I_0	I_1	I_2	I_3	I_4	I_5	I_6	I_7	I_8	I_9	Y_3	Y_2	Y_1	Y_0
0	1	0	0	0	0	0	0	0	0	0	0	0	0	0
1	0	1	0	0	0	0	0	0	0	0	0	0	0	1
2	0	0	1	0	0	0	0	0	0	0	0	0	1	0
3	0	0	0	1	0	0	0	0	0	0	0	0	1	1
4	0	0	0	0	1	0	0	0	0	0	0	1	0	0
5	0	0	0	0	0	1	0	0	0	0	0	1	0	1
6	0	0	0	0	0	0	1	0	0	0	0	1	1	0
7	0	0	0	0	0	0	0	1	0	0	0	1	1	1
8	0	0	0	0	0	0	0	0	1	0	1	0	0	0
9	0	0	0	0	0	0	0	0	0	1	1	0	0	1

由逻辑图或真值表可得输出各端的逻辑表达式如下：

$$Y_3 = I_8 + I_9 \qquad Y_2 = I_4 + I_5 + I_6 + I_7$$

$$Y_1 = I_2 + I_3 + I_6 + I_7 \qquad Y_0 = I_1 + I_3 + I_5 + I_7 + I_9$$

8421BCD 编码器简化真值表如表 7-8 所示。

表 7-8　8421BCD 编码器的简化真值表

输入十进制数	输出（8421BCD 码）			
	Y_3	Y_2	Y_1	Y_0
0	0	0	0	0
1	0	0	0	1
2	0	0	1	0
3	0	0	1	1
4	0	1	0	0
5	0	1	0	1
6	0	1	1	0
7	0	1	1	1
8	1	0	0	0
9	1	0	0	1

2. 译码器

译码器又称解码器，其功能与编码器相反，即将具有特定含义的二进制代码按其原意“翻译”出来，并转换成相应的输出信号。与编码器相对应，译码器也分为二进制译码器和二—十进制译码器，此外还有一种常用的显示译码器。

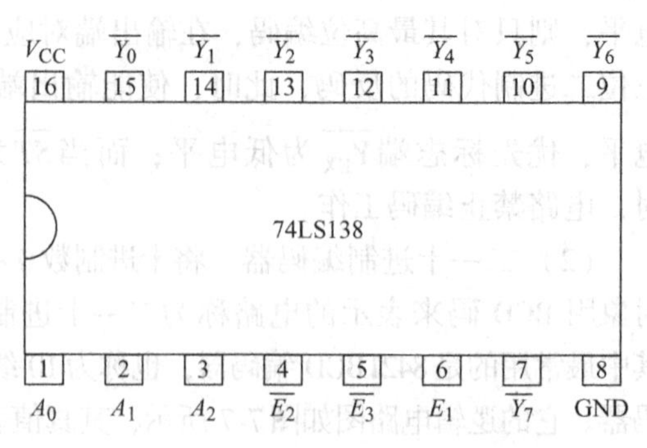

图 7-8　3 线—8 线译码器 74LS138 的引脚图

(1) 二进制译码器　最常用的二进制译码器就是集成电路 74LS138，它是一个 3 线—8 线译码器，其引脚图如图 7-8 所示，功能真值表如表 7-9 所示。

表 7-9　3 线—8 线译码器 74LS138 的功能真值表

输入						输出（8 个）							
控制端			代码输入端										
E_1	$\overline{E_2}$	$\overline{E_3}$	A_2	A_1	A_0	$\overline{Y_7}$	$\overline{Y_6}$	$\overline{Y_5}$	$\overline{Y_4}$	$\overline{Y_3}$	$\overline{Y_2}$	$\overline{Y_1}$	$\overline{Y_0}$
×	1	×	×	×	×	1	1	1	1	1	1	1	1
×	×	1	×	×	×	1	1	1	1	1	1	1	1
0	×	×	×	×	×	1	1	1	1	1	1	1	1
1	0	0	0	0	0	1	1	1	1	1	1	1	0
1	0	0	0	0	1	1	1	1	1	1	1	0	1
1	0	0	0	1	0	1	1	1	1	1	0	1	1
1	0	0	0	1	1	1	1	1	1	0	1	1	1
1	0	0	1	0	0	1	1	1	0	1	1	1	1
1	0	0	1	0	1	1	1	0	1	1	1	1	1
1	0	0	1	1	0	1	0	1	1	1	1	1	1
1	0	0	1	1	1	0	1	1	1	1	1	1	1

由引脚图和真值表可见，该译码器有 3 个输入端，为三位二进制代码，有 8 个输出端，为一组低电平有效的输出。当使能端 $E_1=1$，$\overline{E_2}=\overline{E_3}=0$ 时，译码器工作，根据输入 $A_2 \sim A_0$ 的取值组合，使 $\overline{Y_7} \sim \overline{Y_0}$ 的某一位输出为低电平。

(2) 二—十进制译码器　典型的二—十进制译码器有很多型号，其中，集成电路 74HC42 的引脚图如图 7-9 所示，其真值表如表 7-10 所示。

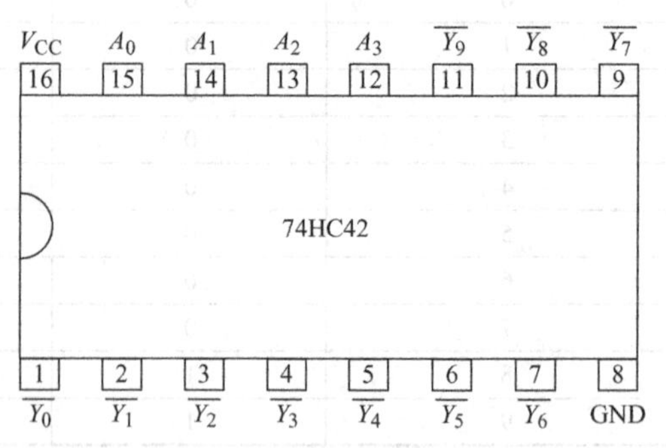

图 7-9　4 线—10 线译码器 74HC42 的引脚图

该译码器有 4 个输入端（4 位的 8421BCD 码）和 10 个输出端（10 个十进制的数码 0～9），

所以也称为 4 线—10 线译码器。对于 8421BCD 码以外的四位代码（称为无效码或伪码），输出端全为“1”，而该电路为输出低电平“0”有效，所以它拒绝“翻译”6 个伪码。

表 7-10　4 线—10 线译码器 74HC42 的功能真值表

序号	输　入				输出（10 个）									
	A_3	A_2	A_1	A_0	$\overline{Y_9}$	$\overline{Y_8}$	$\overline{Y_7}$	$\overline{Y_6}$	$\overline{Y_5}$	$\overline{Y_4}$	$\overline{Y_3}$	$\overline{Y_2}$	$\overline{Y_1}$	$\overline{Y_0}$
0	0	0	0	0	1	1	1	1	1	1	1	1	1	0
1	0	0	0	1	1	1	1	1	1	1	1	1	0	1
2	0	0	1	0	1	1	1	1	1	1	1	0	1	1
3	0	0	1	1	1	1	1	1	1	1	0	1	1	1
4	0	1	0	0	1	1	1	1	1	0	1	1	1	1
5	0	1	0	1	1	1	1	1	0	1	1	1	1	1
6	0	1	1	0	1	1	1	0	1	1	1	1	1	1
7	0	1	1	1	1	1	0	1	1	1	1	1	1	1
8	1	0	0	0	1	0	1	1	1	1	1	1	1	1
9	1	0	0	1	0	1	1	1	1	1	1	1	1	1
伪码	1	0	1	0	1	1	1	1	1	1	1	1	1	1
	1	0	1	1	1	1	1	1	1	1	1	1	1	1
	1	1	0	0	1	1	1	1	1	1	1	1	1	1
	1	1	0	1	1	1	1	1	1	1	1	1	1	1
	1	1	1	0	1	1	1	1	1	1	1	1	1	1
	1	1	1	1	1	1	1	1	1	1	1	1	1	1

（3）显示译码器　显示数字或符号的显示器一般应与计数器、译码器、驱动器等配合使用，其示意框图如图 7-10 所示。

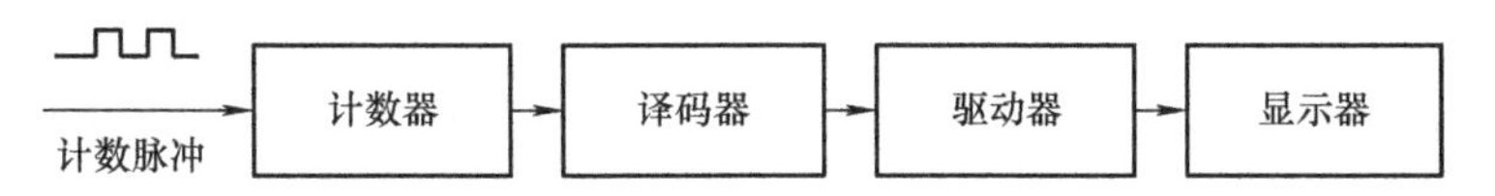

图 7-10　译码显示电路框图

在数字系统及数字式测量仪表（如数字式万用表、电子表及电子钟等）中，常常需要把译码后得到的结果或数据直接以十进制数字的形式显示出来，因此，必须用译码器的输出去驱动显示器件，具有这种功能的译码器称为显示译码器。

74LS48 是一种具有 BCD 码输入、开路输出的 4 线—7 段译码/驱动的集成电路。图 7-11 为其引脚图，表 7-11 为其功能真值表。

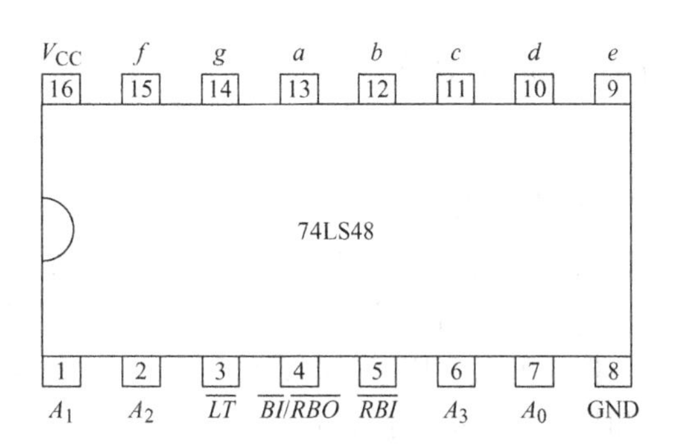

图 7-11　74LS48 显示译码驱动器的引脚图

表 7-11　4 线—7 段译码/驱动器 74LS48 的功能真值表

十进制数或功能	输入						$\overline{BI}/\overline{RBO}$	输出						
	$\overline{LT}$	$\overline{RBI}$	A_3	A_2	A_1	A_0		a	b	c	d	e	f	g
0	1	×	0	0	0	0	1	1	1	1	1	1	1	0
1	1	×	0	0	0	1	1	0	1	1	0	0	0	0
2	1	×	0	0	1	0	1	1	1	0	1	1	0	1
3	1	×	0	0	1	1	1	1	1	1	1	0	0	1
4	1	×	0	1	0	0	1	0	1	1	0	0	1	1
5	1	×	0	1	0	1	1	1	0	1	1	0	1	1
6	1	×	0	1	1	0	1	0	0	1	1	1	1	1
7	1	×	0	1	1	1	1	1	1	1	0	0	0	0
8	1	×	1	0	0	0	1	1	1	1	1	1	1	1
9	1	×	1	0	0	1	1	1	1	1	0	0	1	1
10	1	×	1	0	1	0	1	0	0	0	1	1	0	1
11	1	×	1	0	1	1	1	0	0	1	1	0	0	1
12	1	×	1	1	0	0	1	0	1	0	0	0	1	1
13	1	×	1	1	0	1	1	1	0	0	1	0	1	1
14	1	×	1	1	1	0	1	0	0	0	1	1	1	1
15	1	×	1	1	1	1	1	0	0	0	0	0	0	0
$\overline{BI}$	×	×	×	×	×	×	0	0	0	0	0	0	0	0
$\overline{RBI}$	1	0	0	0	0	0	0	0	0	0	0	0	0	0
$\overline{LT}$	0	×	×	×	×	×	1	1	1	1	1	1	1	1

由引脚图和功能真值表可见：

1）$\overline{LT}$为试灯输入端，当$\overline{LT}=0$、$\overline{BI}=1$时，不管其他输入是什么状态，$a \sim g$七段全亮。

2）$\overline{BI}$为静态灭灯输入端，当$\overline{BI}=0$时，不论其他输入状态如何，$a \sim g$均为0，显示管熄灭。

3）$\overline{RBI}$为动态灭零输入端，当$\overline{LT}=1$、$\overline{RBI}=0$时，如果$A_3A_2A_1A_0=0000$时，$a \sim g$各段均熄灭。

4）$\overline{RBO}$为动态灭零输出端，它与灭灯输入端$\overline{BI}$共用一个引出端。当在动态灭零时输出才为0。片间与$\overline{RBI}$配合，可用于熄灭多位数字前后所不需要显示的零。

四、抢答器电路

1. 电路功能

四路抢答器可同时供四名选手（或四支队伍）参赛使用，其编号分别是0、1、2、3，各用一个抢答按钮，按钮的编号与选手的编号相对应，分别是S_0、S_1、S_2、S_3。给主持人设置一个控制开关，用于控制系统的清零（显示数码管灭灯）及抢答允许。抢答器具有数据锁存和显示的功能，抢答开始后，若有选手按抢答按钮，其编号立即锁存，并在数码管上显示该选手的编号，同时要封锁输入电路，禁止其他选手抢答。优先抢答选手的编号一直保持到主持人将系统清零为止。

2. 工作原理

抢答器电路的功能框图如图 7-12 所示，电路原理图如图 7-13 所示。

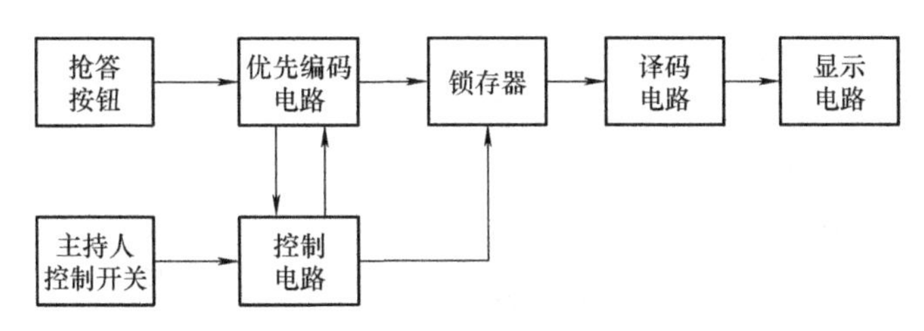

图 7-12　抢答器电路的功能框图

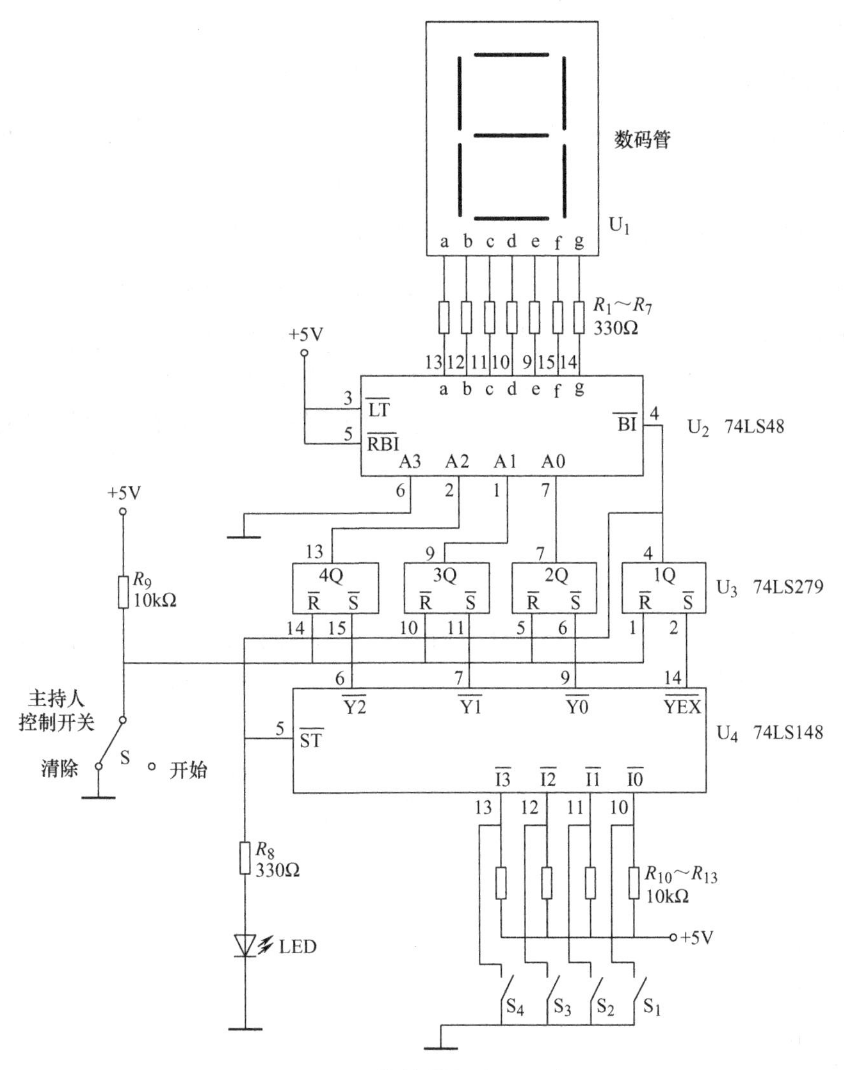

图 7-13　抢答器电路原理图

抢答器电路中，编码器 74LS148、译码驱动器 74LS48 及共阴极数码管的功能如前所述，锁存器 74LS279 包括了 4 个 RS 触发器，图 7-14 为其引脚图。触发器是数字电路中的一种基本单元电路，具有记忆功能，可以存储数字信息，它有两个输入端 $\overline{R}$、$\overline{S}$，两个输出端 Q、$\overline{Q}$。当输

入端 $\overline{R}=0$、$\overline{S}=1$ 时，输出端 $Q=0$、$\overline{Q}=1$；当 $\overline{R}=1$、$\overline{S}=0$ 时，输出端 $Q=1$、$\overline{Q}=0$；当输入端 $\overline{R}=1$、$\overline{S}=1$ 时，输出端 Q 和 $\overline{Q}$ 保持原状态不变。有关触发器的功能详见“项目八 时序逻辑电路的装调”的相关内容。

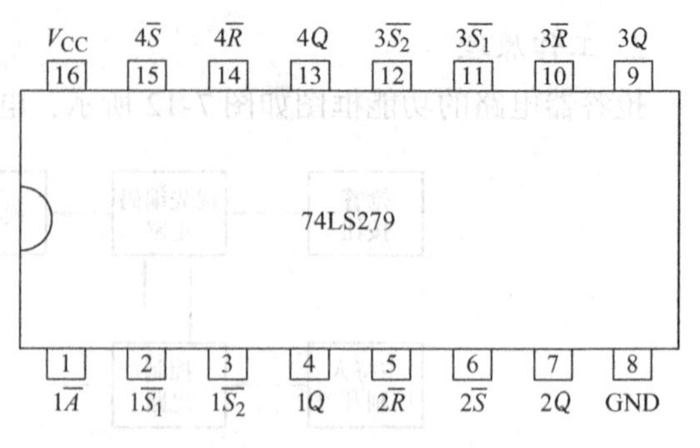

图 7-14 锁存器 74LS279 的引脚图

当主持人控制开关处于“清除”位置时，锁存器 74LS279 中所有 RS 触发器 $\overline{R}$ 端为低电平，输出端（$4Q\sim1Q$）全部为低电平。$1Q=0$ 使 74LS48 的$\overline{BI}=0$，显示器灭灯。当主持人开关拨到“开始”位置（悬空）时，触发器的 $\overline{R}$ 端为高电平，且 74LS148 的选通输入端$\overline{ST}=0$，优先编码器 74LS148 和锁存器 74LS279 同时处于工作状态，即抢答器处于等待工作状态，等待输入端$\overline{I_3}\cdots\overline{I_0}$的输入信号。当有选手将按键按下时（如按下 S_4），74LS148 的输出$\overline{Y_2}\ \overline{Y_1}\ \overline{Y_0}=100$，$\overline{Y_{EX}}=0$，经锁存器 74LS279 后，$4Q3Q2Q=011$，经译码器 74LS48 译码后，显示器显示出“3”。此外，锁存器 $1Q=1$，使 74LS148 的$\overline{ST}$端为高电平，74LS148 处于禁止工作状态，封锁了其他按键的输入。当按下的键松开后，74LS148 的$\overline{Y_{EX}}$为高电平，但由于$1Q$ 维持高电平不变，所以 74LS148 仍处于禁止工作状态，其他按键的输入信号不会被接收。这就保证了抢答者的优先性以及抢答电路的准确性。当优先抢答者回答完问题后，由主持人操作控制开关 S，使抢答电路复位，以便进行下一轮抢答。

【任务准备】

1. 制订计划

各小组在组长带领下，集体讨论，制订工作计划，合理安排工作进程。根据所学理论知识和操作技能，结合任务目标及任务引导，填写工作计划。抢答器电路的装调工作计划如表 7-12 所示。

表 7-12 抢答器电路的装调工作计划

工作时间	共______课时	审核：__________
任务实施步骤	1.	
	2.	
	3.	
	4.	
	5.	

2. 准备器材

（1）仪器准备　直流稳压电源。抢答器电路的装调借用清单如表7-13所示。

表7-13　抢答器电路的装调借用清单

借用组别：			借用人：		借出时间：	
序号	名称及规格	数量	归还人签名	归还时间	管理员签名	备注

（2）仪表、工具准备　万用表、电烙铁、烙铁架、尖嘴钳、斜口钳、镊子（学生自备）。

（3）耗材领取　抢答器电路的装调耗材领取清单如表7-14所示。

表7-14　抢答器电路的装调耗材领取清单

领料组：			领料人：			领料时间：	
序号	名称及规格	每人数量	小组数量	是否归还	归还人签名	管理员签名	备注

【任务实施】

各小组在组长带领下按照工作计划，完成以下工作任务。

1. 画图

（1）参考图7-13，画出抢答器电路的原理图。

（2）画出抢答器电路所需芯片及共阴极数码管的引脚排列图。

2. 元器件检测

(1) 用万用表检测电路中各个元器件的质量，将结果填入表 7-15 中。

表 7-15 元器件的检测

序号	元器件名称	数量	型号或标称值	结　果	质　量
1	U_2 显示译码驱动器				
2	U_3 锁存器				
3	U_4 编码器				
4	16 脚 IC 座（DIP）				
5	七段数码显示管				
6	电阻 $R_1 \sim R_8$				
7	电阻 $R_9 \sim R_{13}$				
8	发光二极管 LED				
9	钮子开关 S				
10	按键开关 $S_1 \sim S_4$				

3. 电路装配设计

(1) 元器件布局的原则　应保证电路性能指标的实现，应便于布线，应满足结构工艺的要求，有利于设备的装配、调试和维修。

(2) 元器件排列的方法及要求

1) 元器件的标志应易于辨认，使其可按照从左到右、从下到上的顺序读出。

2) 元器件的极性不得装错。

3) 安装高度应符合规定要求，同一规格的元器件应尽量安装在同一高度上。

4) 安装顺序一般为先低后高，先轻后重，先易后难，先一般元器件后特殊元器件。

5) 元器件在印制板上的分布应尽量均匀，疏密一致，排列整齐美观。不允许斜排、立体交叉和重叠排列。

6) 一些特殊元器件的安装处理。发热元件要与印制板面保持一定距离，不允许紧贴板面安装，较大元器件的安装应采取固定（绑扎、粘、支架固定等）措施。

4. 电路装配、焊接与调试过程

待装元器件检测→引线整形→插件→调整位置→固定位置→焊接→检查→通电调试。

安装完后，对照电路图和设计的装配草图认真进行检查。经检查无误后可实施如下检测步骤：

用万用表检测电路的电源是否有短路问题，待确认无误后，将各个集成电路插在集成座上，然后通电进行测试。

具体测试要求为：假设按钮 S_1（或 S_2、S_3、S_4）按下时为“0”，未按下时为“1”，“×”表示按钮可按下或未按下。按表 6-29 中的要求分别设置 $S_1 \sim S_4$ 的状态，并用万用表分别测量锁存器 74LS279 的输出端 $4Q$、$3Q$、$2Q$ 点的电平，观察并记录数码管的显示状态，注意每次改变按钮的状态时应先利用控制开关 S 对电路进行复位，将测量值和数码管的显示状态填入表 7-16 中。

表 7-16 抢答器电路的检测

序号	按钮状态				锁存器 74LS279 输出端电平/V			数码管的状态
	S_4	S_3	S_2	S_1	4Q	3Q	2Q	
1	1	1	1	1				
2	0（先按）	×	×	×				
3	×	0（先按）	×	×				
4	×	×	0（先按）	×				
5	×	×	×	0（先按）				

完成测试记录后认真分析测量结果。

5. 工作岗位 6S 活动

工作任务完成后，各工作组关闭工作台上所有仪器、仪表的电源，拔掉电烙铁的插头，拆下测量线和连接导线，归还借用的工具、仪器、仪表。组长组织组员开展工作岗位的“整理、整顿、清扫、清洁、安全、素养”6S 活动。

6. 思考与讨论

（1）在抢答器电路中，为什么编码器 74LS148 的输出是低电平而对应的锁存器 74LS279 的输出却是高电平？

（2）举例说明数码管显示的字符与显示译码器 74LS48 各输出端（$a \sim g$）电平高低的关系。

【任务评价】

师生将任务评价结果填在表 7-17 中。

表 7-17 抢答器电路的装调评价表

<table>
<tr><td colspan="2">班级：________ 小组：________
姓名：________ 学号：________</td><td colspan="5">指导教师：________
日　期：________</td></tr>
<tr><td rowspan="2">评价项目</td><td rowspan="2">评价内容</td><td colspan="3">评价方式</td><td rowspan="2">权重</td><td rowspan="2">得分小计</td></tr>
<tr><td>学生自评 15%</td><td>小组互评 25%</td><td>教师评价 60%</td></tr>
<tr><td>职业素养</td><td>1. 遵守规章制度、劳动纪律
2. 人身安全与设备安全
3. 完成工作任务的态度
4. 完成工作任务的质量及时间
5. 团队合作精神
6. 工作岗位“6S”处理</td><td></td><td></td><td></td><td>0.3</td><td></td></tr>
<tr><td>专业能力</td><td>1. 理解抢答器电路的组成和工作原理
2. 元器件布局合理，电路板制作符合工艺要求
3. 熟悉元器件的检测、插装和焊接操作
4. 能用万用表等仪表对电路进行调试和检测</td><td></td><td></td><td></td><td>0.5</td><td></td></tr>
<tr><td>创新能力</td><td>1. 将数码管改为共阳极的型号，电路应如何相应改变
2. 对电路的装接和调试有独到的见解和方法
3. 熟练使用万用表等工具研究抢答器电路的工作过程</td><td></td><td></td><td></td><td>0.2</td><td></td></tr>
<tr><td rowspan="2">综合评价</td><td>总分</td><td colspan="5"></td></tr>
<tr><td colspan="6">教师点评</td></tr>
</table>

【Multisim 仿真】

一、仿真电路图

本任务的仿真电路如图 7- 15 所示。

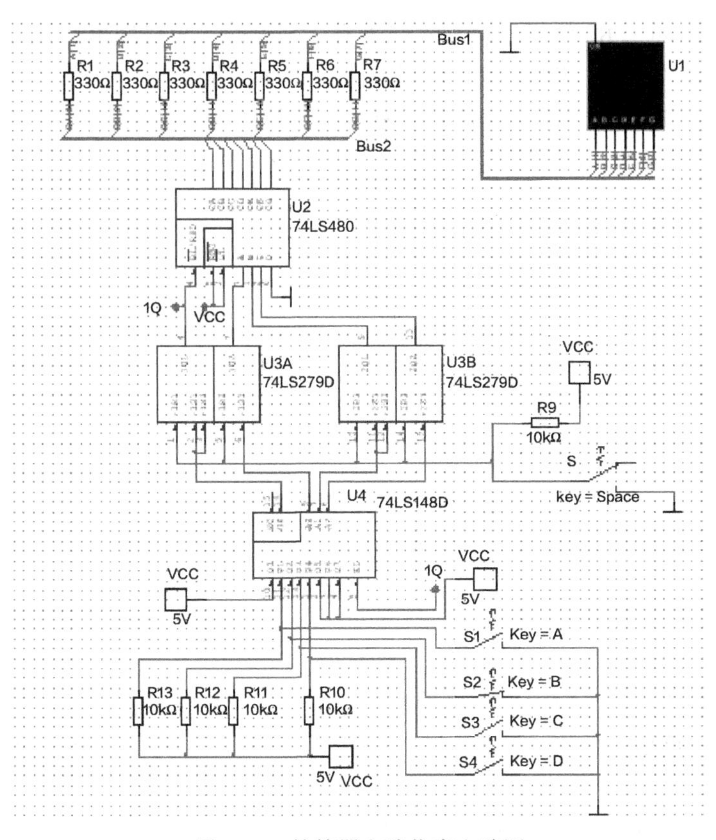

图 7-15　抢答器电路仿真电路图

二、元器件清单

抢答器电路仿真电路元器件清单如表 7-18 所示。

表 7-18　抢答器电路仿真电路元器件清单

序　号	描　述	编　号	数　量
1	74LS，74LS480	U2	1
2	74LS，74LS279D	U3	1
3	74LS，74LS148D	U4	1
4	SPST	S1、S2、S3、S4	4
5	SPDT	S	1
6	SEVEN_SEG_COM_K	U1	1
7	POWER_SOURCES，GROUND	0	1
8	RESISTOR，330Ω	R1、R2、R3、R4、R5、R6、R7	7
9	RESISTOR，10kΩ	R9、R10、R11、R12、R13	5
10	POWER_SOURCES，VCC	VCC	1

三、仿真提示

有几个需要注意的地方：

1）74LS148 的输入 $D_0 \sim D_7$ 必须给定电平，不可悬空；事实上，数字集成电路的空闲引脚一般不做悬空处理，而设为固定高电平或低电平。

2）74LS279 有四组 RS 触发器，若某组带有 2 个 S 端，短接即可。

3）数字电路必须深刻理解时序、真值表，并注意引脚号。

4）本电路仿真时，一旦复位，请及时复位抢答按钮（保持高状态）。

读者可按信号走向，逐个模块独立测试，最终整体仿真。

【知识拓展】

用卡诺图化简逻辑函数

一、卡诺图

逻辑函数可以用卡诺图表示。所谓卡诺图，就是逻辑函数的一种图形表示。对 n 个变量的卡诺图来说，由 2^n 个小方格组成，每一小方格代表一个最小项。在卡诺图中，几何位置相邻（包括边缘、四角）的小方格在逻辑上也是相邻的。

二、最小项的定义及基本性质

1. 最小项的定义

在有 n 个变量的逻辑函数中，如果乘积项中包含了全部变量，并且每个变量在该乘积项中或以原变量或以反变量的形式出现但只出现一次，则该乘积项就定义为该逻辑函数的最小项。

通常用 m 表示最小项，其下标为最小项的编号。

编号的方法是：最小项的原变量取 1，反变量取 0，则最小项取值为一组二进制数，其对应的十进制数便为该最小项的编号。

如最小项对应的变量取值为 000，它对应十进制数为 0，因此最小项的编号为 m_0，例如最小项 $A\overline{B}\,\overline{C}$ 的编号为 m_4，其余最小项的编号以此类推。

2. 最小项的基本性质

1）对于任意一个最小项，只有一组变量取值使它的值为 1，而其余各种变量取值均使它的值为 0。

2）不同的最小项，使它的值为 1 的那组变量取值也不同。

3）对于变量的任一组取值，全体最小项的和为 1。

图 7-16 所示分别为二变量、三变量和四变量卡诺图。在卡诺图的行和列分别标出变量及其状态。变量状态的次序是 00、01、11、10，而不是二进制递增的次序 00、01、10、11，这样排列是为了使任意两个相邻最小项之间只有一个变量改变（即满足相邻性）。小方格也可用对应的十进制数编号。如图中的四变量卡诺图，也就是变量的最小项可用 m_0、m_1、m_2、…来编号。

3. 应用卡诺图表示逻辑函数

应用卡诺图化简逻辑函数时，先将逻辑式中的最小项（或逻辑状态表中取值为 1 的最小项）分别用 1 填入相应的小方格内，其他的则填 0 或空着不填。如果逻辑式不是由最小项构成，一般应先化为最小项或将其列出逻辑状态表后再填写。

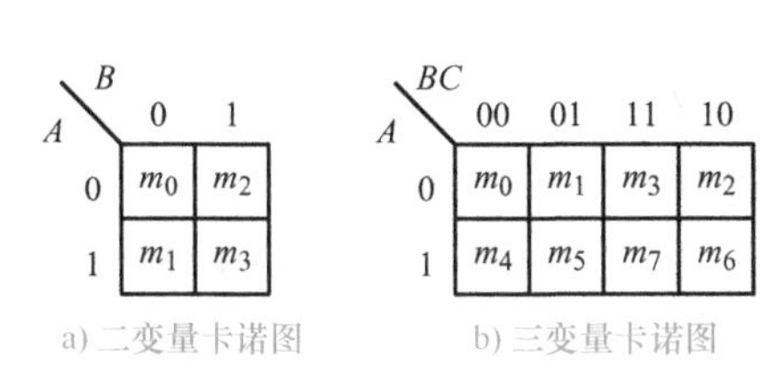

a) 二变量卡诺图　　b) 三变量卡诺图

AB \ CD	00	01	11	10
00	m_0	m_1	m_3	m_2
01	m_4	m_5	m_7	m_6
11	m_{12}	m_{13}	m_{15}	m_{14}
10	m_8	m_9	m_{11}	m_{10}

c) 四变量卡诺图

图 7-16　卡诺图

三、应用卡诺图化简逻辑函数

1. 一个正确卡诺圈的要求

1）画在一个卡诺圈内的方格数必须是2^m个（m 为大于等于 0 的整数）。

2）画在一个卡诺圈内的2^m个方格必须排列成方阵或矩阵。

3）一个卡诺圈内的方格必须是对称相邻的。

2. 利用卡诺图化简逻辑函数的步骤

1）先找没有相邻项的独立方格，单独画圈。

2）其次，找只能按一条路径合并的两个相邻方格，画圈。

3）再次，找只能按一条路径合并的四个相邻方格，画圈。

4）再次，找只能按一条路径合并的八个相邻方格，画圈。

5）依此类推，若还有方格未被圈，找合适的圈画出。

例如：化简 $Y_1 = \overline{A}\,\overline{B}\,\overline{C} + \overline{A}\,\overline{B}C + \overline{A}BC + A\overline{B}\,\overline{C}$

画出其卡诺图，如图 7-17 所示。

则　$Y_1 = \overline{B}\,\overline{C} + \overline{A}C$

A \ BC	00	01	11	10
0	1	1	1	0
1	1	0	0	0

图 7-17　卡诺图

3. 具有无关项的逻辑函数的化简

（1）逻辑函数中的无关项

① 任意项：对某些输入项，输出是任意的。

② 约束项：逻辑变量之间具有一定的约束关系，使它们的取值不可能出现，用“×”或“ϕ”表示。

（2）利用无关项化简原则　无关项既可看作“1”也可看作“0”。在卡诺图中，圈组内的“×”视为“1”，组外的视为“0”。

【习题】

一、填空题

1. 能将某种特定信息转换成机器识别的________制数码的组合逻辑电路，称之为________器；能将机器识别的________制数码转换成人们熟悉的________制或某种特定信息的组合逻辑电路，称为________器。

2. 组合逻辑电路的特点是该电路在任一时刻的输出状态取决于该时刻电路的________状态，与电路____________________无关。

3. 三位二进制编码器有________个输入端，________个输出端。

4. 74LS147 是________线—________线的集成优先编码器；74LS148 芯片是______线—________线的集成优先编码器。

5. ________是表示数值大小的各种方法的统称。一般都是按照进位方式来实现计数的，简称为________制。任意进制数转换为十进制数时，均采用________________的方法。

6. 将十进制数 6 转换为二进制数为________，将二进制数 1001 转换为十进制数为________，十进制数 36 用 8421BCD 码表示为________________。

二、判断题（在括号内用“√”和“×”表明下列说法是否正确）

1. 组合逻辑电路由门电路组成。（ ）
2. 组合逻辑电路的使能端状态不对时，组合器件不能工作。（ ）
3. 组合逻辑门电路的输出只与输入有关。（ ）
4. 已知逻辑功能，求解逻辑表达式的过程称为逻辑电路的设计。（ ）
5. 只有最简的输入、输出关系，才能获得结构最简的逻辑电路。（ ）
6. 当输入 9 个信号时，需要 3 位的二进制代码输出。（ ）
7. 组合逻辑电路的典型应用有译码器及编码器。（ ）
8. 编码电路的输入量一定是人们熟悉的十进制数。（ ）
9. 共阴极结构的显示器需要低电平驱动才能显示。（ ）

三、选择题

1. 在下列逻辑电路中，不是组合逻辑电路的有（ ）。

A. 译码器　　B. 编码器　　C. 全加器　　D. 寄存器

2. 下列不能用于构成组合逻辑电路的是（ ）。

A. 与非门　　B. 或非门　　C. 异或门　　D. 触发器

3. 组合逻辑电路的设计是（ ）。

A. 根据已有电路图进行分析　　B. 找出对应的输入条件

C. 根据逻辑结果进行分析　　D. 画出对应的输出时序图

4. 下列各型号中属于优先编码器的是（ ）。

A. 74LS85　　B. 74LS138　　C. 74LS148　　D. 74LS48

5. 八输入端的编码器按二进制数编码时，输出端的个数是（ ）。

A. 2 个　　B. 3 个　　C. 4 个　　D. 8 个

6. 对于普通编码器和优先编码器，下面的说法正确的是（ ）。

A. 普通编码器和优先编码器都允许输入多个编码信号

B. 普通编码器和优先编码器都只允许输入一个编码信号

C. 普通编码器只允许输入一个编码信号，优先编码器允许输入多个编码信号

D. 普通编码器允许输入多个编码信号，优先编码器只允许输入一个编码信号

7. 8 线—3 线优先编码器的输入为 $I_0 \sim I_7$，当优先级别最高的 I_7 有效时，其输出 $\overline{Y_2} \cdot \overline{Y_1} \cdot \overline{Y_0}$ 的值是（ ）。

A. 111　　B. 010　　C. 000　　D. 101

8. 若在编码器中有 50 个编码对象，则要求输出二进制代码位数为（ ）位。

A. 5　　B. 6　　C. 10　　D. 50

9. 组合逻辑电路的编码器功能为（　　）。

A. 用一位二进制数来表示　　B. 用多位二进制数来表示输入信号

C. 用十进制数表示输入信号　　D. 用十进制数表示二进制信号

10. 译码器的输入量是（　　）。

A. 二进制　　B. 八进制　　C. 十进制　　D. 十六进制

11. 四输入的译码器，其输出端最多为（　　）。

A. 4 个　　B. 8 个　　C. 10 个　　D. 16 个

12. 集成译码器 74LS42 是（　　）译码器。

A. 变量　　B. 显示　　C. 符号　　D. 二—十进制

13. 集成译码器的（　　）状态不对时，译码器无法工作。

A. 输入端　　B. 输出端　　C. 清零端　　D. 使能端

14. 当集成译码器 74LS138 的 3 个使能端满足要求时，其输出端为（　　）有效。

A. 高电平　　B. 低电平　　C. 高阻　　D. 低阻

15. 要表示十进制数的十个数码，需要二进制数码的位数是（　　）。

A. 2　　B. 3　　C. 4　　D. 6

16. 十进制数 100 对应的二进制数为（　　）。

A. 1011110　　B. 1100010　　C. 1100100　　D. 11000100

17. 数字电路中机器识别和常用的数制是（　　）。

A. 二进制　　B. 八进制　　C. 十进制　　D. 十六进制

四、综合题

1. 分析图 7-18 所示组合逻辑电路的功能。

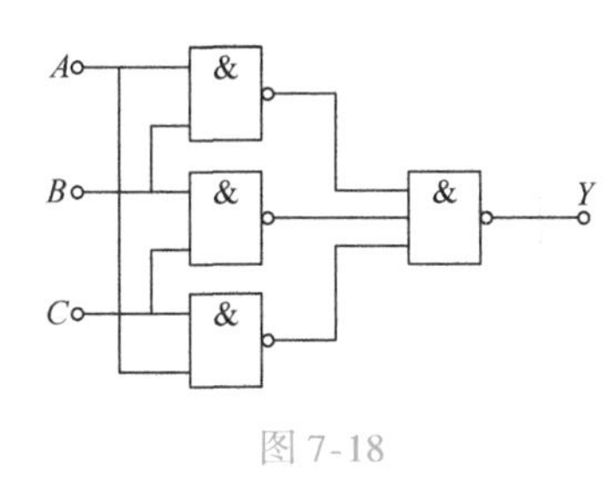

图 7-18

2. 要求用与非门设计一个三人表决用的组合逻辑电路图，只要有 2 票或 3 票同意，表决就通过。

3. 完成下列数制之间的转换。

（1）$(365)_{10}=(\qquad\qquad)_2$

（2）$(11101.1)_2=(\qquad\qquad)_{10}$

4. 完成下列数制与码制之间的转换。

（1）$(47)_{10}=(\qquad\qquad)_{8421BCD}$

（2）$(25.25)_{10}=(\qquad\qquad)_{8421BCD}$

项目八　时序逻辑电路的装调

【工作情景】

某工厂的包装车间流水线需要安装一个计数显示电路，要求电子加工中心进行制作。电路的作用是在一定时间内计算流过产品的数量。计数器使用传感器输出的脉冲作为检测信号，经过加法计数，把产品的数量用数码管显示出来。要求计数器性能稳定，能准确计数和显示数值。

【教学要求】

1. 掌握计数器、寄存器等常用时序逻辑电路的功能及电路形式。
2. 按要求装配和焊接计数译码显示电路。
3. 能使用万用表对电路进行调试和检测。
4. 培养独立分析、自我学习及团队合作的能力。

【设备要求】

1. 多媒体教学设备一套。
2. 每位学生自备电子电路装调工具一套。
3. 每个学习组需直流稳压电源一台。

任务　计数译码显示电路的装调

【任务目标】

1. 了解时序逻辑电路的特点。
2. 掌握基本 RS 触发器和同步 RS 触发器的电路结构及逻辑功能。
3. 掌握 JK 触发器、D 触发器和 T 触发器的电路特点、逻辑功能、触发方式及触发条件。
4. 掌握寄存器和计数器的工作原理。

【任务引导】

前面介绍的各种逻辑门电路及由它们组成的组合逻辑电路都不具有记忆功能。而在数字系统中，常常需要存储各种数字信息，因此需要具有记忆功能的电路。触发器是最常用的具有记忆功能的基本单元电路。时序逻辑电路是以触发器为基本单元构成的，常见的有计数器和寄存器。

本任务是完成一位计数显示电路的装调，并用门电路构成脉冲发生电路以模拟传感器输出的脉冲信号。

【相关知识】

组合逻辑电路与时序逻辑电路是数字逻辑电路的两大分支，两者的区别在于：组合逻辑电路在某时刻的输出只与当时的输入有关，与电路原来的状态无关，也就是说，它们没有记忆功能；而时序逻辑电路在某时刻的输出，不仅取决于该时刻电路的输入，还取决于电路原来的状态，也就是说，它们有记忆功能。

一、触发器

触发器是能够存储一位二进制数码的基本单元电路，用它可以构成不同功能的时序逻辑电路，如寄存器和计数器等。为了实现记忆功能，触发器必须具备以下基本特点：

1）有两个稳定的工作状态，分别用“0”和“1”表示。

2）在适当信号的作用下，两种稳定状态可以相互转换。

3）输入信号消失后，能将获得的新状态保持下来。

触发器的种类很多，目前大量使用的都是集成触发器，但它们都是在基本 RS 触发器的基础上发展起来的。

1. 基本 RS 触发器

（1）电路组成与逻辑符号　基本 RS 触发器由两个与非门交叉连接而成，如图 8-1a 所示。电路有两个输入端$\overline{R_D}$、$\overline{S_D}$和两个输出端 Q、$\overline{Q}$（Q 和 $\overline{Q}$ 是互补状态）。该电路有两个稳定状态，一个是 $Q=0$、$\overline{Q}=1$ 时，称为触发器的“0”状态；另一个是 $Q=1$、$\overline{Q}=0$ 时，称为触发器的“1”状态。利用这两个状态就可以存储（或记忆）一位二进制数码“0”或“1”。图 8-1b 所示为其逻辑符号。

（2）工作原理　当$\overline{R_D}=0$、$\overline{S_D}=1$ 时，与非门 G_1 的输入因有“0”，故 $\overline{Q}=1$，而此时与非门 G_2 的输入为全“1”，故 $Q=0$，所以触发器处于“0”态，与触发器的原状态无关，称$\overline{R_D}$为直接复位端。

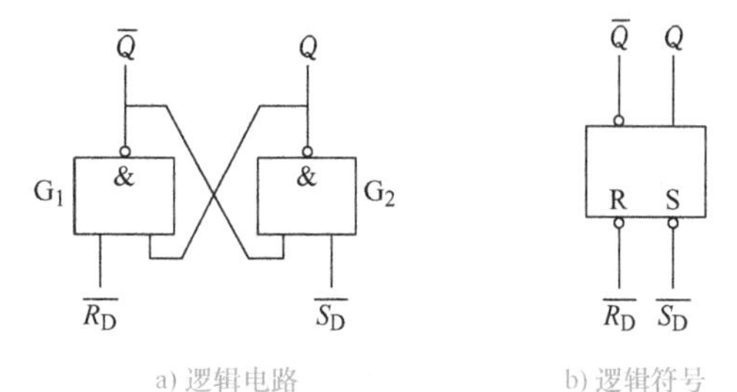

图 8-1　基本 RS 触发器的电路组成与逻辑符号

当$\overline{R_D}=1$、$\overline{S_D}=0$ 时，与非门 G_2 的输入因有“0”，故 $Q=1$，而此时与非门 G_1 的输入为全“1”，故 $\overline{Q}=0$，所以触发器处于“1”态，也与触发器的原状态无关，称$\overline{S_D}$为直接置位端。

当$\overline{R_D}=\overline{S_D}=1$ 时，若触发器原状态为“0”，与非门 G_1 的输入因有“0”，则输出 $\overline{Q}=1$，此时 $Q=0$，即触发器保持原状态“0”不变；若触发器原状态为“1”，与非门 G_2 的输入因有“0”，则输出 $Q=1$，此时 $\overline{Q}=0$，即触发器也保持原状态“1”不变。所以，不管触发器的原状态如何，触发器都将保持原来状态不变。

当$\overline{R_D}=\overline{S_D}=0$ 时，与非门 G_1 和 G_2 的输出均为“1”，即 $Q=\overline{Q}=1$，触发器既不是“0”态，又不是“1”态，破坏了 Q 和 $\overline{Q}$ 的互补关系。这不符合基本 RS 触发器的要求，因此这种情况应禁止出现。

(3) 逻辑功能　基本RS触发器的逻辑功能可以用简化真值表来描述，如表8-1所示。

表8-1　基本RS触发器真值表

输入		输出		功能
$\overline{R_D}$	$\overline{S_D}$	Q^n	Q^{n+1}	
0	1	0	0	置0
		1	0	
1	0	0	1	置1
		1	1	
1	1	0	0	保持
		1	1	
0	0	0	×	不定
		1	×	

由表8-1可见，基本RS触发器具有两个稳定状态“0”和“1”，当外加触发脉冲时，可以使触发器的状态置“0”、置“1”或保持原状态。表中的Q^n表示触发器的原状态，Q^{n+1}表示新状态。在图8-1所示的触发器中，外加触发脉冲都是低电平有效，或称为负脉冲触发。所以在图8-1的逻辑符号中，$\overline{R_D}$和$\overline{S_D}$输入端靠近方框处都用一个圆圈来表示负脉冲触发；而输出端带小圆圈的代表$\overline{Q}$端，无小圆圈代表Q端。

2. 同步RS触发器

在数字系统中，一般包含多个触发器，为协调各个部分工作，常要求各个触发器按照一定的节拍同步动作。为此，必须引入同步信号去控制，称为时钟脉冲信号，简称时钟信号，用CP表示。受时钟信号控制的触发器称为同步触发器或钟控触发器。

(1) 电路组成与逻辑符号　同步RS触发器的逻辑电路和逻辑符号如图8-2所示。图中除了一个基本RS触发器外，还增加了两个与非门G_3和G_4作为控制门。图中$\overline{R_D}$和$\overline{S_D}$不受时钟脉冲CP的控制，所以称异步置“0”端、置“1”端。在时钟脉冲工作前，如果需要预先使触发器处于某一给定状态，只要在$\overline{R_D}$和$\overline{S_D}$端分别施加负脉冲，就可将触发器直接置“0”或置“1”。

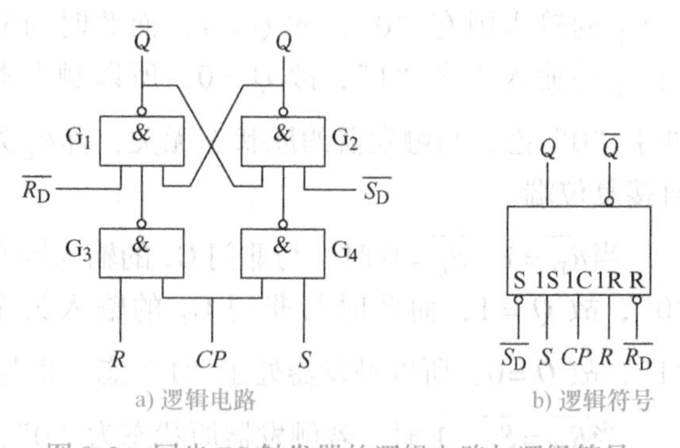

图8-2　同步RS触发器的逻辑电路与逻辑符号

这是同步RS触发器的逻辑符号。图中R、S、CP输入靠近方框处都无小圆圈，表示高电平有效。相应的，R、S、CP字母上也不加“非”号。

(2) 逻辑功能　与基本RS触发器的分析方法类似，当$CP=0$时，G_3、G_4被封锁，不管R、S端输入什么信号，G_3、G_4的输出都为“1”，触发器保持原状态。当$CP=1$时，G_3、G_4被打开，接收信号，输入信号R、S被G_3、G_4反相后送到基本RS触发器的输入端，触发器按输入R和S的不同状态组合得到相应的输出状态，其逻辑功能如表8-2所示。

表 8-2　同步 RS 触发器的简化真值表

输　入			输出		功　能
CP	R	S	Q^n	Q^{n+1}	
0	×	×	0 1	0 1	保持
1	0	1	0 1	1 1	置 1
1	1	0	0 1	0 0	置 0
1	0	0	0 1	0 1	保持
1	1	1	0 1	× ×	不定

二、其他类型触发器

同步 RS 触发器虽然有一个时钟脉冲控制端 CP，触发器只有在 $CP=1$ 期间才能翻转，但它的抗干扰能力比较差。为什么呢？假如在 $CP=1$ 期间，输入 R、S 出现干扰信号，输出也会发生相应的变化，这就会造成逻辑混乱。为了解决这个问题，可以采用性能优良的边沿触发器。

边沿触发器有个显著的特点，就是只有在时钟脉冲 CP 的上升沿或下降沿的瞬间，触发器的新状态取决于此时刻输入信号的状态，而其他时刻触发器均保持原状态不变，这个特点大大提高了触发器的抗干扰能力。

常用的边沿触发器有 JK 触发器、D 触发器和 T 触发器等，其边沿触发的方式有上升沿触发和下降沿触发。所谓上升沿触发，是指触发器改变状态的时间在时钟脉冲的上升沿。所谓下降沿触发，是指触发器改变状态的时间在时钟脉冲的下降沿。

1. JK 触发器

JK 触发器的逻辑符号如图 8-3 所示。其中，J、K 为输入端，CP 为时钟脉冲输入端，$\overline{R_D}$、$\overline{S_D}$ 分别为异步置 0、置 1 端（不受 CP 限制），Q、$\overline{Q}$ 为输出端，折线表示边沿触发，有小圆圈表示下降沿触发。

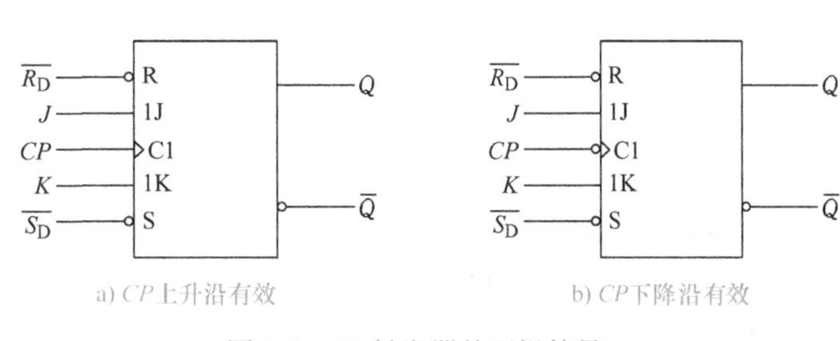

图 8-3　JK 触发器的逻辑符号

JK 触发器的真值表如表 8-3 所示。由表可知，JK 触发器具有置 0、置 1、保持和计数（翻转、取反）的逻辑功能，所谓翻转，是指触发器在 CP 脉冲的作用下，其新状态与原状态相反。触发器的逻辑功能除了用真值表来表达以外，还用特性方程（类似组合逻辑电路所用的逻辑表达式）来表示。JK 触发器的特性方程为 $Q^{n+1}=J\overline{Q^n}+\overline{K}Q^n$（上升沿/下降沿有效）。常用的 JK 触发器是下降沿触发的。

表 8-3　JK 触发器的真值表

输入		输出	功能
J	K	Q^{n+1}	
0	0	Q^n	保持
0	1	0	置 0
1	0	1	置 1
1	1	$\overline{Q^n}$	计数

例 8-1　根据图 8-4 所给出的时钟脉冲 CP 和 J、K 端的输入波形，画出 CP 下降沿触发的 JK 触发器的 Q 端的波形。设触发器的初始状态为“0”。

解：

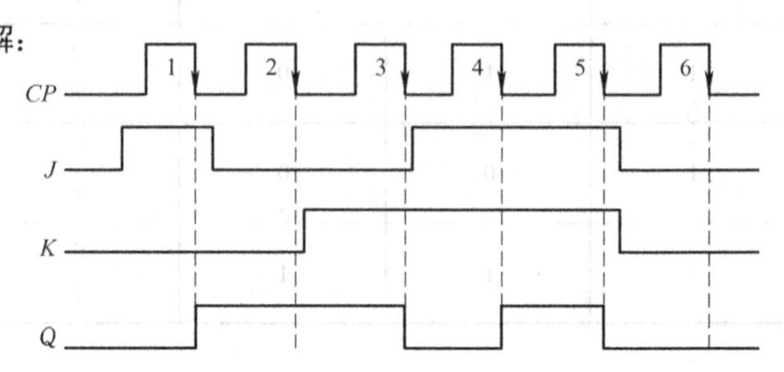

图 8-4　例 8-1 的输入和输出波形图

2. D 触发器

D 触发器的逻辑符号如图 8-5 所示，其真值表如表 8-4 所示，由表可知，D 触发器具有置 0 和置 1 的逻辑功能。D 触发器的特点是，在 CP 脉冲到来后，D 触发器的状态与其输入端的状态相同，其新状态输出仅是延迟了输入。D 触发器的特性方程为：$Q^{n+1}=D$（上升沿/下降沿有效）。常用的 D 触发器是上升沿触发的。

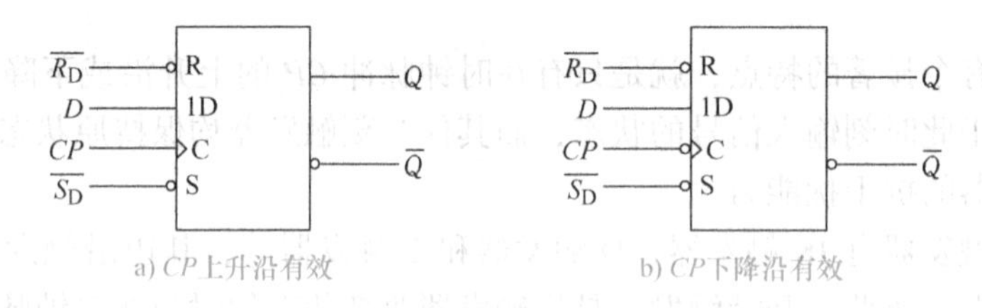

图 8-5　D 触发器的逻辑符号

表 8-4　D 触发器的真值表

输入	输出	功能
D	Q^{n+1}	
0	0	置 0
1	1	置 1

例 8-2　根据图 8-6 所给出的时钟脉冲 CP 和 D 端的输入波形，画出 CP 上升沿触发的 D 触发器的 Q 端的波形。设触发器的初始状态为“0”。

解：

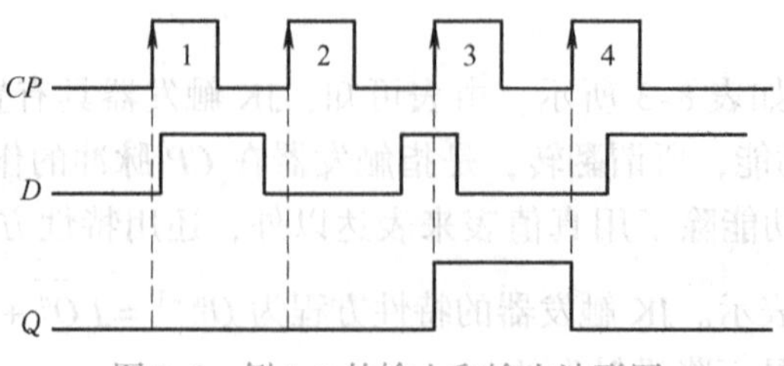

图 8-6　例 8-2 的输入和输出波形图

3. T触发器

T触发器的逻辑符号如图8-7所示，其真值表如表8-5所示，由表可知，T触发器具有保持和翻转的逻辑功能。T触发器的特点是，每来一个时钟脉冲 CP，触发器的新状态就与原状态相反。T触发器的特性方程为 $Q^{n+1}=T\overline{Q^n}+\overline{T}Q^n=T\oplus Q^n$（上升沿/下降沿有效）。

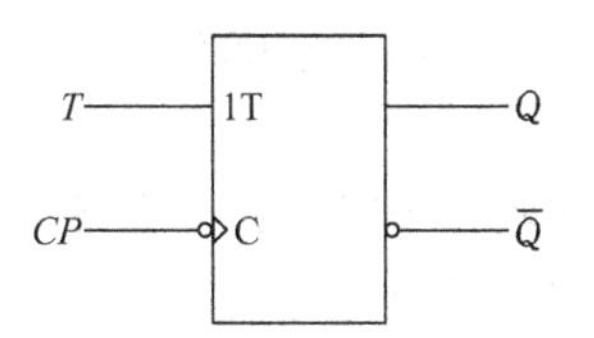

图8-7　T触发器的逻辑符号

表8-5　T触发器的真值表

输　入	输　出	功　能
T	Q^{n+1}	
0	Q^n	保持
1	$\overline{Q^n}$	翻转

例8-3　根据图8-8所给出的时钟脉冲 CP 和 T 端的输入波形，画出 CP 下降沿触发的T触发器的 Q、$\overline{Q}$ 端的波形。设触发器的初始状态为“0”。

解：

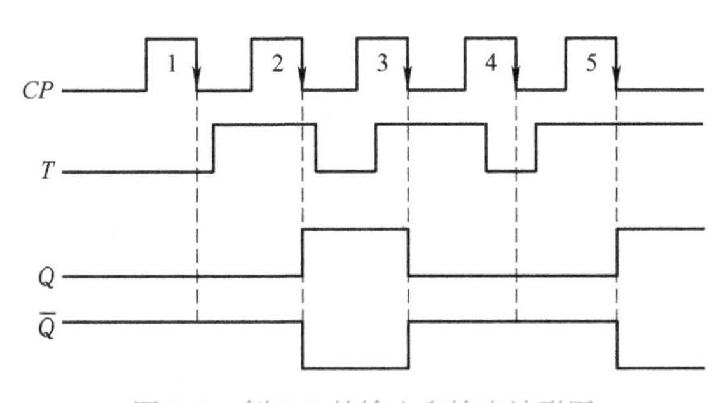

图8-8　例8-3的输入和输出波形图

三、集成触发器

像集成门电路一样，集成触发器有TTL型和CMOS型两种。图8-9为集成边沿D触发器74HC74的引脚图，其中包含两个功能完成相同的D触发器。

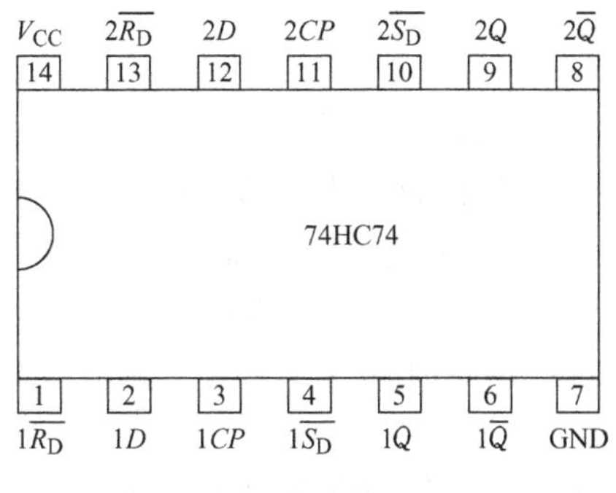

图8-9　集成边沿D触发器74HC74的引脚图

四、常用的时序逻辑电路

时序逻辑电路是数字电路的另一个重要组成部分，它与组合逻辑电路的功能不同，它的特点是：任一时刻电路的输出状态（新状态）不仅取决于该时刻的输入信号，而且与前一时刻电路的状态（原状态）有关。触发器就是最简单的时序逻辑电路，也是构成其他时序逻辑电路的单元电路，常用的时序逻辑电路有寄存器和计数器。

1. 寄存器

寄存器是典型的时序电路，是数字系统的主要部件之一。它广泛应用在电子计算机和数字系统中。寄存器是暂时存放数据（二进制数码）的数字逻辑部件。一个触发器就是最简单的寄存器，它能存放一位二进制数码，N位的寄存器内含有N个触发器。

寄存器由触发器和门电路组成，具有接收数据、存放数据和输出数据的功能。只有在得到接收指令时，寄存器才能接收要寄存的数据。按逻辑功能的不同，寄存器可以分为数码寄存器和移位寄存器。

（1）数码寄存器　用来存放二进制数码的寄存器称为数码寄存器。图 8-10 是由 D 触发器构成的四位数码寄存器的逻辑电路图，$D_0 \sim D_3$为四位数码输入端，$Q_0 \sim Q_3$为四位数码输出端。此外，该寄存器中每个触发器的复位端连在一起作为清零端$\overline{R_D}$，各个触发器的时钟端也连在一起，作为接收数码的控制端（让各触发器同时变化，称为同步）。

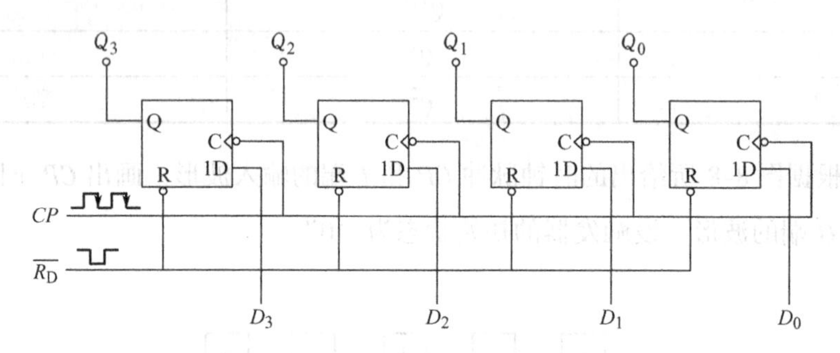

图 8-10　四位数码寄存器的逻辑电路图

该电路的工作原理如下：

① 清零：首先让$\overline{R_D}=0$，这时的输出为$Q_3Q_2Q_1Q_0=0000$；然后让$\overline{R_D}=1$，各个触发器保持“0”状态不变。

② 接收数码：当CP下降沿到来时，接收各个触发器D端的信号。此时各触发器的输出端就为各个D端的信号，这时，若CP下降沿消失，刚才的四位数码就存放在寄存器中。

由于这种寄存器能同时输入各位数码，同时输出各位数码，故又称并行输入、并行输出数码寄存器。

（2）移位寄存器　移位寄存器是在数码寄存器的基础上发展起来的，它除了具有存放数码的功能外，还有移位的功能。“移位”是指在移位脉冲的作用下，能把寄存器的数码依次左移或右移。移位寄存器可分为单向移位寄存器和双向移位寄存器。

1）单向移位寄存器。在移位脉冲作用下，所存数码只能向某方向（左或右）移动的寄存器叫作单向移位寄存器。图 8-11 是用 D 触发器组成的四位左移数码寄存器，输入信号从最低位触发器FF_0的输入端D_0依次送入寄存器中（串行输入方式），输出可从 4 个触发器的Q端同时输出（并行输出方式），也可从最高位触发器的Q_3端依次输出（串行输出方式）。

四位左移数码寄存器的工作过程如下：

清零：$\overline{R_D}=0$，使$Q_3Q_2Q_1Q_0=0000$（清零后使$\overline{R_D}=1$）。

输入数据：例如输入 1011，第 1 个移位脉冲到来时，$Q_3Q_2Q_1Q_0=0001$；第 2 个移位脉冲到来时，$Q_3Q_2Q_1Q_0=0010$；第 3 个移位脉冲到来时，$Q_3Q_2Q_1Q_0=0101$；第 4 个移位脉冲到来时，$Q_3Q_2Q_1Q_0=1011$。

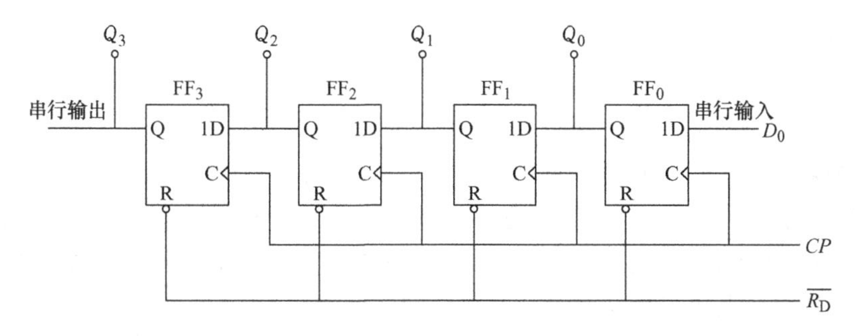

图 8-11　四位左移数码寄存器的逻辑电路图

以上工作过程如表 8-6 所示。

右移寄存器则是将信号从最高位触发器的 D 端串行输入信号，从最低位触发器的 Q_0 端串行输出信号的电路，其工作原理与左移寄存器类似。

表 8-6　四位左移数码寄存器的状态真值表

输　入		输　出				移位过程
CP	D_0	Q_3	Q_2	Q_1	Q_0	
0	×	0	0	0	0	清零
1	1	0	0	0	1	左移一位
2	0	0	0	1	0	左移二位
3	1	0	1	0	1	左移三位
4	1	1	0	1	1	左移四位

2）双向移位寄存器。双向移位寄存器同时具有左移和右移的功能。下面以四位双向移位寄存器 74LS194 为例，说明双向移位寄存器的功能，图 8-12 是它的引脚图。

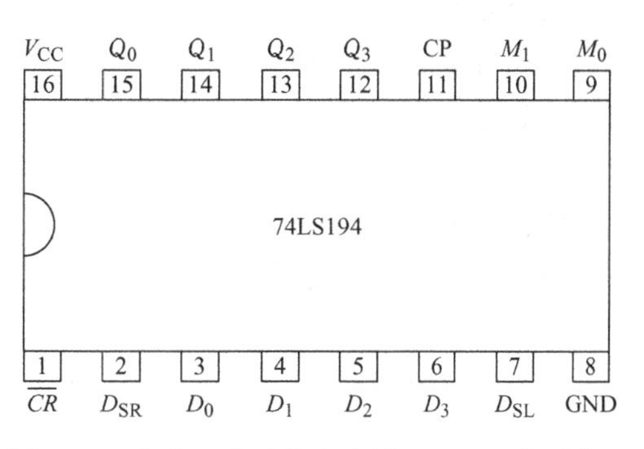

图 8-12　集成双向移位寄存器 74LS194 的引脚图

图 8-12 中，D_{SR}为右移数据串行输入端；D_{SL}为左移数据串行输入端；Q_0为左移数据串行输出端；Q_3为右移数据串行输出端；D_0 ~ D_3为数据并行输入端；Q_0 ~ Q_3为数据并行输出端；M_1、M_0为工作方式控制端，对应它们的 4 种取值组合，寄存器分别执行保持、右移、左移和并行输入数据四种功能，其功能如表 8-7 所示。

表 8-7　集成双向移位寄存器 74LS194 的功能表

清零端	控制端		时钟脉冲端	功　能
	M_1	M_0		
0	×	×	×	清零：Q_i 全为“0”
1	0	0	×	保持：$Q_i^{n+1}=Q_i^n$
1	0	1	上升沿	串行输入、右移：$D_{SR}\rightarrow Q_3$，$Q_{i-1}^{n+1}=Q_i^n$
1	1	0	上升沿	串行输入、左移：$D_{SL}\rightarrow Q_0$，$Q_{i+1}^{n+1}=Q_i^n$
1	1	1	上升沿	并行输入：$Q_i=D_i$

2. 计数器

计数器是由触发器和门电路组成的一种时序电路，它可以用来统计输入脉冲的个数（计数），还可以用来定时、分频或者进行数字运算等。

（1）计数器的分类　计数器的种类繁多，可按不同的分类标准进行分类。

1）按进位数制的不同，计数器可分为二进制计数器、十进制计数器和 N 进制计数器。

2）按计数过程中计数变化的趋势是增大还是减小，计数器可分为加法计数器、减法计数器和可逆计数器（既可作加法计数，又可作减法计数）。

3）按时钟脉冲引入的方式（或者计数器中各个触发器翻转的次序）不同，计数器可分为异步计数器和同步计数器。

同步计数器就是组成计数器的所有触发器共用一个时钟脉冲（该时钟脉冲就是被计数的输入脉冲），使应该翻转的触发器在时钟脉冲的作用下同时翻转。

异步计数器中各级触发器的时钟并不都来源于计数脉冲，有的来源于其他触发器的输出端，因此各级触发器的状态不是同时进行，而是有先有后。因此分析异步计数器时必须注意各级触发器的时钟信号，以确定其状态转变时刻。

（2）异步计数器

1）异步二进制计数器。异步三位二进制加法计数器的逻辑电路图如图 8-13 所示。它是由三个 JK 触发器组成，各触发器的 J、K 端都悬空（相当于 $J=K=1$），则各触发器都处在“计数”状态。三个触发器中只有最低位的触发器 FF_0 的 C 控制端接计数脉冲 CP，FF_0 的输出端接 FF_1 的 C 端，FF_1 的输出端接 FF_2 的 C 端。也就是：$CP_0=CP$，$CP_1=Q_0$，$CP_2=Q_1$。因此，只要低位触发器的状态从 1 变为 0，其 Q 端产生的下降沿就使高一位触发器翻转。异步三位二进制加法计数器的状态真值表如表 8-8 所示。

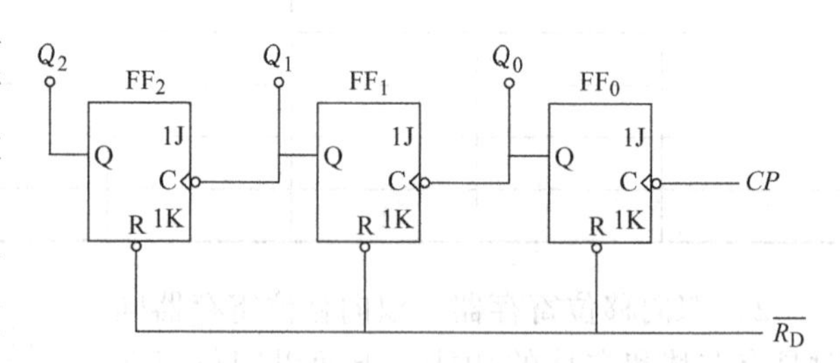

图 8-13　异步三位二进制加法计数器的逻辑电路图

表 8-8　异步三位二进制加法计数器的状态真值表

计数脉冲	原状态			新状态			脉冲有无下降沿		
CP	Q_2^n	Q_1^n	Q_0^n	Q_2^{n+1}	Q_1^{n+1}	Q_0^{n+1}	CP_2	CP_1	CP_0
0	0	0	0	0	0	0			
1	0	0	0	0	0	1			有
2	0	0	1	0	1	0		有	有
3	0	1	0	0	1	1			有
4	0	1	1	1	0	0	有	有	有
5	1	0	0	1	0	1			有
6	1	0	1	1	1	0		有	有
7	1	1	0	1	1	1			有
8	1	1	1	0	0	0	有	有	有

异步三位二进制加法计数器的时序图如图 8-14 所示。

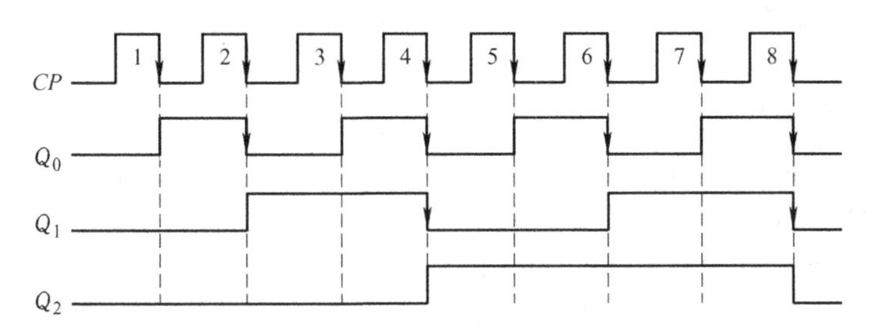

图 8-14　异步三位二进制加法计数器的时序图

上面的异步三位二进制加法计数器确实是按照二进制数递增的顺序变化的。如果在逻辑图中将低位触发器的 $\overline{Q}$ 端接至高位触发器的时钟脉冲端，就得到异步三位二进制减法计数器，如图 8-15 所示，其工作过程与加法计数器类似。

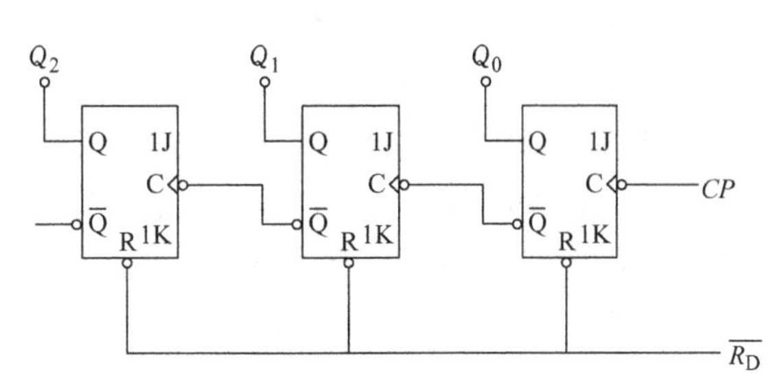

图 8-15　异步三位二进制减法计数器逻辑电路图

2）异步十进制加法计数器。前面介绍的二进制计数器虽然结构简单，但当需要知道计算结果时，还要把二进制数换成十进制数，这就很不方便。因此在有些场合，特别是在数字装置的终端，都广泛采用十进制计数器计数，并将结果加以显示，以便于使用。图 8-16 就是一种异步十进制加法计数器的逻辑电路图。按照前面所述的分析方法，可以得到其状态真值表（见表 8-9）。由表可见，当计数到 1001（即十进制数 9）时，再来一个时钟脉冲就归零（向高位进一，同时本位归零），成为 0000。

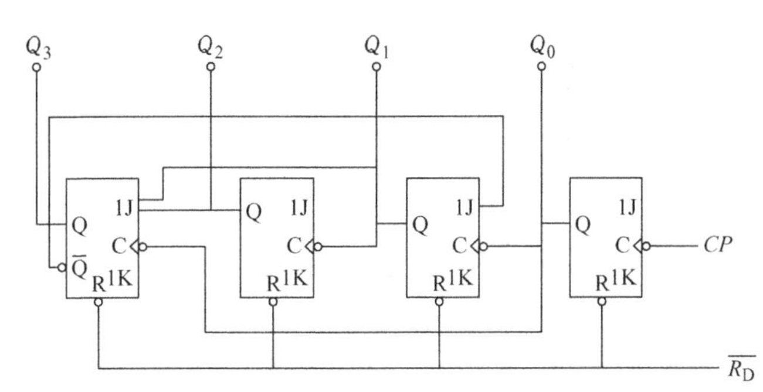

图 8-16　异步十进制加法计数器逻辑电路图

表 8-9　异步十进制加法计数器的状态真值表

计数脉冲	原状态				新状态				进位输出
CP	Q_3^n	Q_2^n	Q_1^n	Q_0^n	Q_3^{n+1}	Q_2^{n+1}	Q_1^{n+1}	Q_0^{n+1}	C
0	0	0	0	0	0	0	0	1	0
1	0	0	0	1	0	0	1	0	0
2	0	0	1	0	0	0	1	1	0
3	0	0	1	1	0	1	0	0	0
4	0	1	0	0	0	1	0	1	0
5	0	1	0	1	0	1	1	0	0
6	0	1	1	0	0	1	1	1	0
7	0	1	1	1	1	0	0	0	0
8	1	0	0	0	1	0	0	1	0
9	1	0	0	1	0	0	0	0	1

（3）同步加法计数器　同步计数器在电路结构上较异步计数器复杂，下面介绍的CD4518是二—十进制同步加法计数器，内含两个单元的计数器，其引脚排列如图8-17所示，引脚功能表如表7-10所示。每个单元有两个时钟输入端CLK和EN，可选择时钟脉冲上升沿或下降沿触发。如果从EN端输入信号时采用下降沿触发，CLK端接低电平；如果从CLK端输入信号时采用上升沿触发，EN端接高电平。RST为复位端，当接高电平时，计数器各输出端Q1～Q4均为“0”，只有RST端接低电平时，CD4518才开始计数。

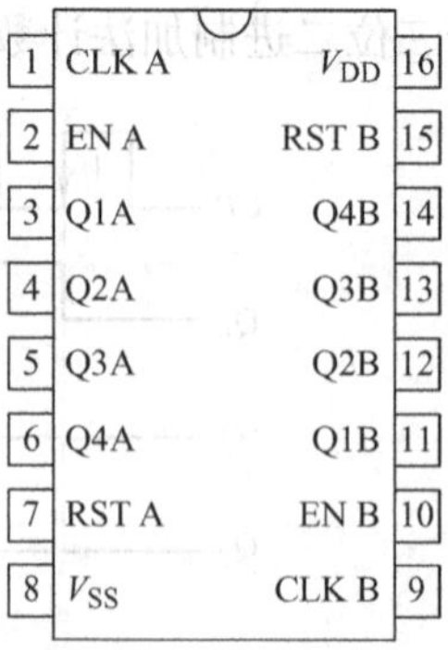

引脚	名称	名称	引脚
1	CLK A	V_{DD}	16
2	EN A	RST B	15
3	Q1A	Q4B	14
4	Q2A	Q3B	13
5	Q3A	Q2B	12
6	Q4A	Q1B	11
7	RST A	EN B	10
8	V_{SS}	CLK B	9

图8-17　同步加法计数器CD4518引脚图

CD4518采用并行进位方式，假如Q4～Q1初态为“0000”，当输入第1个脉冲信号时，Q4～Q1输出“0001”；当输入第2个脉冲信号时，Q4～Q1输出“0010”；当输入第3个脉冲信号时，Q4～Q1输出“0011”。这样从初始“0000”态开始计数，每输入10个时钟脉冲，计数单元便自动恢复到“0000”。若把第1个加法计数器输出端Q4A作为第2个加法计数器的输入端时钟脉冲信号，可组成两位8421BCD编码计数器，依次类推可以进行多位串行计数。

表8-10　CD4518引脚功能表

引　脚	名　称	功　能
1、9	CLK	时钟输入端
7、15	RST	清除端
2、10	EN	计数允许控制端
3、4、5、6	Q1A～Q4A	计数输出端
11、12、13、14	Q1B～Q4B	计数输出端
8	V_{SS}	接地
16	V_{DD}	正电源

五、计数译码显示电路

1. 电路结构

如图8-18所示，一位计数译码显示电路由计数脉冲信号发生器、计数器、显示译码驱动器、显示器（七段数码管）等基本单元电路组成。由与非门U_1组成自激多谐振荡器，作为计数脉冲的发生器。由U_2组成同步加计数器，按钮S_1为其复位开关。由U_3组成译码驱动器，将输入的BCD码转换为七段数码输出。由共阴极数码管组成一位数码显示器，R_7～R_{13}为其限流电阻。

2. 自激多谐振荡器

如图8-19所示，由CD4011中的两个与非门构成非对称型多谐振荡器。与非门作为一个开关倒相器件，可用以构成各种脉冲波形的产生电路。电路的基本工作原理是利用电容的充放电特性，当输入电压达到与非门的阈值电压时，与非门的输出状态即发生变化。因此，电路输出的脉冲波形参数直接取决于电路中阻容元件的数值，输出脉冲周期为$T=2.2RC$。

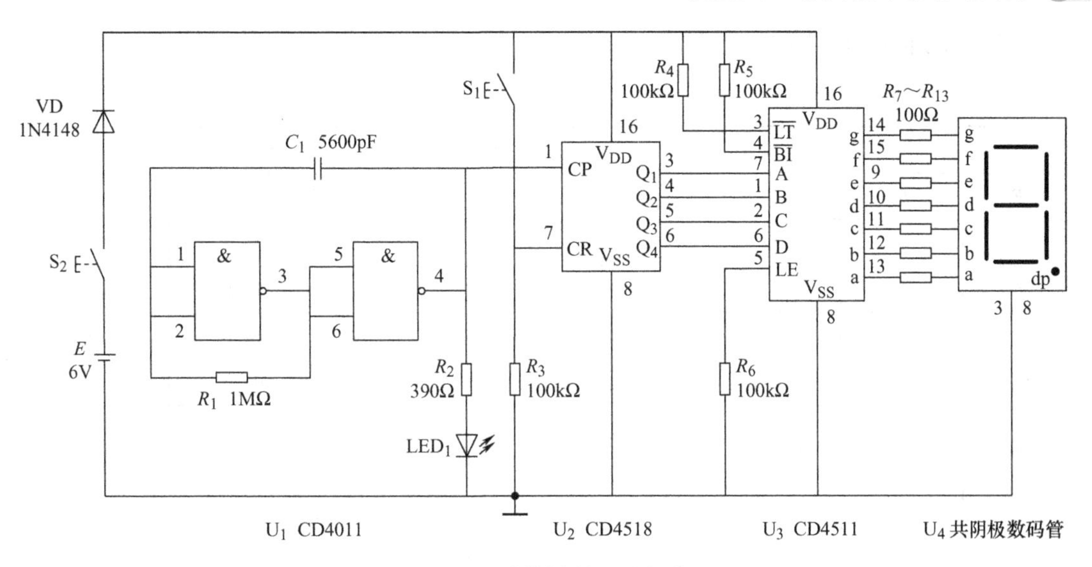

图 8-18　计数译码显示电路

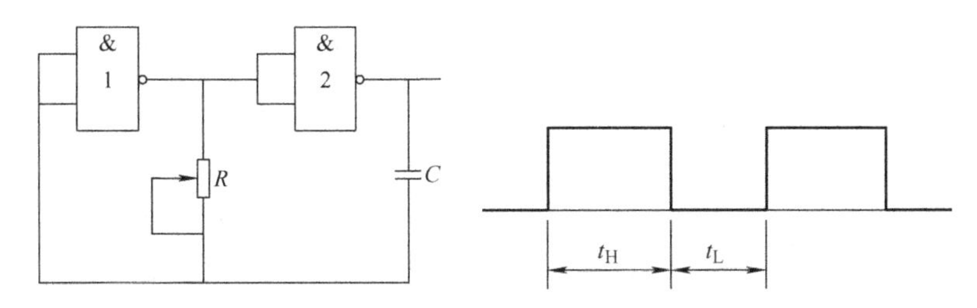

图 8-19　与非门构成的自激多谐振荡器

3. 显示译码器 CD4511

CD4511 是一片 CMOS BCD 锁存七段译码器，其主要作用是将输入的 BCD 码转换为共阴极数码管所需的相应七段码。CD4511 的逻辑符号和引脚图如图 8-20 所示。其中，*A*、*B*、*C*、*D* 为 BCD 码输入端，*A* 为最低位端；*LT* 为灯测试端，加高电平时显示器正常显示，加低电平时显示器一直显示数码“8”，各段被点亮，以检查显示器是否有故障；*BI* 为消隐功能端，低电平时使所有笔端均消隐，正常显示时，该端应加高电平。

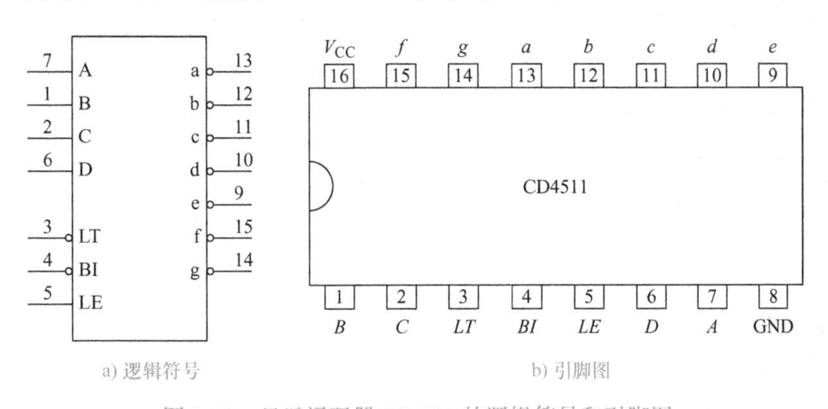

a) 逻辑符号　　b) 引脚图

图 8-20　显示译码器 CD4511 的逻辑符号和引脚图

显示译码器 CD4511 的功能真值表如表 8-11 所示。

表 8-11　显示译码器 CD4511 的功能真值表

输入				输出	
LE	*BI*	*LT*	*D C B A*	*a b c d e f g*	显示
×	×	0	× × × ×	1 1 1 1 1 1 1	8
×	0	1	× × × ×	0 0 0 0 0 0 0	消隐
0	1	1	0 0 0 0	1 1 1 1 1 1 0	0
0	1	1	0 0 0 1	0 1 1 0 0 0 0	1
0	1	1	0 0 1 0	1 1 0 1 1 0 1	2
0	1	1	0 0 1 1	1 1 1 1 0 0 1	3
0	1	1	0 1 0 0	0 1 1 0 0 1 1	4
0	1	1	0 1 0 1	1 0 1 1 0 1 1	5
0	1	1	0 1 1 0	1 0 1 1 1 1 1	6
0	1	1	0 1 1 1	1 1 1 0 0 0 0	7
0	1	1	1 0 0 0	1 1 1 1 1 1 1	8
0	1	1	1 0 0 1	1 1 1 1 0 1 1	9
0	1	1	1 0 1 0	0 0 0 0 0 0 0	消隐
0	1	1	1 0 1 1	0 0 0 0 0 0 0	消隐
0	1	1	1 1 0 0	0 0 0 0 0 0 0	消隐
0	1	1	1 1 0 1	0 0 0 0 0 0 0	消隐
0	1	1	1 1 1 0	0 0 0 0 0 0 0	消隐
0	1	1	1 1 1 1	0 0 0 0 0 0 0	消隐
1	1	1	× × × ×	锁存	锁存

4. 电路工作原理

如图 8-18 所示，接通计数译码显示电路的电源开关 S_2，由 CD4011 构成的自激多谐振荡器自动产生计数脉冲信号，此脉冲送到同步加法计数器 CD4518 的 *CP* 脉冲端，使计数器不断计数，其输出经过译码器 CD4511 “翻译”之后，使数码管显示的数字不断从 0 ~ 9 跳跃变化，并且循环往复。同时，发光二极管 LED_1 不断闪烁。当按下复位开关 S_1 时，计数器 CD4518 复位，数码管显示数字 0。松开 S_1，计数器恢复计数。

【任务准备】

1. 制订计划

各小组在组长带领下，集体讨论，制订工作计划，合理安排工作进程。根据所学理论知识和操作技能，结合任务目标及任务引导，填写工作计划。计数译码显示电路的装调工作计划如表 8-12 所示。

表 8-12 计数译码显示电路的装调工作计划

工 作 时 间	共______课时	审核：____________
任务实施步骤	1.	
	2.	
	3.	
	4.	
	5.	

2. 准备器材

（1）仪器准备 直流稳压电源、双踪示波器。计数译码显示电路的装调借用清单如表 8-13 所示。

表 8-13 计数译码显示电路的装调借用清单

借用组别：		借用人：		借出时间：		
序号	名称及规格	数量	归还人签名	归还时间	管理员签名	备注

（2）仪表、工具准备 万用表、电烙铁、烙铁架、尖嘴钳、斜口钳、镊子。

（3）耗材领取 计数译码显示电路的装调耗材领取清单如表 8-14 所示。

表 8-14 计数译码显示电路的装调耗材领取清单

领料组：		领料人：			领料时间：		
序号	名称及规格	每人数量	小组数量	是否归还	归还人签名	管理员签名	备注

【任务实施】

各小组在组长带领下按照工作计划，完成以下工作任务。

1. 画图

（1）参考图 8-18，画出计数译码显示电路的原理图。

（2）画出计数译码显示电路所需芯片及共阴极数码管的引脚排列图。

2. 元器件检测

用万用表检测电路中各个元器件的质量，将结果填入表 8-15 中。

表 8-15　元器件的检测

序号	元器件名称	数量	型号或标称值	结　果	质　量
1	U_1 与非门				
2	U_2 计数器				
3	U_3 显示译码驱动器				
4	16 脚 IC 座（DIP）				
5	U_4 七段数码显示管				
6	电阻 R_1				
7	电阻 R_2				
8	电阻 $R_3 \sim R_6$				
9	电阻 $R_7 \sim R_{13}$				
10	电容 C_1				
11	二极管 VD				
12	发光二极管 LED_1				
13	按键开关 $S_1 \sim S_2$				

3. 电路装配设计

（1）元器件布局的原则　应保证电路性能指标的实现，应便于布线，应满足结构工艺的要求，有利于设备的装配、调试和维修。

（2）元器件排列的方法及要求

1）元器件的标志应易于辨认，使其可按照从左到右、从下到上的顺序读出。

2）元器件的极性不得装错。

3）安装高度应符合规定要求，同一规格的元器件应尽量安装在同一高度上。

4）安装顺序一般为先低后高，先轻后重，先易后难，先一般元器件后特殊元器件。

5）元器件在印制板上的分布应尽量均匀，疏密一致，排列整齐美观。不允许斜排、立体交叉和重叠排列。

6）一些特殊元器件的安装处理。发热元件要与印制板面保持一定距离，不允许紧贴板面安装，较大元器件的安装应采取固定（绑扎、粘、支架固定等）措施。

4. 电路装配、焊接与调试过程

待装元器件检测→引线整形→插件→调整位置→固定位置→焊接→检查→通电调试。

安装完后，对照电路图和设计的装配草图认真进行检查。经检查无误后可实施如下检测步骤：

用万用表检测电路的电源是否有短路问题，待确认无误后，将各个集成电路插在集成座上，然后通电进行测试。

具体测试要求如下：

1）接通 S_2，发光二极管 LED_1 应不断闪烁，数码管显示的数字应不断从 0 ~ 9 跳跃变化，并且循环往复。

2）接通 S_1，数码管应显示 0。断开 S_1，数码管应按十进制从 0 ~ 9 变化显示 10 个数码。

3）用示波器观测 CD4011 第四脚（自激多谐振荡器的输出端）的电压波形，应为矩形波。

4）用双踪示波器观测 CD4518 的四个输出端 Q_1、Q_2、Q_3、Q_4的电压波形，在图 8-21 中画出同步波形。提示：测试时先用双踪示波器测试输出端 Q_1、Q_2的电压波形；接着测试输出端 Q_2、Q_3的电压波形；然后测试输出端 Q_3、Q_4的电压波形；最后要画出它们的同步波形。

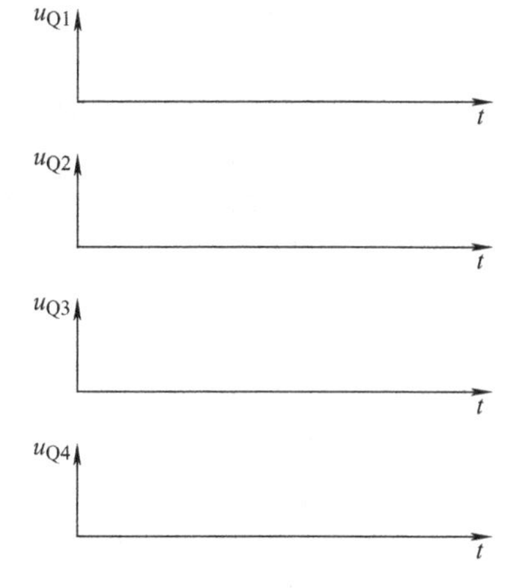

图 8-21 输出端电压同步波形图

完成测试记录后认真分析测量结果。

5. 工作岗位 6S 活动

工作任务完成后，各工作组关闭工作台上所有仪器、仪表的电源，拔掉电烙铁的插头，拆下测量线和连接导线，归还借用的工具、仪器、仪表。组长组织组员开展工作岗位的“整理、整顿、清扫、清洁、安全、素养”6S 活动。

6. 思考与讨论

（1）输入脉冲计数时，七段数码管显示 0，无计数变化，电路可能的故障是什么？

（2）本电路采用加法计数器计数，如果改用减法计数器计数，电路该怎样调整？

【任务评价】

师生将任务评价结果填在表 8-16 中。

表 8-16　计数译码显示电路的装调评价表

班级：＿＿＿＿ 小组：＿＿＿＿ 姓名：＿＿＿＿ 学号：＿＿＿＿		指导教师：＿＿＿＿ 日　期：＿＿＿＿				
评价项目	评价内容	评价方式			权重	得分小计
		学生自评 15%	小组互评 25%	教师评价 60%		
职业素养	1. 遵守规章制度、劳动纪律 2. 人身安全与设备安全 3. 完成工作任务的态度 4. 完成工作任务的质量及时间 5. 团队合作精神 6. 工作岗位“6S”处理				0.3	
专业能力	1. 理解计数译码显示电路的组成和工作原理 2. 元器件布局合理，电路板制作符合工艺要求 3. 熟悉元器件的检测、插装和焊接操作 4. 能用示波器、万用表等仪器、仪表对电路进行调试和检测				0.5	
创新能力	1. 本电路的脉冲波形采用与非门产生，还可以采用哪些脉冲波形产生电路? 2. 对电路的装接和调试有独到的见解和方法 3. 熟练使用示波器、万用表等工具研究计数译码显示电路的工作过程				0.2	
综合评价	总分					
	教师点评					

【Multisim 仿真】

一、仿真电路图

本任务的仿真电路如图 8-22 所示。

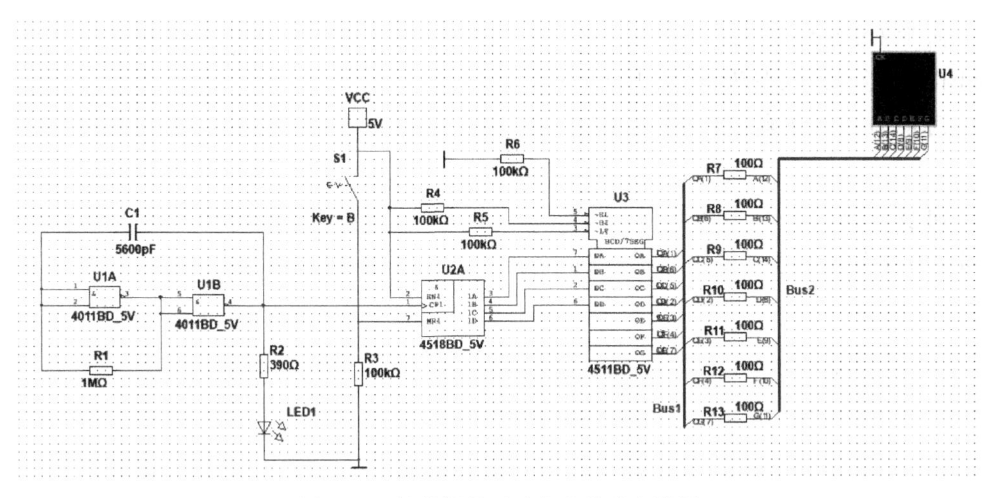

图 8-22　计数译码显示电路仿真电路图

二、元器件清单

计数译码显示电路仿真电路元器件清单如表 8-17 所示。

表 8-17　计数译码显示电路仿真电路元器件清单

序号	物 料 名 称	描　　述	编　　号	数量
1	集成 IC	CD4011	U1	1
2	集成 IC	CD4518	U2	1
3	集成 IC	CD4511	U3	1
4	开关	SPST	S1	1
5	数码管	SEVEN_SEG_COM_K_BLUE	U4	1
6	发光二极管	LED_red	LED1	1
7	电容	Capacity 5600pF	C1	1
8	电阻	RESISTOR，1MΩ	R1	1
9	电阻	RESISTOR，390Ω	R2	1
10	电阻	RESISTOR，100kΩ	R3、R4、R5、R6	4
11	电阻	RESISTOR，100Ω	R7、R8、R9、R10、R11、R12、R13	7

三、仿真提示

读者应认真阅读 IC 数据手册，掌握真值表，并按信号流向逐个模块进行测试，最终进行整体仿真。同时应注意数码管限流电阻的选取，在元器件库中每个段默认需 5mA 电流。

【知识拓展】

触发器的不同表达方式

触发器有特性方程、状态转换图、真值表等不同表达方式。

1. 同步 RS 触发器特性方程

$$\begin{cases} Q^{n+1} = S + \overline{R}Q^n \\ R \cdot S = 0\text{（约束条件）} \end{cases}$$

2. 同步 RS 触发器状态转换图

同步 RS 触发器状态转换图如图 8-23 所示。

3. 同步 D 触发器特性方程

$$Q^{n+1}=D$$

4. 同步 D 触发器状态转换图

同步 D 触发器状态转换图如图 8-24 所示。

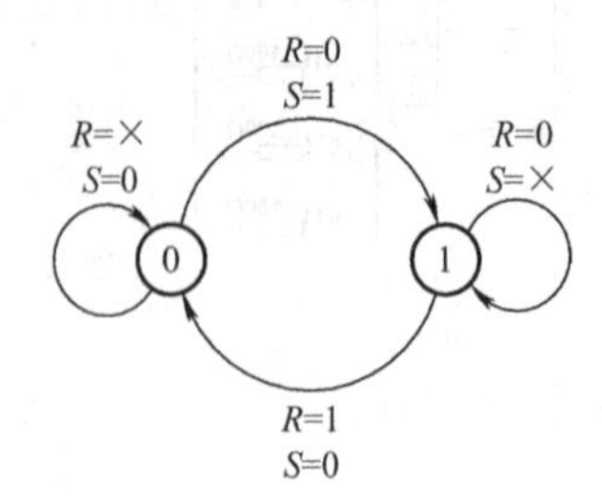

图 8-23 同步 RS 触发器状态转换图

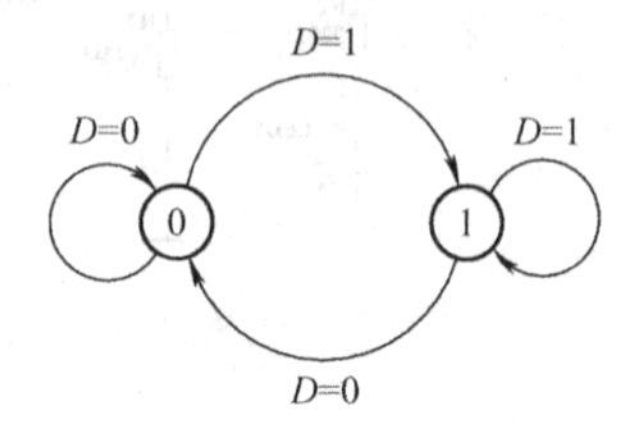

图 8-24 同步 D 触发器状态转换图

5. T 触发器

T 触发器的逻辑符号如图 8-25 所示，其真值表如表 8-18 所示。

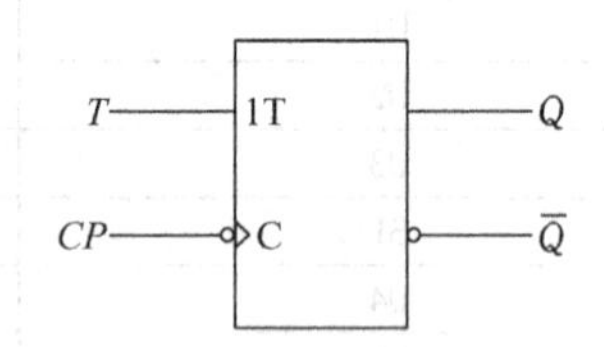

图 8-25 T 触发器的逻辑符号

表 8-18 T 触发器的真值表

输　入	输　出
T	Q^{n+1}
0	Q^n
1	$\overline{Q^n}$

特性方程：$Q^{n+1}=T\overline{Q^n}+\overline{T}Q^n=T\oplus Q^n$

逻辑功能：T 触发器具有保持和翻转的功能。

【习题】

一、填空题

1. 组合逻辑电路的基本单元是________，时序逻辑电路的基本单元是________。

2. 触发器有________个稳态，存储 8 位二进制信息要________个触发器。

3. 两个与非门构成的基本 RS 触发器的功能有________、________和________。电路中不允许两个输入端同时为________，否则将出现逻辑混乱。

4. 触发器有两个互补的输出端 Q 和 $\overline{Q}$，通常规定 $Q=1$、$\overline{Q}=0$ 时为触发器的________状态；$Q=0$、$\overline{Q}=1$ 时为触发器的________状态。

5. 通常把一个 CP 脉冲引起触发器多次翻转的现象称为________，有这种现象的触发器是________触发器，此类触发器的工作属于________触发方式。

6. D 触发器的输入端子有________个，具有________和________的功能。

7. 计数器按计数过程中数字的增减可分为________、________和可逆计数器。

8. 可以用来暂时存放数据的器件称为________，若要存储四位二进制代码，该器件必须有________触发器。

9. 寄存器按照功能不同可分为________寄存器和________寄存器。

10. 74LS194 是典型的四位________型集成双向移位寄存器芯片，具有________、并行输入、________和________等功能。

二、判断题

1. RS 触发器具有两种稳定状态，并具有不定状态情况。 (　　)

2. 仅具有保持和翻转功能的触发器是 RS 触发器。 (　　)

3. 触发器和逻辑门一样，输出取决于输入现态。 (　　)

4. JK 触发器的特性方程是：$Q^{n+1}=J\overline{Q^n}+KQ^n$。 (　　)

5. D 触发器的输出总是跟随其输入的变化而变化。 (　　)

6. $CP=0$ 时，由于 JK 触发器的导引门被封锁而触发器状态不变。 (　　)

7. 时序逻辑电路通常由触发器等器件构成。 (　　)

8. 时序逻辑电路的输出不仅与输入有关，还与原来的状态有关。 (　　)

9. 集成二—十进制计数器可通过显示译码器将计数结果显示出来。 (　　)

10. 移位寄存器除了具有存储数码功能外，还有移位的功能。 (　　)

三、选择题

1. 触发器由门电路构成，但它不同于门电路的功能，主要特点是具有（　　）。

A. 翻转功能　　B. 保持功能　　C. 记忆功能　　D. 置 0、置 1 功能

2. 在或非门 RS 触发器中，当 $R=1$，$S=0$ 时，触发器状态（　　）。

A. 置 1　　B. 置 0　　C. 不变　　D. 不定

3. 由与非门组成的基本 RS 触发器不允许输入的变量组合 $\overline{S}\cdot\overline{R}$ 为（　　）。

A. 00　　B. 01　　C. 10　　D. 11

4. 触发器工作时，时钟脉冲作为（　　）。

A. 输入信号　　B. 控制信号　　C. 抗干扰信号　　D. 清零信号

5. 仅具有置 0 和置 1 功能的触发器是（　　）。

A. 基本 RS 触发器　　B. 钟控 RS 触发器

C. D 触发器　　D. JK 触发器

6. 仅具有保持和翻转功能的触发器是（　　）。

A. JK 触发器　　B. T 触发器　　C. D 触发器　　D. T′触发器

7. T 触发器中，当 $T=1$ 时，触发器实现（　　）功能。

A. 置 1　　B. 置 0　　C. 计数　　D. 保持

8. TTL 集成触发器直接置 0 端$\overline{R_D}$和直接置 1 端$\overline{S_D}$在触发器正常工作时应（　　）。

A. $\overline{R_D}=1$，$\overline{S_D}=0$　　B. $\overline{R_D}=0$，$\overline{S_D}=1$

C. 保持高电平“1”　　D. 保持低电平“0”

9. 时序逻辑电路的清零端有效，则电路为（　　）状态。

A. 计数　　B. 保持　　C. 置 1　　D. 清 0

10. 下列不能用于构成组合逻辑电路的是（　　）。

A. 与非门　　B. 或非门　　C. 异或门　　D. 触发器

11. 时序逻辑电路的数码寄存器结果与输入不同，是（　　）有问题。

A. 清零端　　B. 送数端　　C. 脉冲端　　D. 输出端

12. 集成计数器74LS192是（　　）计数器。

A. 异步十进制加法　　B. 同步十进制加法

C. 异步十进制减法　　D. 同步十进制可逆

13. 8位移位寄存器，串行输入时经（　　）个脉冲后，8位数码全部移入寄存器中。

A. 1　　B. 2　　C. 4　　D. 8

14. 有一个左移移位寄存器，当预先置入1011后，其串行输入固定接0，在4个移位脉冲 *CP* 作用下，四位数据的移位过程是（　　）。

A. 1011→0110→1100→1000→0000　　B. 1011→0101→0010→0001→0000

C. 1011→1100→1101→1110→1111　　D. 1011→1010→1001→1000→0111

四、综合题

1. 触发器电路如图8-26所示，试根据 *CP* 及输入波形画出输出端 Q_1、Q_2 的波形。设各触发器的初始状态均为“0”。

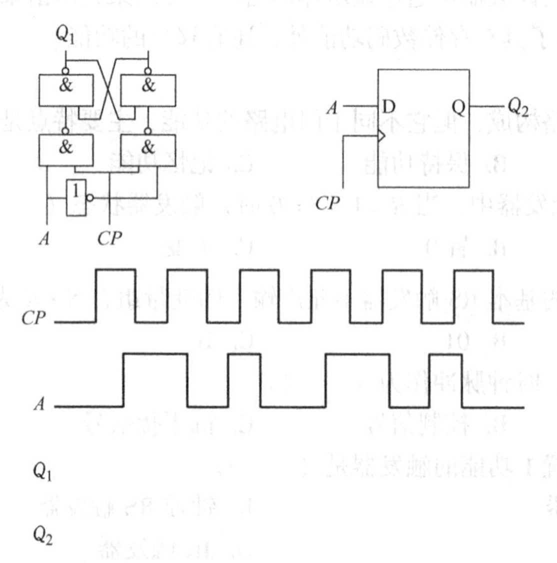

图8-26　触发器及其波形图

2. 已知TTL主从型JK触发器的输入控制端 *J* 和 *K* 及 *CP* 脉冲波形如图8-27所示，试根据它们的波形画出相应输出端 *Q* 的波形。

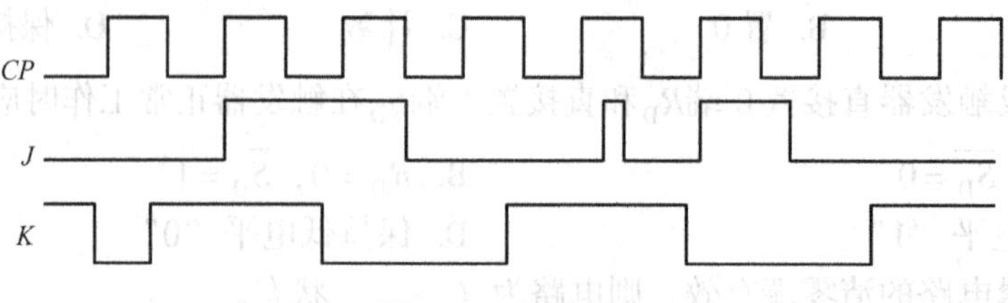

图8-27　波形图

项目九　555定时器电路的装调

【工作情景】

自行车爱好者协会委托电子加工中心制作小型发光闪烁器，该闪烁器安装在车座后面，在晚上骑车时能起到提醒和警示作用。要求闪烁器闪烁速度可调，体积小，功耗小，能长时间稳定工作。

【教学目标】

1. 掌握三端集成稳压器的功能及基本电路。
2. 掌握555定时器的功能及基本电路。
3. 按要求装配和焊接闪烁器电路。
4. 能使用示波器、万用表对电路进行调试和检测。
5. 培养独立分析、自我学习及团队合作的能力。

【设备要求】

1. 多媒体教学设备一套。
2. 每位学生自备电子电路装调工具一套。
3. 每个学习组需双踪示波器、直流稳压电源各一台。

任务　闪烁器电路的装调

【任务目标】

1. 掌握三端集成稳压器的功能、分类、参数及引脚排列。
2. 掌握三端集成稳压器的基本应用。
3. 理解555定时器的功能、参数及引脚排列。
4. 掌握555定时器构成多谐振荡电路、单稳态电路的结构及工作原理。
5. 掌握三端集成稳压器、555定时器的识别和检测方法。
6. 能装配和焊接闪烁器电路，并对其调试和检测。

【任务引导】

三端集成稳压器通常只有三个端子：输入端、输出端和公共端（或调整端）。三端集成稳压器具有体积小、质量轻、使用方便、可靠性高等优点，因而得到了广泛应用。

555定时器是一种结构简单、使用方便灵活的多功能时基电路，只需外接少量的阻容元件就可以构成单稳态触发电路、多谐振荡器和施密特触发器，因而广泛用于信号的产生、变换、控制与检测。

本任务利用555定时器及两个发光二极管作为负载等元器件构成多谐振荡器，发光二极管采用不同颜色，轮流点亮和熄灭，达到闪烁的效果，通过电位器的调节还可以改变闪烁的频率。

【相关知识】

随着半导体集成电路工艺的迅速发展，现在常把串联稳压电路中的取样、基准、比较放大、调整和保护环节等集成于一块半导体芯片上，构成集成稳压器。三端集成稳压器可分为三端固定输出集成稳压器、三端可调输出集成稳压器。三端固定输出集成稳压器又可分为输出固定正电压和输出固定负电压。三端可调输出集成稳压器又可分为输出可调正电压和输出可调负电压。

一、三端集成稳压器的型号和参数

常用的三端集成稳压器有塑料封装和金属封装形式，其外形如图9-1所示。

1. 三端固定输出集成稳压器

三端固定输出集成稳压器有输入端、输出端和公共端三个引出端。常用的CW78××系列是正压输出，CW79××系列是负压输出。CW78××系列和CW79××系列外形一样，但引脚不同，功能也不同，各引脚与功能的对应关系如表9-1所示。

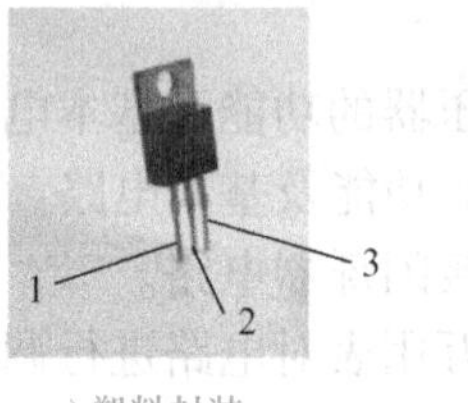

a) 塑料封装

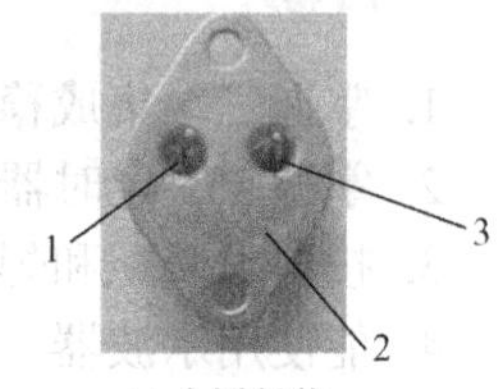

b) 金属封装

图9-1 三端集成稳压器外形

表9-1 三端固定输出集成稳压器各引脚的功能

引脚 \ 功能 \ 类型	CW78××系列	CW79××系列
1	输入端	公共端
2	公共端	输入端
3	输出端	输出端

其型号意义如下：

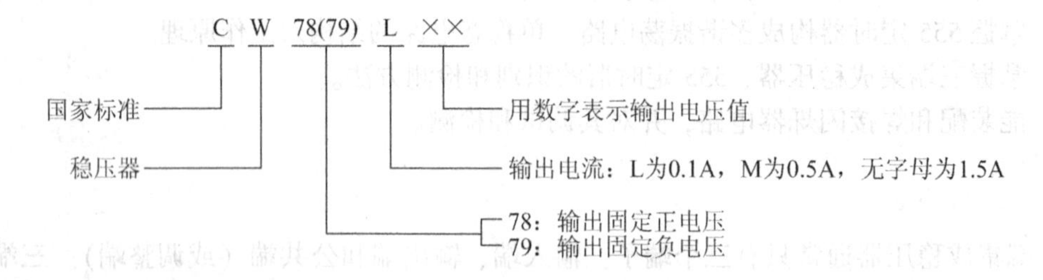

型号中的××表示该电路输出电压值，分别为±5V、±6V、±9V、±12V、±15V、±18V、±24V共七种，可根据实际需要选择使用。

2. 三端可调输出集成稳压器

三端固定输出集成稳压器输出电压不可调，可调式集成稳压器不仅输出电压可调，而且稳压性能优于固定式，它的三个引出端分别为输入端、输出端和调整端。其可调输出电压也有正、负之分，常用的 CW117/CW217/CW317 系列是正压输出，CW137/CW237/CW337 系列是负压输出。它们的输出电压分别为 ±（1.2～37 V），连续可调，其外形与 CW78××系列和 CW79××系列外形一样，但引脚排列及功能均不同。三端可调输出集成稳压器各引脚与其功能的对应关系如表 9-2 所示。

表 9-2　三端可调输出集成稳压器各引脚的功能

类型 功能 / 引脚	CW117/CW217/CW317 系列	CW137/CW237/CW337 系列
1	输入端	调整端
2	调整端	输入端
3	输出端	输出端

其型号意义如下：

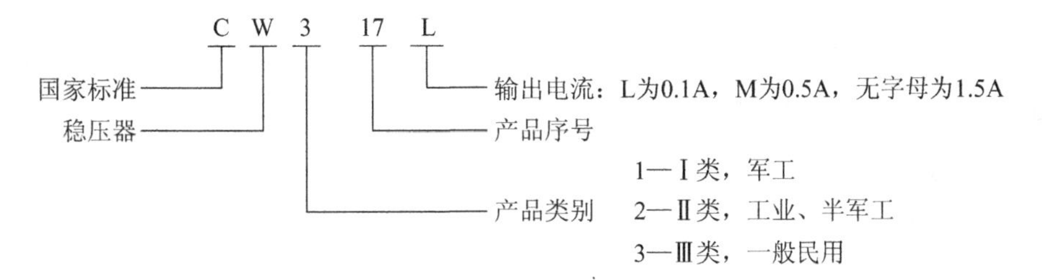

3. 三端集成稳压器的主要参数

最大输入电压 U_{imax}——稳压器正常工作时允许输入的最大电压。

输出电压范围 U_L——稳压器符合指标要求时的输出电压范围（对于三端固定输出集成稳压器为 5% 偏差）

最大输出电流 I_{LM}——保证稳压器安全工作时允许输出的最大电流。

最小输入、输出压差 $(U_i—U_L)_{min}$——保证稳压器正常工作所要求的输入电压与输出电压的最小差值（大于 3V）。

二、三端集成稳压器的应用

三端集成稳压器内部电路设计完善，辅助电路齐全，只需连接很少的外围元器件，就能构成一个完整的电路，并可以实现提高输出电压、扩展输出电流，以及输出电压可调等多种功能。下面介绍几种常见的应用电路。

1. 三端固定输出集成稳压电路

（1）基本应用电路　图 9-2 所示为固定输出集成稳压器的基本应用电路。电路中，电容 C_1 用于减小输入电压的脉动和防止过电压，电容 C_2 用于削弱电路的高频干扰，并有消振作用。

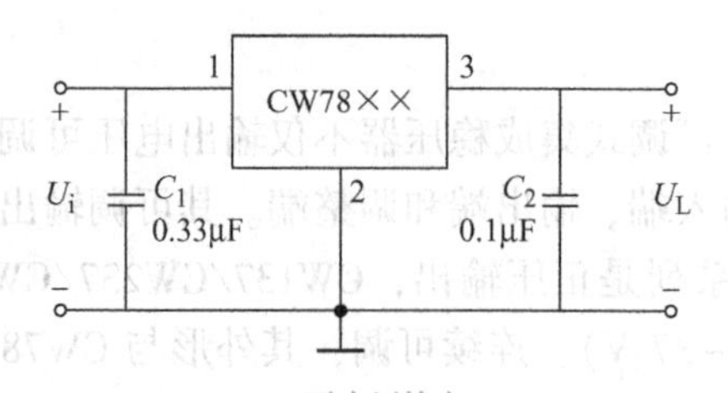

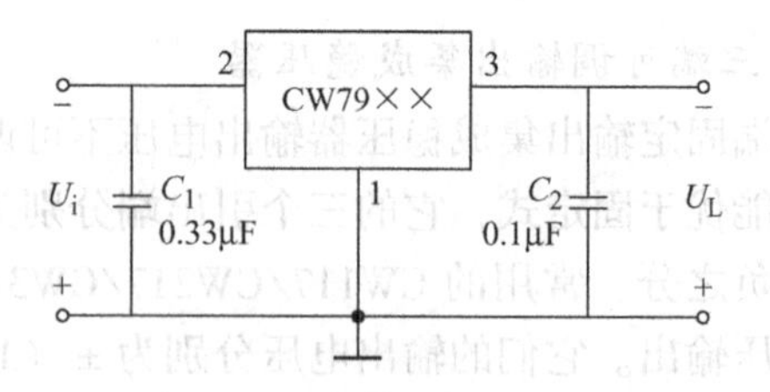

图 9-2　三端固定输出集成稳压器的基本应用电路

（2）提高输出电压的稳压电路　当实际需要的直流电压超过集成稳压器规定值时，可外接一些元件来适当提高输出电压。图 9-3 所示电路为可提高输出电压的稳压电路。

图中 R_1、R_2 为外接的电阻。输出电压为

$$U_L = \left(1 + \frac{R_2}{R_1}\right)U_{XX}$$

式中，U_{XX}为集成稳压器的额定电压。

（3）扩大输出电流的稳压电路　CW78××系列三端集成稳压器的输出电流最大只有 1.5A，当某些场合需要更大电流时，可采用图 9-4 所示的电路扩大输出电流。

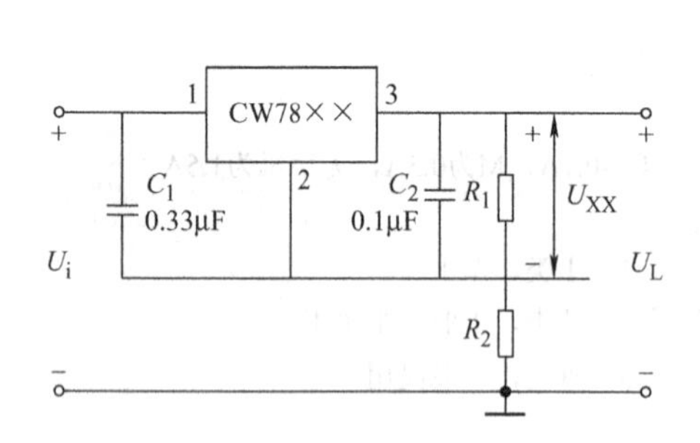

图 9-3　可提高输出电压的稳压电路

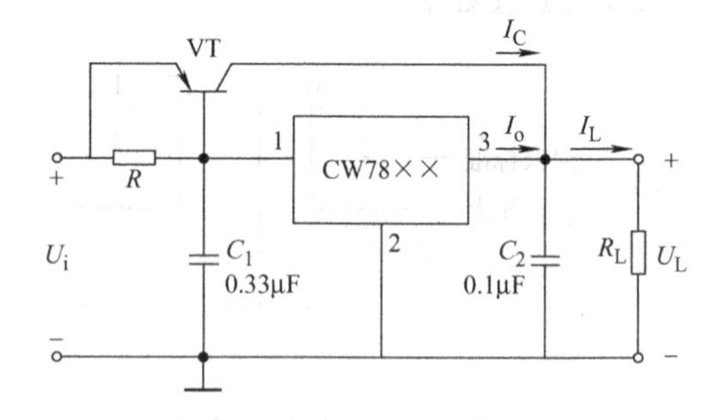

图 9-4　扩大输出电流的稳压电路

电路输出电流为

$$I_L = I_o + I_C$$

式中，I_o为 CW78××的输出电流；I_C为外接大功率晶体管的集电极电流。

（4）同时输出正、负电压的稳压电路　在电子电路中，常常需要同时输出正、负电压的双向直流稳压电源，由集成稳压器组成的这种电源形式较多，图 9-5 便是其中的一种。该电路具有共同的公共端，可以同时输出正、负两种电源。

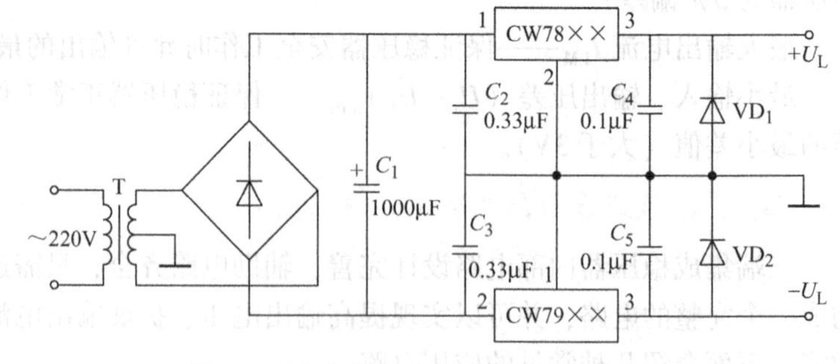

图 9-5　同时输出正、负电压的稳压电路

2. 三端可调式集成稳压电路

图 9-6 所示为三端可调式集成稳压器的基本应用电路。电路中，电容 C_1 用于减小输入电压的脉动和防止过电压，电容 C_2 用于削弱电路的高频干扰，并有消振作用。

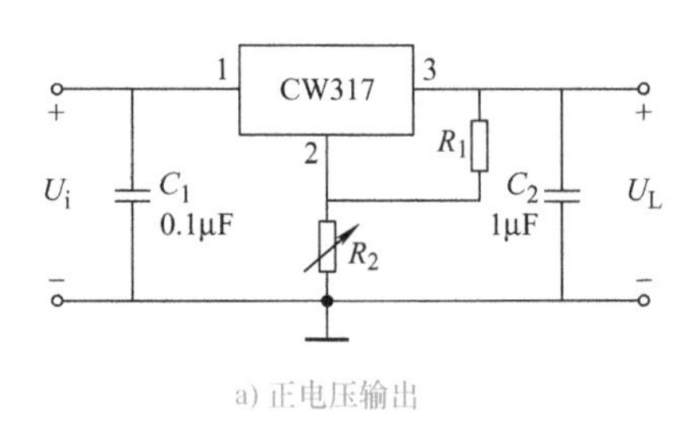

a) 正电压输出

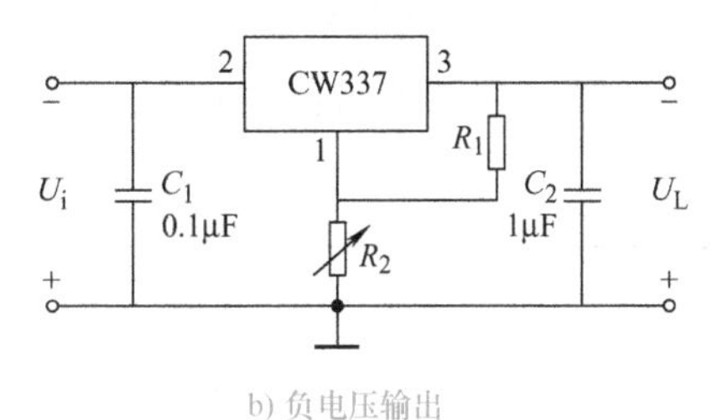

b) 负电压输出

图 9-6　三端可调式集成稳压器的基本应用电路

输出电压为

$$U_L \approx \pm 1.25\left(1+\frac{R_2}{R_1}\right)$$

实际应用中，R_1 要紧靠稳压器输出端和调整端接线，以免当输出电流大时，附加压降影响输出精度；R_2 的接地点应与负载电流返回接地点相同，且 R_1 和 R_2 应选择同种材料制作的电阻，这样可使精度尽量高一些。

三、555 定时器的结构及工作原理

1. 555 定时器简介

555 定时器的内部电压标准使用了三个 5kΩ 的电阻，故取名 555 电路。它的应用十分灵活，可以组成电压比较器、定时器、波形发生器、音频振荡器等各种实用电路。

555 定时器电源电压范围宽（TTL 双极型 555 定时器为 5～16V，CMOS 单极型 555 定时器为 3～18V），可提供与 TTL 及 CMOS 数字电路兼容的接口电平，还可输出一定功率，驱动微电机、指示灯、扬声器等。

TTL 单定时器型号的最后 3 位数字为 555，双定时器的为 556；CMOS 单定时器的最后 4 位数字为 7555，双定时器的为 7556。

2. 555 定时器的电路结构与符号

555 定时器的电路结构如图 9-7 所示。555 定时器内部含有一个基本 RS 触发器 G_1 和 G_2、两个电压比较器 C_1 和 C_2、一个放电管 VT、一个由 3 个 5kΩ 的电阻组成的分压器和一个输出缓冲器 G_3。555 定时器的电路符号如图 9-8 所示。

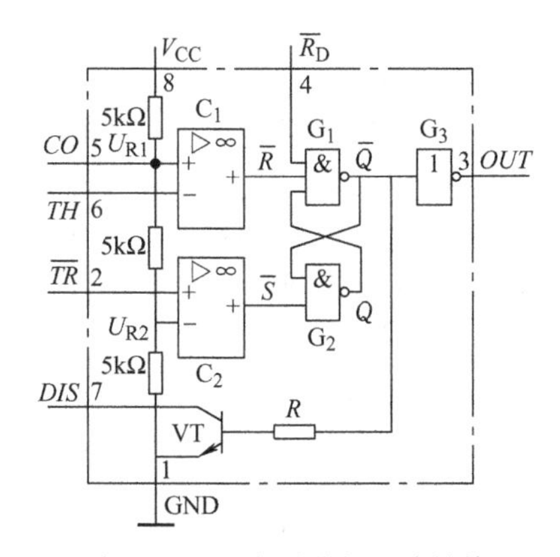

图 9-7　555 定时器的电路结构

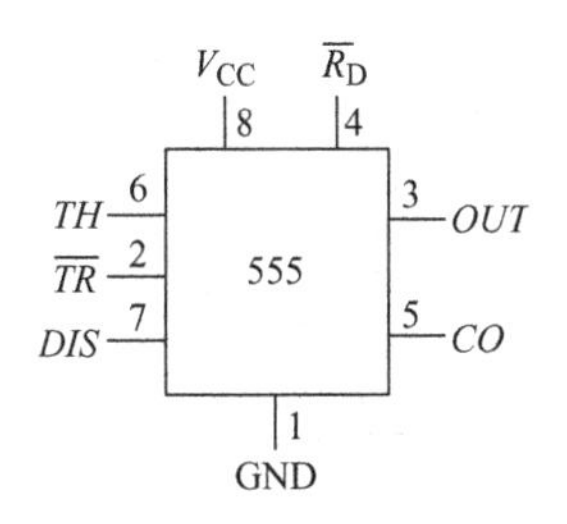

图 9-8　555 定时器的电路符号

3. 555 定时器的逻辑功能和工作原理

555 定时器的功能表如表 9-3 所示。

表 9-3 555 定时器的功能表

输入			输出	
TH	$\overline{TR}$	$\overline{R_D}$	$OUT=Q$	VT 状态
×	×	0	0	导通
$>\frac{2}{3}V_{CC}$	$>\frac{1}{3}V_{CC}$	1	0	导通
$<\frac{2}{3}V_{CC}$	$<\frac{1}{3}V_{CC}$	1	1	截止
$<\frac{2}{3}V_{CC}$	$>\frac{1}{3}V_{CC}$	1	不变	不变

555 定时器的工作原理简述如下：

1）如图 9-9a 所示，当$\overline{R_D}=0$时，$OUT=0$，VT 导通。直接置 0 端$\overline{R_D}$低电平有效，优先级最高，不用时应使其为 1。

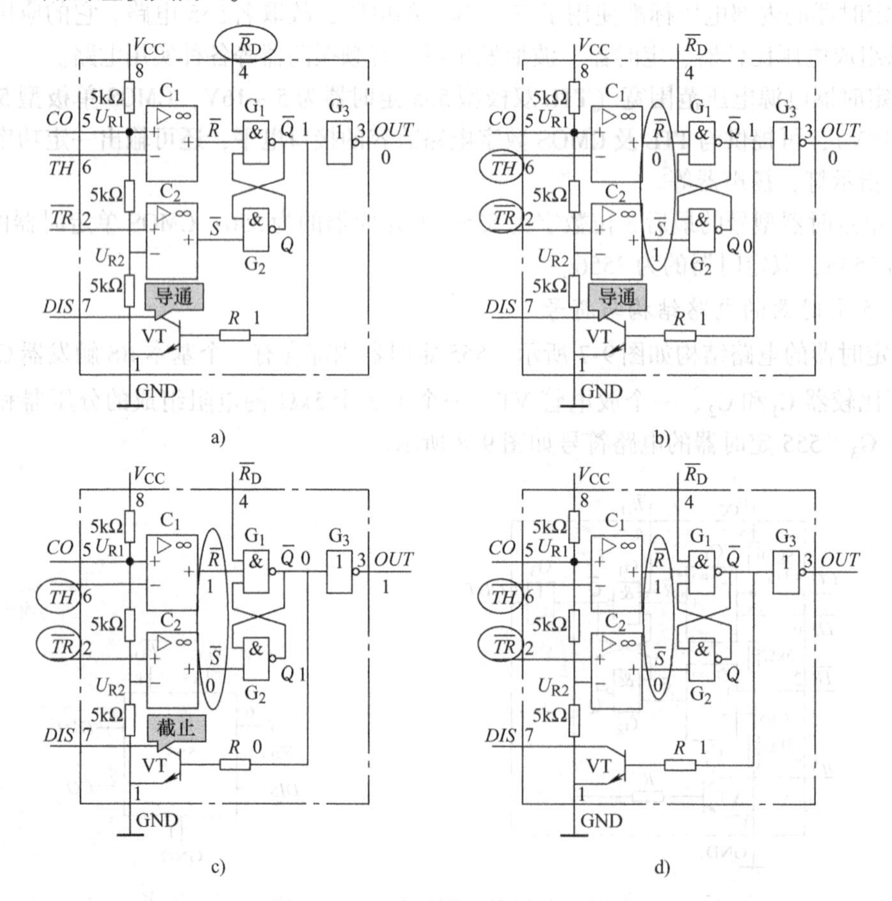

图 9-9 555 定时器工作原理示意图

2）如图9-9b所示，当 $TH>\frac{2}{3}V_{CC}$，$\overline{TR}>\frac{1}{3}V_{CC}$时，$OUT=0$，VT导通。

3）如图9-9c所示，当 $TH<\frac{2}{3}V_{CC}$，$\overline{TR}<\frac{1}{3}V_{CC}$时，$OUT=1$，VT截止。

4）如图9-9d所示，当 $TH<\frac{2}{3}V_{CC}$，$\overline{TR}>\frac{1}{3}V_{CC}$时，$OUT$不变，VT不变。

四、用555定时器构成多谐振荡器

多谐振荡器是一种常用的脉冲信号产生电路。它是一种自激振荡电路，也称为无稳态触发器。它没有稳定状态，也不需要外加触发脉冲。当电路接好后，只要接通电源，在其输出端便可获得矩形脉冲。由于矩形波中除基波外还含有丰富的谐波，故称为多谐振荡器。其工作特性如图9-10所示。

1. 电路结构

由555定时器构成的多谐振荡器如图9-11所示，R_1、R_2、C是外接的定时元件。

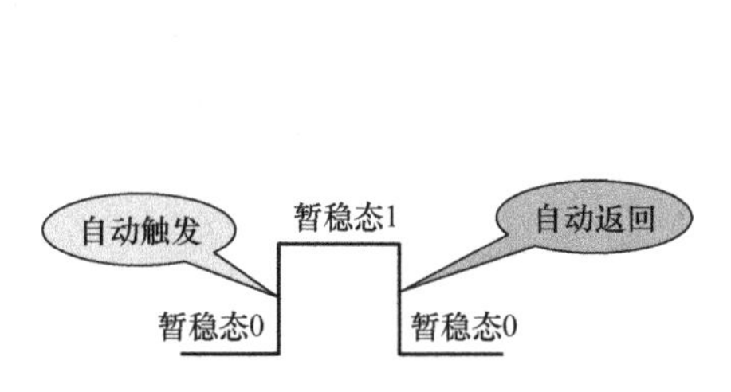

图9-10　多谐振荡器工作特性

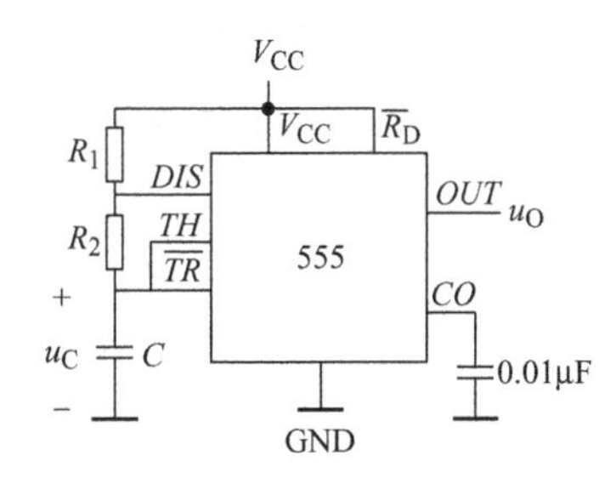

图9-11　由555定时器构成的多谐振荡器

2. 电路的工作原理

由555定时器构成的多谐振荡器的工作过程及工作波形如图9-12所示。

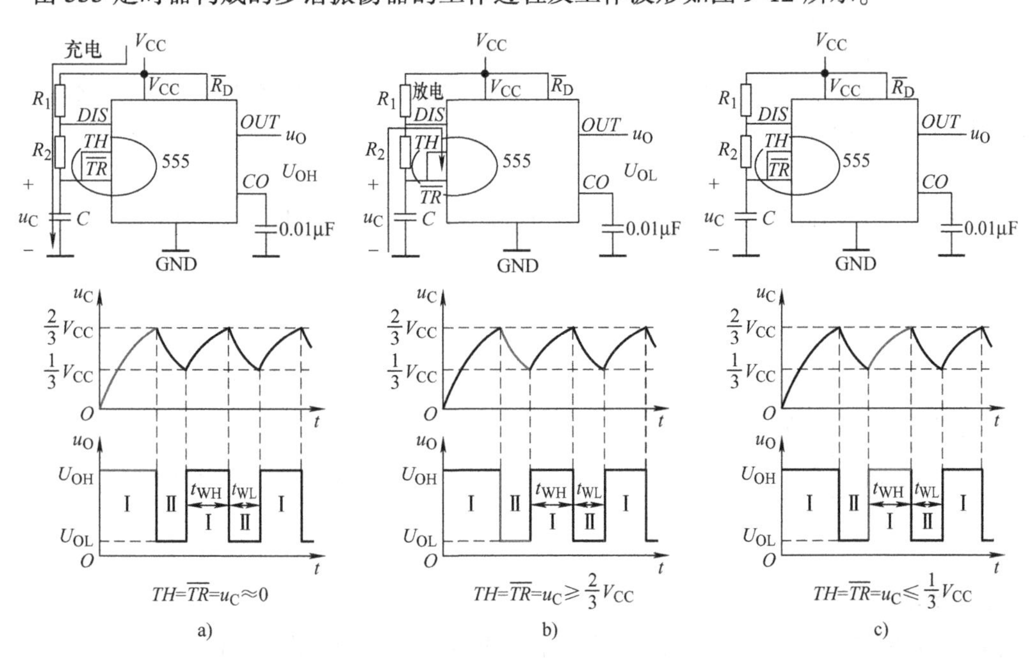

图9-12　555定时器构成的多谐振荡器的工作过程及工作波形

1）接通 V_{CC}后，开始时 $TH=\overline{TR}=u_C\approx 0$，$u_O$为高电平，放电管 VT 截止，$V_{CC}$经 R_1、R_2 向 C 充电，u_C上升，这时电路处于暂稳态Ⅰ，如图 9-12a 所示。

2）当 u_C上升到 $TH=\overline{TR}=u_C\geqslant\frac{2}{3}V_{CC}$时，$u_O$跃变为低电平，同时放电管 VT 导通，$C$ 经 R_2和 VT 放电，u_C下降，电路进入暂稳态Ⅱ，如图 9-12b 所示。

3）当 u_C下降到 $TH=\overline{TR}=u_C\leqslant\frac{1}{3}V_{CC}$时，$u_O$重新跃变为高电平，同时放电管 VT 截止，$C$ 又被充电，u_C上升，电路又返回到暂稳态Ⅰ，如图 9-12c 所示。

电容 C 如此循环充电和放电，使电路产生振荡，输出矩形脉冲。

3. 周期与占空比估算

如图 9-13 所示，电路的周期和占空比可以按以下公式计算：

$$t_{WH}\approx 0.7(R_1+R_2)C$$

$$t_{WL}\approx 0.7R_2C$$

$$T=t_{WH}+t_{WL}\approx 0.7(R_1+2R_2)C$$

占空比
$$q=\frac{t_{WH}}{T}=\frac{R_1+R_2}{R_1+2R_2}$$

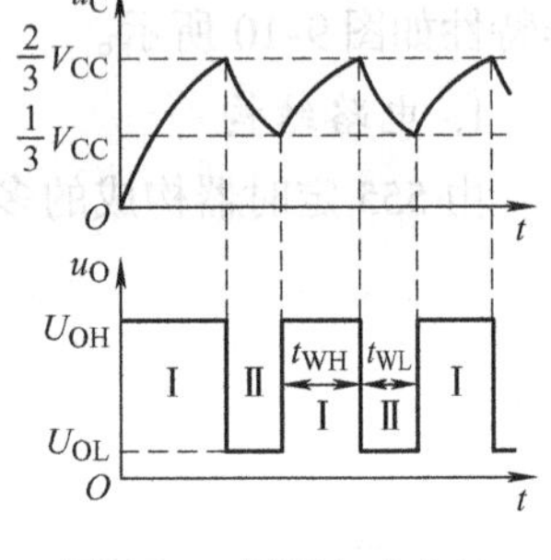

图 9-13　周期与占空比

五、用 555 定时器构成单稳态触发器

单稳态触发器在数字电路中一般用于定时、整形以及延时等。定时可以用于产生一定宽度的矩形波；整形可以把不规则的波形转换成宽度、幅度都相等的波形；延时就是把输入信号延迟一定时间后输出。

如图 9-14 所示，单稳态触发器具有下列特点：

1）电路有一个稳态和一个暂稳态。

2）在外来触发脉冲作用下，电路由稳态翻转到暂稳态。

3）暂稳态是一个不能长久保持的状态，经过一段时间后，电路会自动返回到稳态。暂稳态的持续时间与触发脉冲无关，仅决定于电路本身的参数。

1. 电路结构

由 555 定时器构成的单稳态触发器如图 9-15 所示，R、C 是外接的定时元件。

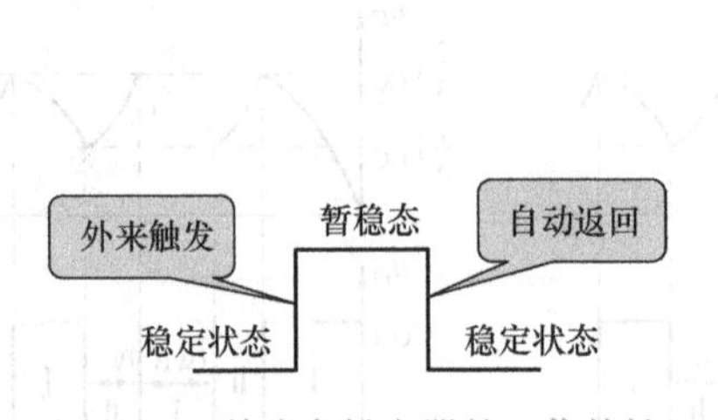

图 9-14　单稳态触发器的工作特性

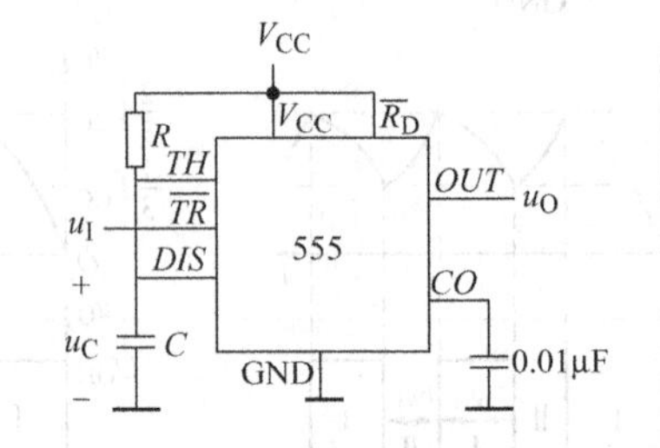

图 9-15　由 555 定时器构成的单稳态触发器

2. 电路的工作原理

由 555 定时器构成的单稳态触发器的工作过程及工作波形如图 9-16 所示。

（1）稳定状态　如图9-16a所示，该电路触发信号为负脉冲，不加触发信号时，$u_I = U_{IH}$（应$>\frac{1}{3}V_{CC}$）。接通电源后V_{CC}经R向C充电，使u_C上升。当$u_C \geqslant \frac{2}{3}V_{CC}$时，满足$\overline{TR} = u_I > \frac{1}{3}V_{CC}$，$TH = u_I \geqslant \frac{2}{3}V_{CC}$，因此$u_O$为低电平，VT导通，电容$C$经放电管VT迅速放电完毕，$u_C \approx 0V$。这时$\overline{TR} = U_{IH} > \frac{1}{3}V_{CC}$，$TH = u_C \approx 0 < \frac{2}{3}V_{CC}$，$u_O$保持低电平不变。因此，稳态时$u_C \approx 0V$，$u_O$为低电平。

（2）触发进入暂稳态　如图9-16b所示，当输入u_I由高电平跃变为低电平（应$<\frac{1}{3}V_{CC}$）时，使$\overline{TR} = U_{IL} < V_{CC}$，而$TH = u_C \approx 0V < \frac{2}{3}V_{CC}$，因此$u_O$跃变为高电平，进入暂稳态，这时放电管VT截止，$V_{CC}$又经$R$向$C$充电，$u_C$上升。

（3）自动返回稳定状态　如图9-16c所示，当u_C上升到$u_C \geqslant \frac{2}{3}V_{CC}$时，$TH = u_C \geqslant \frac{2}{3}V_{CC}$，而$\overline{TR} = u_I = U_{IH}$（$>\frac{1}{3}V_{CC}$），因此$u_O$重新跃变为低电平。同时，放电管导通，$C$经VT迅速放电至$u_C \approx 0V$，放电完毕后，电路返回稳态。

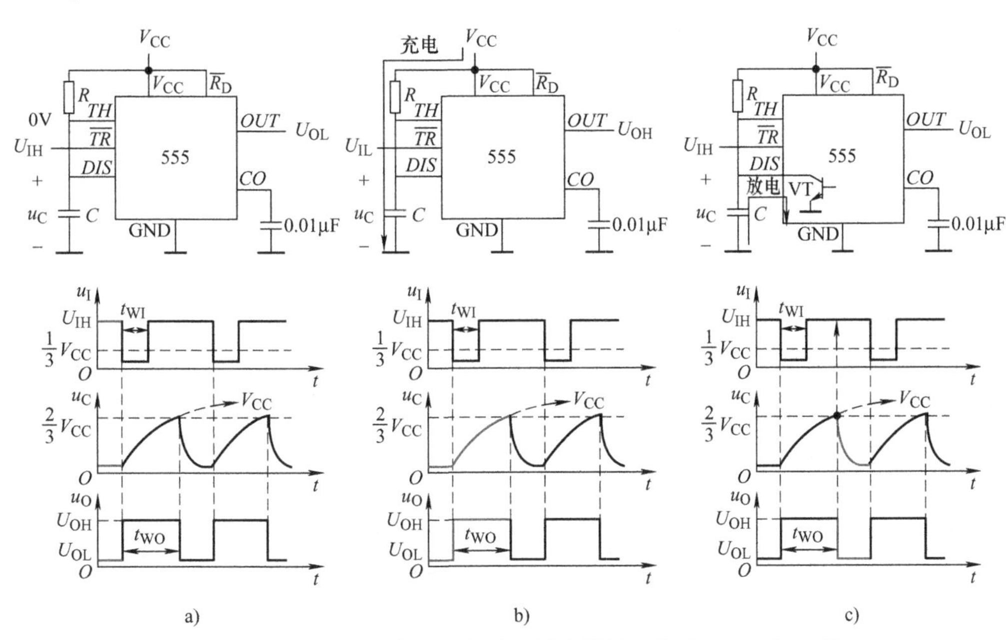

图9-16　555定时器构成的单稳态触发器的工作过程及工作波形

输出脉冲宽度t_W即为暂稳态维持时间，主要取决于充放电元件R、C。

估算公式：$t_W \approx 1.1RC$

例9-1　用上述单稳态电路输出定时时间为1s的正脉冲，$R = 27k\Omega$，试确定定时元件C的取值。

解：因为$t_W \approx 1.1RC$

故$C = \frac{t_W}{1.1R} = \frac{1}{1.1 \times 27 \times 10^3}F \approx 33.7\mu F$

可取标称值为33.7μF的电容。

六、用555定时器构成闪烁器电路

为了引起人们的注意，汽车的转向灯以及报警器的灯光都是采用闪动效果，其控制电路大都采用555定时器构成多谐振荡器来实现，如图9-17所示。电路通过变压、桥式整流、电容滤波及7812三端集成稳压器稳压后得到+12V的稳定直流稳压电源。

从555芯片的3脚输出矩形脉冲，脉冲波的高、低电平控制VL_1和VL_2的导通和截止。当输出高电平时，VL_2亮，VL_1不亮；当输出低电平时，VL_2不亮，VL_1亮。总的效果看起来就是VL_1、VL_2轮流闪烁了。调节电位器R_P可以改变多谐振荡器输出振荡信号的频率，即可改变LED闪烁的快慢。实际应用中可以将电源改为电池供电。

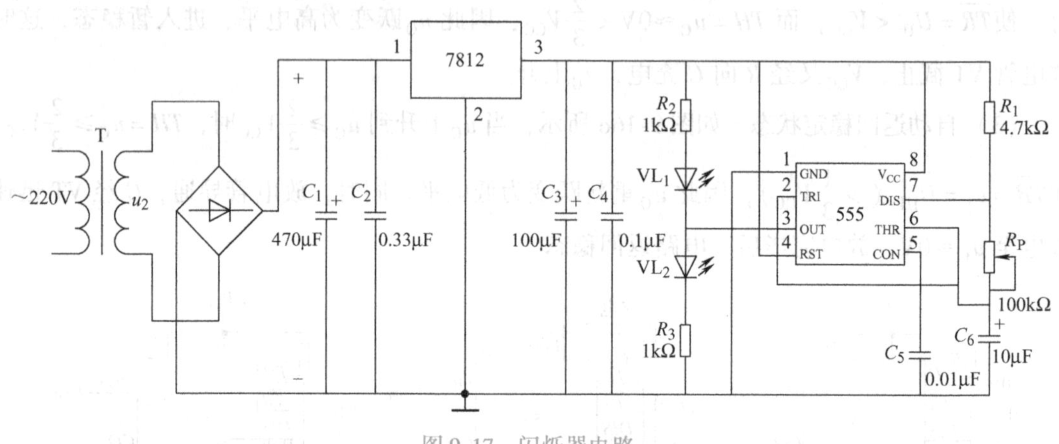

图9-17　闪烁器电路

【任务准备】

1. 制订计划

各小组在组长带领下，集体讨论，制订工作计划，合理安排工作进程。根据所学理论知识和操作技能，结合任务目标及任务引导，填写工作计划。闪烁器电路的装调工作计划如表9-4所示。

表9-4　闪烁器电路的装调工作计划

工作时间	共______课时	审核：__________
任务实施步骤	1.	
	2.	
	3.	
	4.	
	5.	

2. 准备器材

（1）仪器准备　双踪示波器。闪烁器电路的装调借用清单如表 9-5 所示。

表 9-5　闪烁器电路的装调借用清单

借用组别：		借用人：		借出时间：		
序号	名称及规格	数量	归还人签名	归还时间	管理员签名	备注

（2）仪表、工具准备 万用表、电烙铁、烙铁架、尖嘴钳、斜口钳、镊子。

（3）耗材领取　闪烁器电路的装调耗材领取清单如表 9-6 所示。

表 9-6　闪烁器电路的装调耗材领取清单

领料组：		领料人：			领料时间：		
序号	名称及规格	每人数量	小组数量	是否归还	归还人签名	管理员签名	备注

【任务实施】

各小组在组长带领下按照工作计划，完成以下工作任务。

1. 画原理图

参考图 9-17，画出闪烁器电路的原理图。

2. 元器件检测

用万用表检测电路中各个元器件的质量，将结果填入表 9-7 ~ 表 9-9 中。

表 9-7 电阻的检测

序号	元器件名称	型号或标称值	结果（实际电阻值）	质　量
1	电阻 R_1			
2	电阻 R_2			
3	电阻 R_3			

表 9-8 电位器、电容的检测

序号	元器件名称	型号或标称值	结果（实际电阻值）	质　量
1	电位器 R_P			
2	电容 C_1			
3	电容 C_2			
4	电容 C_3			
5	电容 C_4			
6	电容 C_5			
7	电容 C_6			

表 9-9 整流桥、发光二极管的检测

序号	元器件名称	型号或标称值	结果（实际电阻值）	质　量
1	整流桥			
2	发光二极管 VL_1			
3	发光二极管 VL_2			

3. 电路装配设计

（1）元器件布局的原则　应保证电路性能指标的实现，应便于布线，应满足结构工艺的要求，有利于设备的装配、调试和维修。

（2）元器件排列的方法及要求

1）元器件的标志应易于辨认，使其可按照从左到右、从下到上的顺序读出。

2）元器件的极性不得装错。

3）安装高度应符合规定要求，同一规格的元器件应尽量安装在同一高度上。

4）安装顺序一般为先低后高，先轻后重，先易后难，先一般元器件后特殊元器件。

5）元器件在印制板上的分布应尽量均匀，疏密一致，排列整齐美观。不允许斜排、立体交叉和重叠排列。

6）一些特殊元器件的安装处理。发热元件要与印制板面保持一定距离，不允许紧贴板面安装，较大元器件的安装应采取固定（绑扎、粘、支架固定等）措施。

4. 电路装配、焊接与调试过程

待装元器件检测→引线整形→插件→调整位置→固定位置→焊接→检查→通电调试。

安装完后，对照电路图和设计的装配草图认真进行检查。用万用表检测电路的电源是否有短路问题，待确认无误后，将集成电路555定时器插在集成座上，然后通电进行检测。

具体检测要求如表9-10所示，将检测结果填入表中。

表9-10　闪烁器电路的检测记录

序号	测试调试项目	万用表量程	测　试　点	结　　果
1	电源变压器输出电压	AC 50V 档	变压器二次侧输出端	
2	整流、滤波电路的输出电压	DC 50V 档	电容 C_1 两端电压	
3	7812 集成稳压器输出电压	DC 50V 档	7812 集成稳压器第3脚	
4	增大 R_P （说明振荡信号的频率变化及LED闪烁的快慢）			
5	用示波器观察555集成电路第6脚、第3脚的波形，并绘制			

完成测试记录后认真分析测量结果。

5. 工作岗位6S活动

工作任务完成后，各工作组关闭工作台上所有仪器、仪表的电源，拔掉电烙铁的插头，拆下测量线和连接导线，归还借用的工具、仪器、仪表。组长组织组员开展工作岗位的“整理、整顿、清扫、清洁、安全、素养”6S活动。

6. 思考与讨论

（1）555定时器有哪三种基本应用电路？

（2）在闪烁器电路中，多谐振荡器的占空比如何计算？

【任务评价】

师生将任务评价结果填在表9-11中。

表 9-11　闪烁器电路的装调评价表

班级：________ 小组：________ 指导教师：________
姓名：________ 学号：________ 日　期：________

评价项目	评价内容	评价方式			权重	得分小计
		学生自评 15%	小组互评 25%	教师评价 60%		
职业素养	1. 遵守规章制度、劳动纪律 2. 人身安全与设备安全 3. 完成工作任务的态度 4. 完成工作任务的质量及时间 5. 团队合作精神 6. 工作岗位“6S”处理				0.3	
专业能力	1. 理解闪烁器电路的组成和工作原理 2. 元器件布局合理，电路板制作符合工艺要求 3. 熟悉元器件的检测、插装和焊接操作 4. 能用示波器、万用表等仪器、仪表对电路进行调试和检测				0.5	
创新能力	1. 查一查，还有哪些电路可以实现闪灯效果 2. 对电路的装接和调试有独到的见解和方法 3. 熟练使用示波器、万用表等工具研究闪烁器电路的工作过程				0.2	
综合评价	总分					
	教师点评					

【Multisim 仿真】

一、仿真电路图

本任务的仿真电路如图 9-18 所示。

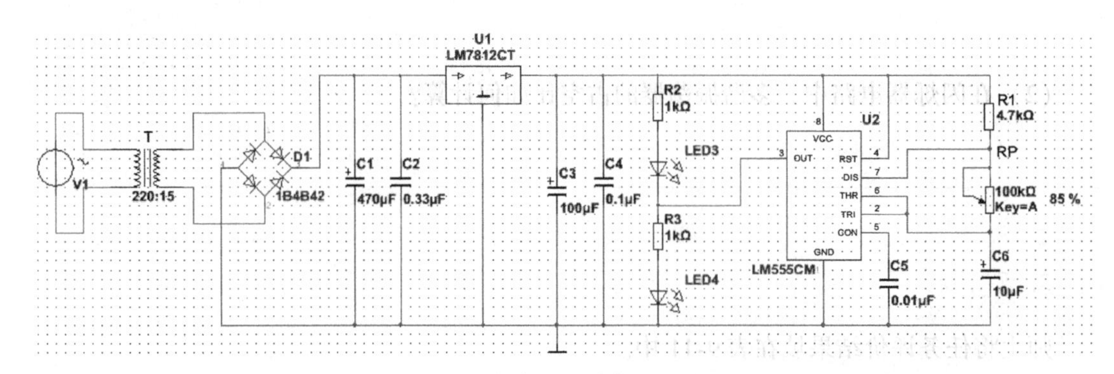

图 9-18　闪烁器电路仿真电路图

二、元器件清单

闪烁器电路仿真电路元器件清单如表 9-12 所示。

表 9-12　闪烁器电路仿真电路元器件清单

序　号	描　述	编　号	数　量
1	FWB，1B4B42	D1	1
2	TIMER，LM555CM	U2	1
3	LED_blue	LED3	1
4	LED_red	LED4	1
5	VOLTAGE_REGULATOR，LM7812CT	U1	1
6	TRANSFORMER，1P1S	T	1
7	POTENTIOMETER，100kΩ	RP	1
8	CAP_ELECTROLIT，470μF	C1	1
9	CAPACITOR，0.33μF	C2	1
10	RESISTOR，1kΩ	R2、R3	2
11	CAPACITOR，0.1μF	C4	1
12	CAPACITOR，0.01μF	C5	1
13	CAP_ELECTROLIT，100μF	C3	1
14	CAP_ELECTROLIT，10μF	C6	1
15	RESISTOR，4.7kΩ	R1	1
16	AC_POWER，220Vrms　50Hz　0°	V1	1
17	POWER_SOURCES，GROUND	0	1

三、仿真提示

读者可调节电位器，观察 LED3 和 LED4 的动作情况，并可借助万用表、示波器等仪器观察电气参数。

【知识拓展】

555 定时器在现实生活中的应用举例

555 定时器是一种多用途的数字—模拟混合集成电路，具有定时准确、电源范围宽、能直接驱动小功率负载工作的特点。利用它能极方便地构成多谐振荡器、单稳态触发器及施密特触发器。作为一种价格低廉、性能优良、使用方便的中规模集成电路，555 定时器已成为最常用的时基电路之一，其应用十分广泛，在波形的产生与交换、测量与控制、家用电器、电子玩具等许多领域中得到了应用。下面的可定时催眠器电路是 555 定时器在现实生活中的典型应用。

如图 9-19 所示，可定时催眠器电路由单稳态触发器和多谐振荡器两个单元电路构成，这两个单元电路均分别由 555 定时器和少量的元器件构成。

由 U_1 和 R_2、R_{P1}、C_1、S_1 构成单稳态触发器，起定时的作用。S_1 为定时启动按钮，当 S_1 不按下时，U_1 的低脉冲输入端（第 2 脚）接高电平，U_1 输出端（第 3 脚）为低电平，此时单稳态触发器处于稳态，电路不计时。当按动一下 S_1 时，就给 U_1 的低脉冲输入端（第 2 脚）送入一个负脉冲，使输出端（第 3 脚）翻转为高电平，单稳态触发器处于暂稳态，电路开始计时，计时时间（暂稳态）取决于 R_2、R_{P1}、C_1 的充电时间。调节 R_{P1} 可调整

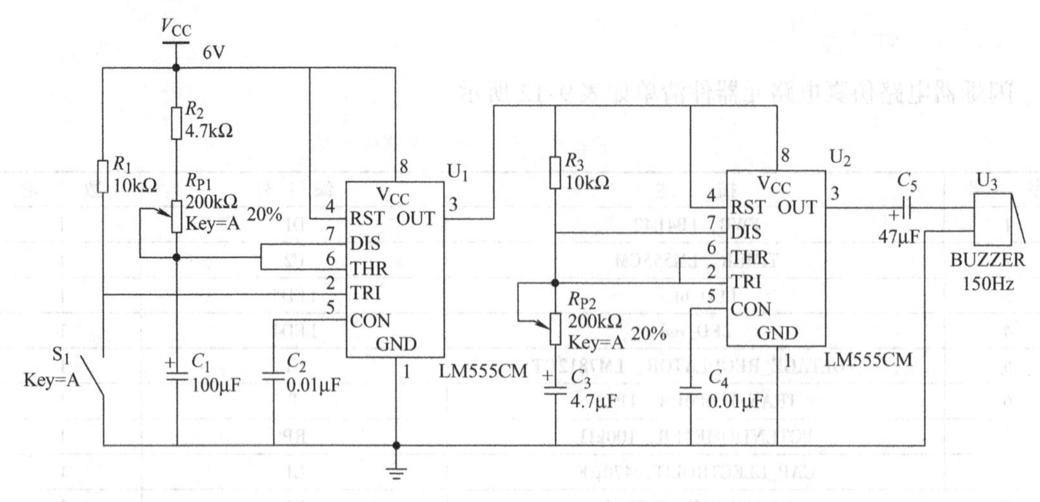

图 9-19　可定时催眠器电路

定时时间，单稳态触发器的定时时间 t 由公式 $t=1.1(R_2+R_{P1})C_1$ 确定。

由 U_2 和 R_3、R_{P2}、C_3 构成多谐振荡器，U_1 第 3 脚输出的高电平使 U_2 得电，多谐振荡器开始工作。U_2 的输出端（第 3 脚）输出极低频的脉冲，经电容 C_5 使扬声器发出类似雨滴的声音，催人入睡。调节 R_{P2} 可调整输出脉冲的频率。多谐振荡器输出脉冲的周期 T 由公式 $T=0.7(R_3+2R_{P2})C_3$ 确定。

当 U_1 构成的单稳态触发器的定时时间一到，其输出翻转为低电平，使 U_2 失电，多谐振荡器停止工作，实现自动停机。

【习题】

一、填空题

1. 由 555 定时器构成的三种电路中，________和________是脉冲的整形电路。

2. 若将一个正弦波电压信号转换成同一频率的矩形波，应采用________电路。

3. 施密特触发器属于________稳态电路，其主要用途有________、________等。

4. 单稳态触发器在触发脉冲的作用下，从________状态转换到________状态。依靠自身作用，又能自动返回到________状态。

5. 多谐振荡器电路没有________，电路不停地在________之间转换，因此又称为________。

6. 555 定时器的最后数码为 555 的是________产品，为 7555 的是________产品。

7. 为了实现高的频率稳定度，常采用________振荡器。

二、判断题

1. 555 定时器构成的多谐振荡电路只有一种稳定状态。（　）

2. 555 定时器构成的施密特触发器具有两个稳定状态。（　）

3. 单稳态触发器有一个稳态和一个暂稳态。（　）

4. 施密特触发器可用于将三角波变换成正弦波。（　）

5. 多谐振荡器输出信号的周期与阻容元件的参数成正比。（　）

6. 单稳态触发器的暂稳态时间与输入触发脉冲宽度成正比。（　）

三、选择题

1. 555 定时器构成的典型应用中不包含（　　）电路。

A. 多谐振荡器　　B. 施密特触发器　　C. 单稳态触发器　　D. 存储器

2. 下列说法正确的是（　　）。

A. 多谐振荡器有两个稳态

B. 多谐振荡器有一个稳态和一个暂稳态

C. 多谐振荡器有两个暂稳态

3. 下列说法正确的是（　　）。

A. 555 定时器在工作时清零端应接高电平

B. 555 定时器在工作时清零端应接低电平

C. 555 定时器没有清零端

4. 改变 555 定时电路的电压控制端 CO 的电压值，可改变（　　）。

A. 555 定时电路的高、低输出电平　　B. 开关放电管的开关电平

C. 比较器的阈值电压　　D. 置“0”端 $\overline{R}$ 的电平值

5. 多谐振荡器可产生（　　）。

A. 正弦波　　B. 矩形脉冲　　C. 三角波　　D. 锯齿波

6. 石英晶体多谐振荡器的突出优点是（　　）。

A. 速度高　　B. 电路简单　　C. 振荡频率稳定　　D. 输出波形边沿陡峭

7. 以下各电路中，（　　）可以产生脉冲定时。

A. 多谐振荡器　　B. 单稳态触发器

C. 施密特触发器　　D. 石英晶体多谐振荡器

四、综合题

在图 9-20 所示的用 555 定时器组成的多谐振荡器电路中，若 $R_1 = R_2 = 5.1\ \text{k}\Omega$，$C = 0.01\mu\text{F}$，$V_{CC} = 12\text{V}$，试计算电路的振荡频率。

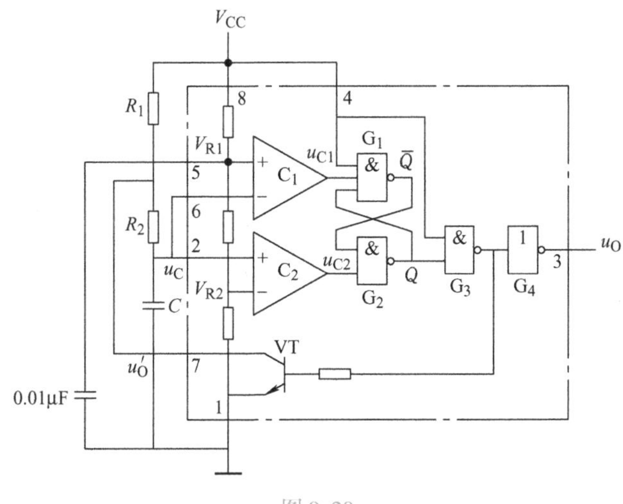

图 9-20

参 考 文 献

[1] 郭赟．电子技术基础［M］．4 版．北京：中国劳动社会保障出版社，2007.
[2] 朱振豪．电子技能工作岛学习工作页［M］．北京：中国轻工业出版社，2013.
[3] 翟恩民，刘明．电子技术及技能［M］．广州：世界图书出版公司，2012.